空天防御丛书

俄罗斯战略导弹防御系统

Системы Стратегической Противоракетной Обороны России

［俄］米·安·佩尔沃夫（М. А. Первов） 著

张先剑　郝鹏辉　卢　月　译

郑珊珊　王　倩　审校

国防工业出版社

·北京·

著作权合同登记　　图字：01—2024—6593 号

内 容 简 介

　　本书从俄罗斯战略导弹防御系统研发人员的视角出发，详细介绍了"A"试验系统和 A—35 导弹防御系统及其组件的研制过程，生动地叙述了系统开发过程中面临的难题和解决方法，为读者深入了解俄罗斯战略导弹防御系统提供了一定的参考资料。

　　本书视角新颖，内容生动有趣，可作为了解战略导弹防御系统发展历程的参考资料。此外，书中还介绍了俄罗斯战略导弹防御系统及其组件的运行原理和设计方法，可为从事武器装备研究的技术人员提供一定的技术参考。

Исключительное авторское право Произведения перевода на китайский язык приобретено издательством «оборонная промышленность»
при посредничестве Китайского агентства по услугам авторских прав
本作品中文专有出版权由中华版权代理有限公司代理取得，由国防工业出版社独家出版发行。

图书在版编目（CIP）数据

俄罗斯战略导弹防御系统 /（俄罗斯）米·安·佩尔沃夫著；张先剑，郝鹏辉，卢月译． -- 北京：国防工业出版社，2025.2. -- ISBN 978-7-118-13235-9

Ⅰ. E512.1

中国国家版本馆 CIP 数据核字第 2025VT6414 号

※

*国防工业出版社*出版发行
（北京市海淀区紫竹院南路 23 号　邮政编码 100048）
天津嘉恒印务有限公司印刷
新华书店经售

*

开本 710×1000　1/16　印张 16　字数 278 千字
2025 年 2 月第 1 版第 1 次印刷　印数 1—1500 册　定价 128.00 元

（本书如有印装错误，我社负责调换）

国防书店：（010）88540777　　　书店传真：（010）88540776
发行业务：（010）88540717　　　发行传真：（010）88540762

译者序

导弹防御系统是针对敌方发射的弹道导弹和巡航导弹进行探测和拦截的武器系统，它由导弹、雷达、卫星甚至是电磁武器等众多武器组成。导弹防御系统是国家应对导弹袭击和核武器打击威胁时的一层重要保障体系，也是保障国家国防安全的一道铜墙铁壁。如果说弹道导弹是一把锋利的矛，那么导弹防御系统就是一面坚不可摧的盾。在当今信息化战争条件下，可以说，谁拥有更加完善的导弹防御系统和更加先进的预警拦截系统，谁就能获取更大的战略主动性和更加安全的战场环境。因此，研发防御范围广、拦截高度更高的导弹防御系统，将是国家安全防御系统发展的重中之重。

由于美欧战略导弹威胁不断加剧，出于保护国家免遭敌空天袭击兵器打击的现实需求，俄罗斯自20世纪开始便有计划地研发并逐步列装一系列防空反导武器系统，着力打造多梯次的空天防御体系。俄罗斯战略导弹防御系统的起始阶段以A-35M反导系统和早期S系列防空系统为主体，后研制开发了A-135"阿穆尔"战略导弹防御系统与S-300防空反导系统，基本建成了以"A"系统战略反导系统和S系列防空导弹系统相结合的防空反导体系。

本书从俄罗斯反导防御系统研发人员的视角出发，详细介绍了"A"试验系统和A-35导弹防御系统及其组件的研制过程，生动地叙述了系统开发过程中面临的难题和解决过程，展示了系统研发人员面对困难永不退却、坚忍不拔、无私奉献的精神，为读者深入了解俄罗斯战略导弹防御系统提供了一定的参考资料。

本书译者受到中俄合作平台项目的资助，对此表示深深的感谢！由于译者水平有限，难免有疏漏之处，还望读者朋友们谅解。

前言

本书是多个企业、军工组织、测试人员、军事建设者、订货方代表共同合作的成果，旨在解决20世纪中叶最复杂的科学技术问题之———研制洲际弹道导弹防御系统的问题。

参与者的回忆录中反映了苏联当时面临的形势，这种形势当今时代俄罗斯依然面临。当时正值艰难的战后时期，国家面临前所未有的压力，恢复饱受战争蹂躏的国民经济刻不容缓。

对俄罗斯而言，美国核弹攻击的威胁是真实存在的。书中，那些遥远事件的参与者（他们也是反导弹防御系统的创造者）深入浅出地讲述如何防止那种恐怖威胁事件出现。根据这些回忆片段可以概括克服威胁取得成功的三个基本原因，俄罗斯正是在此基础上解决了在飞行轨迹段摧毁弹道目标的难题。

第一个原因：专业人才的科学和技术水平非常高，培养目标涵盖了普通工程师到总设计师等各层次的人才。

第二个原因：各级领导班子能够快速做出科学技术、工艺和组织决策，在设备、硬件和软件的开发、测试和制造的各个阶段不折不扣地执行这些决策。

第三个原因：对工作充满激情。虽然生命中最美好的岁月不得不在试验场艰苦的条件下度过，但他们依旧充满激情，竭尽全力解决各种科学和技术问题。

在我看来，这三个基本条件在现代化新型武器和军事装备的研发和设计决策中依旧发挥决定性的作用。

为子孙后代保存事件参与者和反导防御系统开发者的回忆录，感受他们对不断寻求非标准方案的思考以及他们对待成功、失败和承认技术或工艺风险时的人类情感，这项任务在国家和专业层面都有巨大的意义。

感谢作者为现代科技工作者，为未来的学者、工程师和设计师，为年轻的读者们保存了这样一份无价的资料。

目录

第一章　起点 ·· 1

  1.1　"反 FAU"项目 ·· 2

  1.2　"冥王星"项目 ·· 6

  1.3　E-32 课题 ·· 7

第二章　反导防御试验系统研制历程 ·· 10

  2.1　这项工作值得你奋斗一生！ ·· 11

  2.2　阿·利·明茨的第一次尝试 ·· 14

  2.3　格·瓦·基苏尼科"登场" ·· 19

第三章　"A"试验系统 ·· 25

  3.1　格·瓦·基苏尼科的试验系统 ·· 26

    3.1.1　"A"试验系统是什么？ ·· 27

    3.1.2　总指挥计算站、中央计算站和 M-40 计算机 ································ 28

    3.1.3　精确制导雷达 ·· 31

    3.1.4　反导弹瞄准雷达站和指令传送站 ·· 37

    3.1.5　通信与数据传输系统 ·· 39

    3.1.6　"A"试验反导防御系统的"阿斯特拉"数据传输站 ·························· 41

    3.1.7　"A"反导防御系统的通信和数据传输系统 ·································· 45

    3.1.8　反弹道导弹发射和技术阵地 ·· 53

  3.2　V-1000 反导拦截弹和彼得·德米特里耶维奇·格鲁申的工作 ···················· 54

  3.3　"多瑙河"-2 远程探测站 ·· 73

  3.4　RE 试验性雷达 ·· 79

  3.5　巴尔哈什训练场及其建造者 ·· 85

  3.6　巴尔哈什训练场及其测试者 ·· 95

3.7　亚历山大·利沃维奇·明茨的核心方案和 CSO-P 中央探测站 …… 101
3.8　单级方案 ………………………………………………………… 104
3.9　1961 年 3 月 4 日首次拦截弹道目标 …………………………… 109
3.10　继续测试"A"系统 ……………………………………………… 126
3.11　"K"行动 ………………………………………………………… 128
3.12　反导防御突防设备：第一次预警 ……………………………… 130
3.13　"A"系统试验总结 ……………………………………………… 133

第四章　莫斯科"A-35（A-35M）"导弹防御系统 …………… 137

4.1　从试验系统到作战系统 ………………………………………… 138
4.2　A-350 反导拦截导弹 …………………………………………… 143
4.3　AO-35 远程预警系统和"多瑙河"-3 雷达 …………………… 157
4.4　"多瑙河"-3 和"多瑙河"-3U 两型雷达天线的研发 ………… 162
4.5　"土星"项目 ……………………………………………………… 166
4.6　S-225 系统 ……………………………………………………… 168
4.7　"亚速"系统的引导雷达天线 …………………………………… 172
4.8　"亚速"系统的测试 ……………………………………………… 174
4.9　V-825 反导拦截导弹 …………………………………………… 179
4.10　5Ja26 高速反导拦截导弹 ……………………………………… 180
4.11　"攻城杵"项目 …………………………………………………… 186
4.12　A-35 系统的"苏醒" …………………………………………… 191
4.13　"阿尔丹"靶场发射单元 ………………………………………… 195
4.14　防天反导部队的组建 …………………………………………… 235
4.15　A-35M 系统的改进升级以及伊·德·奥梅利琴科的贡献 ……… 246

第一章
起　点

"反FAU"项目
"冥王星"项目
E-32课题

1.1 "反FAU"项目

米·阿·佩尔沃夫

1945年，在得到德国弹道导弹的文件、零件和组件之后，苏联就开始对缴获的导弹装备进行研究。当时，国家领导人的主要目标是复制国外最新的武器装备，供国内工业进行后续再生产并投入部队使用。但是，空军司令部想要利用这些材料研制远程弹道导弹对抗装置。

根据空军司令阿·阿·诺维科夫的命令，茹科夫斯基空军工程学院成立了特种装备科学研究局。该机构主要研究对抗敌方弹道导弹的手段和方法，由著名科学家、学院教师格奥尔基·米洛诺维奇·莫扎罗夫斯基（以下简称格·米·莫扎罗夫斯基）担任负责人。

与此同时，武装人民委员部昆采夫斯基第20研究所（机电学科学研究中心）接到研发"冥王星"雷达站的任务。"冥王星"雷达站是远程弹道导弹对抗系统的基础雷达，该项目由安东·雅克夫列维奇·担任总设计师。这两项工作都是"反FAU导弹"绝密计划的一部分。

在学校求学期间，爱好发明创造的格·米·莫扎罗夫斯基就进入了格里戈罗维奇设计局工作，参与研制新型海军航空武器。从学校毕业之后，他进入谢·巴·科罗廖夫团队，与法国航空设计师保罗·理查德一起工作（许多后来成名的设计师都曾与理查德工作过）。很快，包括两名天才发明家莫扎罗夫斯基和韦涅维多夫在内的许多军械技师被调入中央空气流体动力研究所。在安·尼·图波列夫和伊·维·纳达什克维奇的领导下，他们研制出了重型轰炸机发射装置和回转炮塔。1938年，莫扎罗夫斯基被任命为第32工厂第二设计局局长（现在的"杜克斯"股份公司）。1943年，莫扎罗夫斯基离任并去往茹科夫斯基学院任教。

1945年底，格·米·莫扎罗夫斯基和特种装备科学研究局的同事开始就"雷达保障下的导弹对导弹作战"的课题展开研究。研究结果表明，只有使用大量专业的陆基雷达设备和拦截装置才能打击弹道导弹。得知这个结论之后，学院领导和新组建的空军司令部（空军主帅阿·阿·诺维科夫和航空工业委员会委员阿·伊·沙胡林于1946年被免职和逮捕）向莫扎罗夫斯基明确表示不需要他的研究成果。因此，莫扎罗夫斯基不得不开始寻找新的"买家"，为此耗费了差不多 2 年的时间。

总军械部对这个课题非常感兴趣。最后，新成立的由阿·阿·布拉贡拉沃夫担任主席的炮兵科学院就成了新的"买家"。为了支持莫扎罗夫斯基，布拉贡拉沃夫决定将其设计局并入第四研究所。

1946 年 5 月 13 日，苏联部长会议下令成立苏联武装力量火箭器第四研究所（以下简称第四研究所），该研究所于 1953 年并入炮兵科学院。第四研究所位于距离莫斯科近郊火车站不远的博尔谢沃军事城，该军事基地隶属于莫斯科军事工程学院（已迁往列宁格勒）。新成立的第四研究所研究小组很快便开始对缴获的弹道导弹和防空导弹展开研究。

1948 年 7 月 18 日，空军特种装备研究所的 12 名研究人员被调到火箭武器第四研究所。同事们将这支队伍称为"莫扎罗夫斯基研究小组"。

1948 年，应炮兵科学院的要求，研究小组开始就"远程导弹打击手段"的课题展开研究。该项目由阿塔·巴赫拉莫维奇·巴赫拉莫夫担任莫扎罗夫斯基的助手，巴·阿·阿加贾诺夫和安·瓦·希什金作为该课题的共同执行人。课题研究人员的数量也慢慢增加到 50 人。

同年，莫扎罗夫斯基遇到了谢·巴·科罗廖夫，并从他那获得了有关 R-1、R-2 和 R-3 导弹的必要数据。他们在理查德设计局一起工作期间就结下了深厚的友谊。谢尔盖·巴甫洛维奇非常欣赏莫扎罗夫斯基，称他为孜孜不倦的发明家和试验者，并向他介绍了射程达到 3000km 的 R-3 导弹项目。

这些信息让莫扎罗夫斯基感到震惊，促使他对后续的计划进行了调整。他的第一个方案是基于 FAU-2 导弹的数据制订的，计划建立防御系统，以抵御射程 150~300km 的弹道攻击武器。由于未来导弹的射程可能增加十几倍并使用分离式弹头，因此需要从根本上对项目进行调整。他的研究方向从总体方案设计转向单个有限区域的反导防御上。

1949 年 10 月 24 日，在研究所科研副主任格·安·秋林主持的委员会上，莫扎罗夫斯基就该课题进行了答辩。

那么莫扎罗夫斯基提出的区域反导防御系统到底是什么样的呢？

它包括指挥所、计算机、探测和精确定向雷达、发射装置、鱼雷战斗机（术语"反导弹导弹"还未开始使用）和远距离传输线路。

运行算法如下：每个探测站能够发现指定区段内的目标。这些探测站能够对方位角空间和 50°的仰角扇区进行环形扫描，这对于来自多个方向的潜在导弹攻击威胁是非常必要的。导弹的最大探测距离为 1000km。

探测目标的坐标通过远距离传输线路发送给反导防御区域指挥所，然后再从这里传输给相应的一组精确定向站，精确定向站会自动追踪探测目标。

每个精确定向站能够在指定方向上搜索 700km 内的目标。发现指定目标之后，操作员会在显示器屏幕上手动追踪目标。当目标在 350km 范围内时，操作员将精确定向站转换为自动跟踪模式。每个精确定向站只能自动跟踪一个目标并生成一个目标的当前坐标，然后用一架或者多架鱼雷战斗机瞄准该目标。

精确定向站将目标的当前坐标传输给计算机，由计算机完成下列任务：确定对目标进行射击的炮兵连，生成发射装置转向数据；确定前置点的坐标并生成初始参数，确保鱼雷按照指定程序飞行；确定发射时间并下达"发射"指令。

从起飞时刻起，鱼雷战斗机按照指定的程序向着计算的前置点移动，直到自动制导段的起点。为了打击飞向防御区域的大量远程弹道导弹，以及消除反导防御系统中鱼雷相互间自动制导的危险，计划使用一种特殊的目标选择法。

当鱼雷战斗机距离目标 1.5~2km 的时候，雷达爆破装置启动。当鱼雷战斗机距离目标只有 75~400m 时，发出引爆指令。鱼雷战斗部爆炸时，会产生一个布满杀伤弹片、呈圆盘形且向敌方导弹方向移动的区域。敌方导弹与这个区域接触时，其战斗装药会发生爆炸，摧毁导弹。

要解决 200~1000km 距离范围内全向监视的问题，需要 33 个监测站连续工作。其中，17 个监测站探测并确定远距离作用导弹（作用距离超过 520km）在 520~1000km 的外部探测区域内的坐标。其余的 16 个监测站探测并确定近程导弹（作用距离超过 200km）在 200~550km 内的内部探测区域内的坐标。由于需要全天搜索目标，还需要一些备用设备，所以反导防御区域共需要 38 个监测站。

莫扎罗夫斯基反导防御系统简图见图 1。

反导防御系统精确定向站的总数由解决战术问题的必要性决定。同时运行的精确定向站的最小数量就等于能够同时攻击一个区域的目标数量。莫扎罗夫斯基在报告中对一种至少能够抵御 20 枚远程导弹攻击的反导防御系统进行了分析。由于弹头分离后，每个目标会分成两个部分，所以精确定向站的最小数量应该是 40 个。在此基础上，还应该增加 4 个备用的精确定向站。

根据莫扎罗夫斯基的计算，为了抵御 20 枚导弹对一个反导防御区域的攻击，总共需要 38 个探测站和 44 个精确定向站。在一个精确定向站能够完成一架鱼雷战斗机对一个目标的制导任务，且 9 个精确定向站足以作为常规备用设备的条件下，至少需要 82 个雷达站。

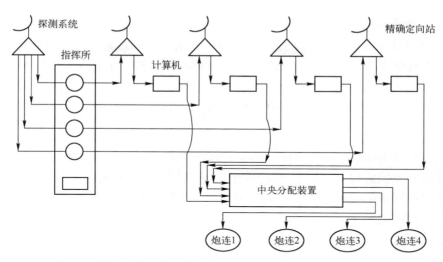

图 1.1 莫扎罗夫斯基反导防御系统简图（第四研究所，1949 年）

1949 年 12 月，区域反导防御战术技术要求的科学论证工作完成，这是第四研究所青年团队完成的第一项集体科研工作。

20 世纪 50 年代初，许多科学家在这项科研工作的基础上进行了一系列的研究。格·伊·莱温在国防部试验场开展了"雷达监测导弹飞行"实验。伊·伊·格列边希科夫对导弹和战斗装药的雷达属性进行了研究。为了提高反导弹防御系统运行的自主性，尼·米·索茨基在计算机应用领域进行了探索。阿·巴·巴赫拉莫夫研究了控制力作用下液体的运动动态。米·米·巴维金对各种爆炸杀伤因素对导弹结构和弹头的影响进行了研究。巴·阿·阿加贾诺夫参与了反导防御雷达的研制工作。

第四研究所的研究团队取得了重要成果，并基于这些成果得出了弹道导弹最重要的雷达特性，制定了区域反导弹防御地面雷达保障系统方案，明确了对反导防御系统基本属性——时间平衡的要求，最后得出主要结论：建立反导防御系统是可行的。

炮兵科学院科学技术委员会对莫扎罗夫斯基的报告进行了审查，并给予了高度评价。莫扎罗夫斯基团队继续其研究之路。在部门负责人巴·阿·阿加贾诺夫的领导下，莫扎罗夫斯基团队继续研究弹道导弹的雷达特性。研究所内安装了跳伞塔，导弹模型就固定在塔上，而接收和发射天线就直接安装在研究所其中一栋建筑物的窗口上。巴·伊·索科洛夫团队开始研究导弹弹头的易损性，以便为反导弹武器战斗部选择合适的杀伤体。

第四研究所由于无法在国防部的组织下进一步开展实验设计工作，因此于1953年终止了其实验设计工作。随着炮兵科学院的停办，莫扎罗夫斯基特种装备研究所也在1953年3月解散。后来，这些报告被转交给苏联防空部队。

1.2 "冥王星"项目

接到开发探测距离为500~2000km的"冥王星"雷达的任务后，第20研究所的专家们感到非常惊讶，因为他们在不久前才成功研制并开始批量生产作用距离达到40km的COH-2飞机探测雷达（炮瞄雷达），如图1.2所示。尽管如此，COH-2飞机探测雷达的总设计师阿·亚·布莱巴特还是开始制定新的方案。

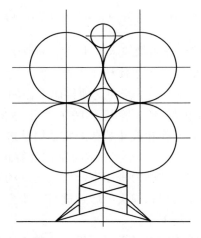

图1.2　飞机探测雷达示意图

该研究所成立于1942年2月15日，当时为了基于租借的英国雷达开发COH-2炮瞄雷达，电子工业部下令在莫斯科建立工厂和设计局。最初，设计局的研究人员都挤在人民委员会的一间房间内办公，后来搬到了列别杰夫物理学院的一栋大楼内。设计局汇聚了一批最优秀的科学家，其中包括米·安·列昂托维奇、阿·米·库古舍夫、列·尤·布鲁姆贝格、叶·尼·迈泽利斯、斯·米·尼基福罗夫、尼·德·杰维亚特科夫、伊·斯·吉吉特、阿·阿·沃斯特和阿·亚·布莱巴特。新工厂借用已解散的第465航空工厂的生产车间，该工厂位于"索科尔"地铁站列宁格勒公路和沃洛科拉姆斯克公路的交汇处

("红宝石"科学联合生产公司现在就坐落在这里)。

1945年6月，中央第20设计局成立，同年9月，第465工厂成为该设计局的试验工厂。在向武装人民委员部转移时，该设计局更名为第20研究所。"冥王星"雷达站就是在这里研发的。

"冥王星"雷达站预计将配备两个组合固定脉冲雷达。其中一个雷达是米波雷达，用于搜索和探测目标。另一个雷达为厘米波雷达，用于精确定位目标坐标。天线系统由旋转架上4个12~15m的抛物面组成，旋转架安装在30m高的塔上。

在研制"冥王星"雷达站的同时，研究人员还提出并制定了反导弹防御系统构建方案，明确了对杀伤兵器的要求，并对与反导弹防御有关的其他问题展开了研究。

1946年底，阿·亚·布莱巴特向第20研究所汇报了"冥王星"相关课题的工作进展。科学技术委员会主席米·里·斯利奥斯贝格指出，"冥王星"项目有很多的创新点，但是解决方案还不明确。他总结道："这是一项极其复杂的任务，或许也是目前国内外最复杂的雷达任务"。

该项目的科学技术水平非常高，但是由于任务的复杂性以及一系列技术和组织问题尚未解决，导致该项目在一段时间内"悬而未决"。第20研究所的专家不得不承认，国内工业暂时还无法解决构建宏观雷达系统的问题。

1.3　E-32课题

虽然俄罗斯空军不愿进一步参与"反FAU导弹"项目，但总军械部仍然认为这是必要且有前景的项目。1948年2月14日，根据苏联部长会议决议，决定委托第88研究所仔细研究远程弹道导弹和远程轰炸机对抗系统的主要参数。因此，开设了E-32课题。而研究反导弹导弹参数的任务就交给了由叶甫盖尼·瓦西里耶维奇·西尼利希科夫领导的第88研究所设计科。尼·阿·巴尔沙伊在第20研究所继续研制雷达并选择反导弹导弹控制系统的形式。总军械部炮兵委员会制订了技术任务书，1948年8月18日，炮兵委员会五局负责人、陆军上将米·米·洛巴诺夫签署了这份技术任务书。

苏联和美国远程弹道导弹的成功研制，促使苏联领导人于1949年2月6日发布了一项关于研制打击这种强大武器的作战系统的新决议。该项目由第88研究所担任主要执行机构，而第20研究所负责开发系统和雷达。一方面，这是因为第88研究所承担的重要课题过多，需要其他研究所协助完成；另一方面是因为第20研究所的权威性提高，获得了业界的认可。阿·亚·布莱巴特和尼·阿·巴尔沙伊深受列·巴·别利亚的信任，这也促成了两个研究所的这次合作。

1947年8月29日，第20研究所成立了雷达控制科，由列宁格勒军事通信科学院毕业生斯·里·别利亚少校担任科长，科学院教师巴·尼·库克先科担任副科长。起初，部门里只有两个人——别利亚和库克先科，他们被安排在一个房间内办公。不久后，部长德·弗·乌斯季诺夫将小别利亚的毕业设计送到学院审查。第20研究所的研究人员阿·亚·布莱巴特和尼·阿·巴尔沙伊收到指示，暂时搁置了所有的事情，马上为该毕业设计写了评语。

显然，列·巴·别利亚很喜欢阿·亚·布莱巴特和尼·阿·巴尔沙伊的评语。认识他之后，乌斯季诺夫就指示学院领导尽快开展"彗星"的实验设计工作，"彗星"是用于与美国航空母舰作战的系统。这项工作由小别利亚的导师巴·尼·库克先科担任负责人。1947年9月8日，根据苏联部长会议决议，第20研究所雷达控制科（24科）获得了自主权，并更名为CB-1。两个机构继续在同一个区域内活动。

第885研究所被任命为E-32反导弹导弹控制系统的主要研发单位。"冥王星"系统和雷达的研制工作由阿·亚·布莱巴特和尼·阿·巴尔沙伊负责，E-32反导弹导弹的研制工作由第88研究所设计部主任叶·弗·斯尼利希科夫负责，反导弹导弹控制系统的研制工作由第885研究所部门主任弗·阿·戈维亚季诺夫和该部门科研人员尤·斯·赫列布采维奇负责。

卫国战争时期，弗拉基米尔·阿列克谢耶维奇·戈维亚季诺夫在苏联通信器材工业部第20研究所工作。1945—1946年间，他对在德国缴获的导弹装备进行了研究。1946年5月，他被任命为第885研究所的部门主任，1947年6月28日被任命为P-101（"瀑布"）防空导弹"莱纳德"控制系统的总设计师，1948年2月14日被任命为E-32远程防空导弹（反导弹导弹）控制系统的总设计师。

由于"瀑布"导弹项目工作量增加，反导弹导弹控制系统的工作就直接交由戈维亚季诺夫部门的尤里·谢尔盖耶维奇·赫列布采夫负责。按照他的方案，E-32反导弹导弹在初始阶段应该按照地面指令瞄准目标，在末段借助自动制导弹头瞄准目标。他建议为反导弹导弹配备可控弹头。

第20研究所已经开始开展实验设计工作，研制能够远距离探测和定位远程导弹以及能够在米波和更短波段内探测防空导弹的雷达系统。按照技术任务书，研究所团队需要对"超远程雷达探测、目标自动跟踪和导弹制导方法和手段"以及"利用 E-12 防空导弹打击远程导弹的方法"进行研究。

"冥王星"计划的资料被转交给了苏联部长会议下属的第三特殊委员会，委员会在 1949 年 4 月 5 日的会议上对其进行了审查。特殊委员会的决议中写道，"在我们看来，远程导弹和飞机探测问题的解决方案在目前是可行的。为了加快高空目标远程探测雷达的研制速度，我们应以这个方向为主，同时仔细研究与反导弹防御手段相关的问题。"

1949 年底，约·维·斯大林决定集中主要的科学和设计力量开发"别尔库特"莫斯科对空防御系统。1950 年，弗·阿·戈维亚季诺夫和叶·弗·斯尼利希科夫的部门被撤销，E-32 项目的所有文件被转交给了第 88 研究所的格·尼·巴巴金（制导系统）和第一设计局的德·里·托马舍维奇（导弹）。基于 E-32 项目的资料，托马舍维奇开始研制 SHB-32 防空导弹。同年，第 20 研究所学术委员会听取了有关反导弹防御已完成工作的报告。在此之后，反导弹防御项目被无限期搁置。

第二章
反导防御试验系统研制历程

7位元帅的信
第一设计局的反导弹防御问题实验室
格·弗·基苏尼科被任命为第一设计局第30专业设计局负责人

2.1 这项工作值得你奋斗一生！

米·阿·别尔沃夫

1953年2月13日，约·维·斯大林签署苏联部长会议的一项决议，决定由谢·巴·科罗廖夫担任总设计师的第一特种设计局负责研制核弹头重达3t的洲际弹道导弹。1954年5月20日，苏联政府通过新的决议，决定由第一特种设计局负责研发核弹头重达5t的洲际弹道导弹。按照文件要求，第一特种设计局开始研制能够飞抵美国领土的R-7导弹。

1953年8月20日，美国从卡纳维拉尔角发射了首枚"红石"中程弹道导弹。试验结束后，美国计划将这些导弹部署在西欧国家。与此同时，美国完成了试验设计工作并得出明确的结论，可以研制射程为8000km、能够到达苏联领土的弹道导弹。很快，美国科学家和设计人员就设法减轻核弹头和导弹弹头的重量，并对能够确保精确打击目标的控制系统提出了明确要求。之后，美国的政治家、科学家和军方得出一致结论，必须要研制洲际弹道导弹。空军司令部委托康维尔飞机公司研制首枚"阿特拉斯"洲际弹道导弹。

在这些事件的背景下，苏联的7位元帅致信苏联共产党中央委员会主席团，请求建立反导弹防御系统，信中提到："在不久的将来，潜在的敌人可能拥有远程弹道导弹，并将其作为对我国重要战略目标实施核打击的主要手段。但是我国现有的以及刚开发的反导弹防御系统无法对抗弹道导弹。因此，我们请主席团指示工业部着手研究弹道导弹对抗手段。"

这封信的作者早已不在人世，根据事件参与者叙述的回忆片段，可以重现大概的场景，但其可信性无法保证。从苏联和美国研发远程弹道导弹的时候开始，建立反导弹防御手段的问题就一直悬而未决。原子弹研制成功后，大家开始意识到，导弹不仅可以使用三硝基甲苯装药，还可以使用原子装药，这个问题才引起了关注。20世纪50年代初，苏联集中全国最优秀的人才解决首都的对空防御问题，以应对携带原子弹的敌方轰炸机的攻击。1953年，苏联意识到需要并且可以着手建立反导弹防御系统了，但是随着斯大林的逝世、贝利亚反对组织的成立、里·巴·贝利亚被捕以及国家领导层的人事变动，这个计划又推迟了。

1953年夏，苏联总参谋长瓦·达·索科洛夫斯基元帅在收到有关美国计划的情报以及国内科学家和设计师最新研究成果的信息之后，向国防部长尼·阿·布尔加宁提出面见苏联共产党中央委员会主席团并向其陈述问题的本质。作为中央委员会主席团的成员，布尔加宁建议索科洛夫斯基起草一份简要报告，而且，为了能够引起克里姆林宫办公室的注意，报告上最好附上军事领导人的签名，因为当时的国家领导人更多的是考虑生存斗争，而不是与难以理解的弹道导弹作战。他还答应向中央委员会主席团的成员说明问题的本质和重要性。

还有6位元帅也加入了索科洛夫斯基的行动。1953年9月，尼·谢·赫鲁晓夫被选为苏联共产党中央委员会秘书长，克里姆林宫的局势逐渐进入正轨。大约就在这个时候，中央委员会邀请了两位优秀的科学家——国防部副部长、科学院院士阿·伊·史楚金和苏联科学院无线电技术实验室主任、通信院士阿·利·明茨，对元帅的联名信进行讨论。他们持不同的观点，但是对这个问题都保持谨慎的立场。最终得出结论，首先要明确能否建立反导弹防御系统。苏联部长会议对元帅的信做出了回应，于1953年10月28日发布了"关于建立反导弹防御系统的可能性"的指示。

第一设计局——"红宝石"科学生产联合公司

1953年9月，第一设计局研制的莫斯科对抗防御系统完成了国家试验。尽管系统还要很久才能投入使用，但那些国防部领导对苏联部长会议下属第三总局进行的验收持怀疑态度，他们坚持要求对新系统进行新一轮试验。反导弹防御问题引起了第一设计局专家们的注意。

苏联国防部长助理伊·维·伊拉里奥诺夫的回忆

总设计师阿·阿·拉斯普列京结束了对空防御系统的研制工作，因此最初考虑由他担任反导弹防御系统的总设计师。拉斯普列京说，在对开发这种系统的可能性进行了评估之后，他认为这个任务不仅目前无法完成，而且他们那代人都无法实现。他没有接受这个任务，但或许他们设计局的某个科学家可以详细地研究这个问题。

在一次私人谈话中，亚历山大·安德烈耶维奇告诉我，他从来不做冒险的事，而且他已经就这个问题跟米·维·克尔德什和谢·巴·科罗廖夫进行了磋商。克尔德什对建立可靠的反导弹防御系统的可能性表示极大的怀疑，而科罗廖夫则相信，任何的反导弹防御系统都可以被弹道导弹轻易攻克。他说："导弹具有许多规避反导弹防御系统的技术潜能，但是我根本看不到现在或在可预见的未来有建立一个不可逾越的反导弹防御系统的技术能力。"

中央委员会还邀请了企业领导——S-25系统的主要开发人员——第一设计局的新负责人谢·米·弗拉基米尔斯基（由于对斯大林的绝对拥护，阿·谢·叶良刚被免职）、S-25莫斯科对空防御系统的总设计师阿·阿·拉斯普列京和苏联科学院无线电技术实验室主任阿·利·明茨。1953年12月2日，根据苏联部长会议"关于发展远程导弹打击方法"的指示，决定由第一设计局和苏联科学院无线电技术实验室负责制订具体的方案。

1953年12月，弗拉基米尔斯基下令在第一设计局内建立一个反导弹防御问题专门实验室，由著名科学家纳西姆·阿伦诺维奇·利夫希茨担任负责人。当时，纳·阿·利夫希茨和他以前的老师格·谢·基苏尼科从列宁格勒军事通信学院被调到了谢·列·贝利亚第一设计院。不久后，利夫希茨被任命为理论实验室的负责人。值得一提的是，利夫希茨的父亲是非常富有的企业家。谢尔盖·别利亚知道这件事，但并没有在意。里·巴·别利亚和谢·列·别利亚被捕后，利夫希茨受到降职处分，他认为这次降职是不公正的，转而努力从事科学研究活动。之后，将近40名研究人员加入了利夫希茨的实验室，他们开始准备第一份反导弹防御报告。朱科夫斯基空军科学院教授弗·谢·普加乔夫将军担任实验室的科学顾问，战后他一直从事德国导弹技术的研究工作。

1954年1月，军事工业委员会决定成立专门的反导弹防御委员会，由军工部门科学技术委员会主席阿·尼·史楚金院士担任该委员会的主席。苏联科学院无线电技术实验室主任阿·利·明茨、第一设计局总工程师费·维·卢金（谢·米·弗拉基米尔斯基被调走了）和S-25系统的总设计师格·谢·基苏尼科也加入了这个委员会。据格·谢·基苏尼科在《秘密地带》中的回忆，费·谢·卢金说："应该尽快开展反导弹防御工作，但是现在不要承诺任何事情。结果如何，现在还很难说。但是这件事没有任何的风险，即使反导弹防御不起作用，也可以为建立更完善的防空系统打下坚实的技术基础。"

　　第一设计局原负责人、总设计师巴·尼·库克先科知道这个课题交给了利夫希茨之后，对他说："这项工作值得你奋斗终生！"

2.2　阿·利·明茨的第一次尝试

　　阿·利·明茨对反导弹防御问题的态度是模棱两可的。作为一个长期在内务人民委员会工作的人，看到人们为一个错误的决定和一句错误的话付出代价，他没有说出自己内心的想法，而在同时代的人对他的零碎回忆中，说法也是各不相同。这个人的一生是绚烂的，同时也是悲剧的。

　　1928年2月，阿·利·明茨接受谢尔戈·奥尔忠尼启则指派的任务，担任列宁格勒大功率无线电工程局的负责人，并建立一个以全苏全国总工会命名的大功率无线电台。从莫斯科来到列宁格勒后，明茨团队开始研发和建设100kW的无线电台。1931年，由于被控告参与反革命行动，明茨再次被逮捕（1918年，因拒绝一名红军军官在家借宿而被捕）。

名为"全苏工会中央理事会"的无线电台大楼

在奥尔忠尼启则的斡旋下，明茨被释放并开始设计以"共产国际"命名的 500kW 的无线电台。两年后，这个无线电台正式投入使用。大功率无线电工程联合企业在列宁格勒成立。1936 年，明茨开始设计世界上功率最大的 RV-96 多频短波无线电台，用于对远东、美国和澳大利亚进行广播发射。一年后，他被派往美国出差。出差回来后，1937 年，明茨因被指控破坏红军战斗力而再次被捕。1940 年，明茨被判处 10 年监禁，被关押在布特尔斯基监狱。

1941 年 7 月 10 日，明茨被提前释放，并被派往后方的古比雪夫负责建设 1200kW 的 RV-96 无线电台，这个电台用于向国内被占领区域进行广播。一种说法是，释放明茨的命令不是匆忙下达的，另一种说法是，按照当时的流程，这些文件被推迟到无线电台建设结束后才签署。

1942 年 11 月 17 日，建好的无线电台交付给了订货方。这一天，浓雾笼罩。一架飞机撞到了一根 200m 天线杆，把天线杆弄坏了。委员会的 8 个塔架就只交付了 7 个。无线电台可以使用，但委员会成员对此表示不满，并向有关部门报告了此事。很快，明茨就组织用钻井的管材制作了一个新的塔架。1943 年 8 月，古比雪夫附近的无线电台开始投入使用。然而，释放明茨的命令还是没有下达。之后，明茨被任命为内务人民委员会莫斯科特别实验室的负责人。

1946 年 8 月 13 日，为了研制核武器，苏联科学院列别杰夫物理学院组建了第十一实验室，以便在核物理、基本粒子和等离子体物理学领域开展研究。实验室位于莫斯科伏龙芝街道的一处私邸内，由内务人民委员会上校工程师明茨担任实验室负责人。

1947 年 4 月 21 日，明茨团队加入伊·瓦·库尔恰托夫院士组建的苏联科学院第二实验室，并将其改名为第二实验室无线电设备科。1949 年，为了提高机密性，第二实验室改名为苏联科学院测量仪器实验室，明茨的部门用简化符号 ORLEP 表示，自此开始研究带电粒子加速器。1950 年 1 月 28 日，明茨团队参与研制的同相加速机投入使用。1951 年 2 月 3 日，苏联科学院测量仪器实验室无线电设备科改名为苏联科学院无线电技术实验室。实验室隶属于苏联部长会议第三总局，负责研制莫斯科对空防御系统，由明茨担任实验室负责人。

基于同代人的陈述，可以做出以下推测：一方面，明茨对能否研制出能有效对抗弹道导弹的武器装置抱有怀疑；另一方面，他相信自己和自己团队的能力，不愿将来像研制 S-25 莫斯科对空防御系统时那样只发挥次要作用。他知道，只有党和政府领导人特别关注的项目才能发挥主要作用。苏联党中央主席团和尼·谢·赫鲁晓夫本人并没有特别深究问题的本质，只是坚决主张应该建立反导弹防御系统。因此，建立反导弹防御系统就成了国家首要任务。

伏龙芝街道上的苏联科学院无线电技术实验室

作为一个经验丰富和严谨的科学家，明茨意识到了这项工作充满复杂性和不确定性。因为没人知道反导弹防御系统是什么样的，甚至也不知道是否能够建立这样的系统。最后还是米哈伊尔·米哈伊洛维奇·维斯宾说服了他。

明茨开始投入"壁垒"区域反导弹防御系统项目工作中。该项目计划在导弹危险方向上建造雷达站，雷达站使用固定天线，天线间隔100km放置。雷达站的射线将在弹道导弹轨迹上形成三道"栅栏"（障碍）。赫列布采维奇在几年前首次提出了"栅栏"（障碍）的观点。明茨的同事对他的这种说法很感兴趣。有人提议在国防部的一个试验场（后来得知，是在巴尔哈什试验场）构建反导弹防御系统试验模型，从极圈地区的导弹危险方向开始在国家周围建立反导弹防御作战系统。刚开始时大家都很相信这个方案，但后来，大家慢慢意识到这个方案的不可行性。

1954年1月，亚历山大·利沃维奇·明茨会后来到军工部门，将无线电技术实验室接到莫斯科反导弹防御系统可行性论证任务的事情告诉了几个人。这个任务属于机密级任务，只有几个人知道。米·米·维斯宾负责的"A"部门组建了一个5人特别小组,由格·伊·基里亚诺夫担任组长。小组成员有阿·伊·捷尔加奇、维·伊·穆拉维耶夫、巴·米·舒雷金和我。值得一提的是,除了巴·米·舒雷金之外,上面提的那些人之前都在研究加速器。其他研究加速装置的同事则被调到了其他部门。

实际上,小组成员即将开展的雷达课题工作也是全新的,而且从来没有人研究过反导弹防御问题。之前的领导之中,没有人在导弹雷达方面有足够的经验。大多数人都要重新学习。第一个组织措施就是要将这个小组与其他的同事分隔开来,虽然所有人都在有严格保密制度的部门内工作并允许参与"机密级"工作。很快,这个小组内部公布的材料就盖上了"绝密"印章。

我们团队被安排在一个独立的房间内工作,只有亚·利·明茨能进这个房间。甚至连科长米·米·维斯宾也没有权利进入这个房间。这样的日子持续了大概一年,在此期间,我们准备了首轮提案。

亚·利·明茨给小组的同事布置了两个主要任务:第一个任务是学习和研究与探测远程洲际弹道导弹相关的资料;第二个任务是在研究能打到莫斯科的导弹轨迹的基础上,以及在研究这些导弹或是其弹头性能的基础上,建立一个能在极短时间内发现导弹并确定其落点的可行系统。

格·伊·基里亚诺夫明确了每个小组成员的职责。阿·伊·捷尔加奇负责轨迹测量问题,构建可能的轨迹,确定导弹探测时间和弹头可能的落点。维·伊·穆拉维耶夫负责研究探测精度问题、接收器问题以及实现可接受的信噪比,以确保探测可靠性和雷达潜能的问题。巴·米·舒雷金研究这些雷达必用数据的传输系统,而我负责论证这些雷达的最优波长。

我们能够查阅第一设计局内现有的弹道导弹雷达的相关资料。让我感到惊讶的是,在战争结束后还能够直接找到那些认识到导弹攻击危险并提出建立反导弹防御系统的人。本书的其中一名作者——赫列布采维奇就是这样的人,他建议利用多波束抛物面镜建立窄波束雷达屏障。亚·利·明茨将赫列布采维奇称为"不怀好意的发明家"。虽然赫列布采维奇的建议看起来有点不切实际,但也有一定的意义。

我们将小组工作结果汇总成了报告,在报告中对这种系统的波长选择问题进行了论证,并大体上确定了假定雷达的可能电位值和必要电位值。我们对无线电波的传播过程进行了分析,并对大气层和电离层中的损耗值以及由于光线在这些环境下的偏离而可能产生的测距误差进行了评估,最后选择的波长为30cm。按照信号最小损耗原则,这种波长是最优的,而且在电离层中发生信号失真的可能性最小。

我们提议在反导弹防御系统中使用固定天线雷达，雷达发出垂直向上的窄光速，生成三重雷达"屏障"。阿·伊·捷尔加奇预测，导弹会依次越过"屏障"，我们可以根据三个标定点确定目标距离和两个目标角，并精准确定导弹弹头的落点。为了验证这种先进系统的工作原理，我们研究所提议创建"区域反导弹防御"试验系统。1954年12月，科学技术委员会会议上展示了我们和第一设计局的方案。科学技术委员会委员们更加青睐第一设计局的方案。

在讨论区域性反导防御方案时，我们研究所就已经开始着手研究系统的各个组成部分了。因此，亚·利·明茨在方案被拒绝之后还是决定继续研究这种特殊雷达。1955年，我们开始制造第一根反射抛物线天线。这种天线的成功研制或许可以证明区域反导弹防御方案的可实现性。

亚·利·明茨对天线课题非常感兴趣，虽然他们之前在这方面并没有开展过研究，也没有这方面的专家，但是他们还是毅然决定研究和试制这种天线。这种天线为雷达特制，使其能够判断和确定导弹溅落区内导弹弹头的反射面。雷达应在10cm波段上运行，其天线两面生成许多窄光束。光束角幅的方位角和仰角为0.5°，因此需要直径12m的抛物反射镜。当时（1955年），苏联还没有这么大的反射镜。

1955年5月底，维·米·鲁普诺夫领导的设计部门完成了设计图。之后，直接在伏龙芝街道苏联科学院无线电技术实验室院内搭建了装配架。1955年7月，抛物面天线制作完成。亚·利·明茨每天都会到天线生产区看一看，他非常关注细节和项目进度。

差不多就是这个时候制造出了波长8mm、直径1m、制作工艺精良的缩小型天线。伏龙芝街道的大楼内没有可以用于测试的房间，所以决定利用明茨办公室旁边的长走廊和休息室进行测试。办公室与休息室之间的走廊长约30m，休息室大小为10m×12m。配备发生器的天线直接安装在办公室旁边，而其射线到达休息室。

一根指示天线沿着一条专门设计的与走廊线垂直的轨道向休息室方向移动。天线图非常小，我们认为射线不会触到走廊墙壁。我们测量的天线图与实际的天线图非常相似。

12m的天线由于尺寸太大无法在实验室进行测试，于是明茨就找到了第一防空特种部队管理局局长谢·费·尼洛夫斯基中将，请求在S-25系统的一个作战项目上进行测试。得到许可后，1955年，我们开始在弗努科夫区域的一个项目上对12m长的反射天线模型和射束频率摆动天线进行测试。

1955年10月，我们最终决定制造雷达样机，以观察从卡普斯京-亚尔试验场发射的导弹的下降轨迹。射程1200km的R-5M弹道导弹弹头的落点位于距离阿拉尔斯克城不远的大巴尔苏基沙漠。米·米·维斯宾的部门负责勘察，他们到达大巴尔苏基沙漠，在那里安装了雷达，开始观察和测试导弹弹头的反射特性。我们的测试在1956—1957年间进行。这是探测空中飞行弹道导弹弹头的第一次试验。

2.3　格·瓦·基苏尼科"登场"

1954年8月，尼·阿·利夫希兹完成了反导弹防御问题综合报告，并将其转交给了由谢·米·弗拉基米尔斯基担任负责人的特种机械总局。不久后，弗拉基米尔斯基收到了明茨关于建立区域反导弹防御系统的提案和巴·尼·库克先科的公文，库克先科在文中介绍了构建反导弹防御系统的独特方法。

明茨的方案没有打动特种机械总局科学技术委员会的委员们，因为在遥远的沙漠建立试验场的成本很高，建设难度很大。但是，他的想法得到了科学技术委员会主任阿·尼·舒京院士的认可，舒京院士建议他继续开展研究。第一设计局前总设计师、该机构科学技术委员会学术秘书巴·尼·库克先科的方案被优先考虑。仔细研究了这些提案之后，特种机械总局科学技术委员会接受了利夫希兹的方案，否定了库克先科的提案，而对明茨的方案没有给出明确的决定。

1954年8月，第三十一处负责人格·瓦·基苏尼科看到了尼·阿·利夫希兹实验室的报告。他对反导弹防御问题非常感兴趣，于是指派自己的同事雅科夫·阿尔杰米耶维奇·叶利扎连科夫研究反导防御问题。叶利扎连科夫早前在国防部第四研究所工作，1946—1947年，他参与了卡普斯京亚尔试验场的V-2弹道导弹试验发射工作，对这方面的问题有深入的了解。此外，他对基苏尼科非常忠诚。而此时，基苏尼科自己也已经完成了S-25系统天线的研制工作，正在考虑未来的计划。

从伏罗希洛夫格勒州师范学院毕业后，格里戈里·瓦西里耶维奇·基苏尼科在赫尔岑列宁格勒师范学院继续攻读研究生。1941年研究生毕业后，他去到阿斯特拉罕大学任教，卫国战争爆发后，他回到了列宁格勒，在前线做志愿者。之后，他成为了列宁格勒对空监视、通报及通信联络军事学校的学员。上完培训课程后，他开始在莫斯科防空前线对空监视、通报及通信联络独立无线电营服役。不久后，基苏尼科被任命为排长，后来被任命为对空监视、通报及通信联络团雷达连工程师。从此，他的教育计划和文坛事业退居次位，而雷达永远进入了他的生活中。

1944年12月，基苏尼科被调往布琼尼列宁格勒军事通信学院担任教师。在那里，他被任命为雷达理论基础教研室副主任，开始为学员们讲课，谢尔盖·拉夫连季耶夫·别利亚就是他的学生。毕业后，小别利亚被任命为第一设计局的总设计师，他领导的设计局是国内军工综合体的主要机构。1950年年底，基苏尼科被调到第一设计局，担任莫斯科防空系统B-200雷达天线波导设备实验室负责人。1952年，基苏尼科开始担任B-200雷达站试验技术副主任，1953年开始担任第一设计局第三十一科研处处长。

谢尔盖·拉夫连季耶夫·别利亚被逮捕之后，苏联部长会议国家安全委员会（克格勃）的所有上校都被降职，他们原先都是第一设计局的部门负责人。之后，由科学家担任部门负责人，研究领域变得更加公正。阿·阿·拉斯普列京和格·瓦·基苏尼科在担任要职之后就开始竞争领导职位，他们就像挤在一个窝里的两头熊。维·德·卡尔梅科夫被任命为苏联无线电技术工业部部长后，拉斯普列京开始蓄势待发。不久后，他被任命为S-25系统的总设计师，然后是第一设计局的总工程师、第一设计局总设计师和第三十一试验设计局负责人。

精力旺盛的基苏尼科急需一个释放出口，希望通过参加国家级项目展示自己的才能。反导弹防御系统对他而言再合适不过了。利夫希兹的综合报告完成后，大家开始意识到，建立反导弹防御系统需要大量的人力。利夫希兹是一个真正的科学家，但不是一个组织者。而基苏尼科既有科学家的学识，也有组织者的才能。利夫希兹是一个严谨的犹太人，而基苏尼科是一个勇敢的哥萨克人。了解到即将面临的问题的复杂性之后，纳西姆·阿罗诺维奇就放弃了。而格里戈里·瓦西里耶维奇在深入了解事情的本质之后，却对这个事情越来越感兴趣。

A、A-35和A-135系统项目参与者、无线电仪表制造研究所老职工尤·阿·卡缅斯基的回忆片段

利夫希兹完成综合报告后，我被派往卡普斯京亚尔出差，S-25系统的防空导弹就在那里的第30个场地进行测试。我们小组由维·普·希绍夫担任负责人。到达卡普斯京亚尔的第二天，他安排我去试验场的科研部。科研部主任拉·阿·瓦利耶夫把我带到了旁边的房间，房间的黑板上还留着两个设计师画的图。这两个设计师是反导弹导弹的总设计师普·德·格鲁申和无线电引信的总设计师尼·谢·拉斯托尔古耶夫。他们尝试在黑板上绘制导弹未击中目标时防空导弹与靶机在末段相遇的示意图。拉·阿·瓦利耶夫请我去旁边的一栋楼，测量部门就在这栋楼内。我在测量部认识了一位沿用古老姓氏（沙拉克沙恩）的年轻军官。他完成绘图后，我们就去了科研部。这一天内我认识了好几个人，后来在很长一段时间内我们都一起从事反导弹防御工作。

从卡普斯京亚尔回到第一设计局后不久，我就认识了格·瓦·基苏尼科。当时，他已经完全被反导弹防御的想法吸引住了。他问我，按照综合报告来看，要达到足够高的目标杀伤率，需要多少枚反导弹导弹。几天后，我告诉他，在不考虑导弹安全系数的情况下（当时还没考虑这个问题），大概需要 8~10 枚反导弹导弹。

之后，基苏尼科最终决定研究三种不同射程的反导弹导弹和目标的坐标确定法。我也决定在考虑所有已知因素的条件下制定更精确的杀伤率计算算法。当时第一设计局采购了一台"箭头"计算机。我带着算法找到了程序员，但他们还没有足够的经验，他们告诉我，他们最近会用计算机验证乘法表。又过了一段时间，我顺利地完成了计算，并向格里戈里·瓦西里耶维奇汇报了计算结果。

1955 年 2 月 2 日，党中央下达了关于继续研究反导弹防御问题的新指令。1955 年夏，叶利扎连科夫初步了解了这个问题，并与利夫希兹同时得出了结论，建立反导弹防御系统虽然困难重重，但也是可能实现的，之后他向基苏尼科汇报了这个结果。为了更加全面地研究这个问题，基苏尼科组建了课题实验室并任命叶利扎连科夫为负责人。反导弹防御课题很快就引起利夫希兹和一些研究 S-25 系统的同事的关注。

雷达研发人员鲍里斯·米特罗法诺维奇·沙乌洛夫、尤里·德米特里耶维奇·沙弗罗夫和奥列格·亚历山大罗维奇·乌沙科夫，系统程序设计员尼古拉·瓦西里耶维奇·米罗诺夫和尼古拉·库兹米奇·奥斯塔片科，反导弹导弹制导站专家德米特里·多罗戈夫以及数据传输线路研发人员伊万·达尼罗维奇·亚斯特鲁布，他们都是反导弹防御系统的开拓者。

明茨和基苏尼科知道，如果不弄清楚弹道导弹的雷达特性，工作就无法往前推进。弹道导弹是什么，它有哪些反射属性，这些问题基苏尼科、明茨和利夫希兹都还不清楚。要想弄清楚这些问题，就只有靠谢·巴·科罗廖夫帮忙了。不过科罗廖夫最初声明，不管在什么情况下他都不会透露这些秘密，也不会让无关人员进入试验场。德·费·乌斯季诺夫施压打破了谢·巴·科罗廖夫的阻力。1955 年 6 月初，第一设计局和苏联科学院无线电技术实验室的专家获准飞往卡普斯京亚尔，首枚国产 R-5M 弹道导弹就在那里进行飞行试验。基苏尼科和明茨也去了试验场。每个小组里有三名顶尖专家。

格·瓦·基苏尼科的团队里有实验室主任雅·阿·叶利扎连科夫、无线电专家巴·米·沙乌洛夫和我（弹道导弹弹头打击领域的专家）。我们在试验场见到了谢·巴·科罗廖夫的副手维·巴·米申和拉·阿·沃斯克列先斯基，并与他们进行了交谈。我们参观了准备发射 R-5 弹道导弹的机库，还去到了发射场。导弹的发射和起飞给我们留下了深刻的印象。我们心里暗想，这是不可低估的对手啊。但是，我们还是没能够弄清楚主要问题——弹头的反射属性和核武器的杀伤原理。

拉·阿·沃斯克列先斯基向格·瓦·基苏尼科和亚·利·明茨提供了大量的信息，但是对于弹头的反射属性他什么也没说，因为那个时候他们自己对此都一无所知。

伊·弗·伊拉里奥诺夫的回忆片段：

回到莫斯科后，格·瓦·基苏尼科就向国防工业部部长德·费·乌斯季诺夫汇报了本次调研的结果以及自己准备开始研究反导弹防御系统构建原理的计划。又过了一段时间，上面向乌斯季诺夫施压，基苏尼科同意接手这份工作，乌斯季诺夫非常高兴并允诺会全力支持他的工作。基苏尼科向乌斯季诺夫提议在弹道导弹飞行路线上建立一个试验系统（这些导弹从卡普斯京亚尔试验场发射），他确信试验系统能够远程探测、跟踪并摧毁弹头。如果结果理想的话，就可以开始着手研制作战系统了。

乌斯季诺夫此时也明白，这个问题非常复杂，利夫希兹无法解决这个问题，只有两个真正的总设计师——基苏尼科和明茨能够胜任。乌斯季诺夫把希望放在了基苏尼科身上。

显然，仅靠基苏尼科第三十一处综合实验室的人员根本无法建立反导弹防御系统。1955 年 2 月 14 日，第一设计局内部组建了第三十一特种设计局，致力于研究防空导弹课题，由阿·阿·拉斯普京担任负责人。此外，还成立了第四十一试验设计局，负责研究航空课题，由阿·阿·科洛索夫担任负责人。拉斯普列京认为改组已经完成了，但是乌斯季诺夫持不同的观点，他指示第一设计局主任维·巴·奇若夫准备一份关于组建一个反导弹特种设计局的提案。1955 年 7 月 7 日，国防工业部部长签署了一份关于组建第三十特种设计局以及在反导弹防御领域开展科学研究工作的命令。基苏尼科被任命为第三十特种设计局的负责人。拉斯普列京并没有按照部长的命令行事，还是以第一设计局总设计师的身份谨慎地参与反导弹防御系统的研制工作。

弹道导弹和弹头的探测问题已经是一个公开的问题。1955年8月，为了研究弹道导弹的反射性能，基苏尼科开始研制试验雷达。这是研究反导弹防御系统的第一步，没有这一步就无法继续往前。1955年9月，第三十特种设计局成立了三个部门，分别由尼古拉·安德烈耶维奇·西多罗夫、鲍里斯·伊万诺维奇·斯库尔京和尤里·德米特里耶维奇·沙弗罗夫担任部门负责人。

1955年底，基苏尼科完成了试验雷达计划并研究出了几种弹道导弹探测和跟踪方法。而测试方法的有效性和研究反导弹防御系统主要设备的构建原理和相互作用原理，只能在能够发射远程弹道导弹的现行试验系统中进行。但是许多人建议基苏尼科在雷达研究工作取得理想效果之前，不要着手研制试验系统。

基苏尼科决定同时研制反导弹防御试验系统和试验雷达。这是非常冒险的决定：要是成功了，那么建立作战系统的周期会大大缩短；要是失败，会浪费大量的经费。德·费·乌斯季诺夫同意格·瓦·基苏尼科的建议，他与特种机械管理局的负责人维·米·里亚比科夫一起起草了一份党中央和部长会议的联合决议草案，他不等决议发布，就向国防工业部下达了做好一切准备工作的命令。1956年1月，乌斯季诺夫与支持他的国防部长格·克·茹科夫将反导条例的必要性报告呈交苏联党中央。

根据之前的决议，阿·尼·舒京院士的专门委员会可以就反导弹防御方案做出结论。与乌斯季诺夫不同，舒京依然支持明茨。1956年2月1日，在军工部门和国防部代表的参与下，第一设计局和苏联科学院无线电技术实验室的联合科学技术委员会对明茨的区域反导防御系统方案（配备自行研制雷达）和基苏尼科的工程反导弹防御系统（配备阿·伊·贝格研制的"多瑙河"-2远程探测雷达）进行了讨论。

反导防御系统前副总设计师、无线电仪表制造研究所所长奥·维·戈卢别夫的回忆片段：

精确定位弹道目标和反导弹导弹的坐标是研制反导弹防御系统中最重要的问题之一。考虑到雷达测角坐标误差对误差值的主要贡献，基苏尼科建议使用三点测距法。采用这种方法，可以在相遇点分布区域范围内得到精确的目标坐标和反导弹导弹坐标。

我们得出了三个坐标与距离的直接关系的原始公式。由此可以对三距法的精确性进行分析，并确定三个测距仪的最优位置。制导方法选择反导弹导弹与目标在迎面航向上平行接近的方法，这是因为目标速度大大超过反导弹导弹的速度，这为反导弹弹头碎片摧毁导弹弹头提供了条件。

明茨建议利用垂直向上的三重窄波束雷达"屏障"覆盖导弹最危险的西北方向。弹道导弹依次穿过三重"屏障",形成三个交点,根据这些交点可以确定导弹的起点、射程、两个目标角和弹头的落点。仔细研究这个方案后,我们发现,弹道导弹坐标定位精度还是有明显不足:方位角上的坐标精度为2km,距离精度为6~8km。基于这样的数据无法拦截弹道导弹。

基于基苏尼科提出的三距法确定弹道目标坐标的原理可以达到更高的精度。但是明茨对这种方法的有效性还抱有怀疑。根据同代人的回忆,基苏尼科后来把自己的计算表交给了明茨。明茨在看到这些计算表后承认,基苏尼科是对的。

听完报告后,联合科学技术委员会的大部分成员都对基苏尼科的方案表示认可。不过,明茨远程探测米波雷达的构造非常有趣。雷达站结构相对简单、成本低和可靠性高的特点也博得很多人的好感。贝格的分米波雷达站结构复杂且成本高,但它也有许多的优点,所以也有不少人支持他的方案。最后,委员会做出妥协,向党中央主席团递交了格·瓦·基苏尼科建设反导防御试验系统的方案,以及亚·利·明茨和阿·伊·贝格进一步开展远程探测雷达研究工作的方案。

第三章
"A"试验系统

格·瓦·基苏尼科的"A"试验系统方案
V-1000反导弹导弹。巴·德·格鲁申
"多瑙河"-2远程探测站
试验雷达
巴尔哈什试验场及其建设者
巴尔哈什试验场及其试验者
阿·利·明茨的核心方案
单级方案
1961年3月4日,首次拦截弹道目标。
继续测试"A"系统
K战役
开始研制反导弹防御系统突防武器装备
"A"系统的试验结果

3.1　格·瓦·基苏尼科的试验系统

米·阿·别尔沃夫

1956年2月3日，在仔细考虑国防部和国防工业部的建议之后，苏联共产党党中央主席团和苏联部长会议发布了关于反导弹防御的联合指令。最终决定由国防工业部负责研制反导弹防御试验系统，由国防部负责建设反导弹防御试验场。

为了论证三距法，基苏尼科决定使用三台精确制导雷达。按照他的计算，三台精确制导雷达可以确保测量误差不超过5m。计算正确的情况下，可以基于试验系统建立作战系统。考虑到科学技术、现有知识和基础部件的发展水平，创建能够保护一个目标的系统看起来似乎最有可能实现。毫无疑问，肯定是选择莫斯科作为第一个目标。因此，试验系统的主要参数应该对应未来作战系统的主要参数。

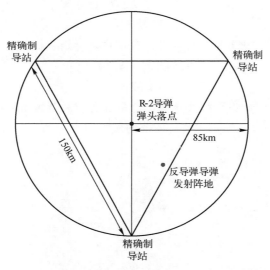

"A"试验系统精确制导雷达在试验场的部署方案

最优方案是在已经建成的莫斯科防空系统的两个圆环中的其中一个圆环内部署精确制导雷达。对于精确制导雷达来说，半径为85km的外环是合适的。项目从绘图开始，图纸上画了一个圆圈，圆圈内表示莫斯科和近莫斯科地区。

圆内有一个边长为 150km 的等边三角形。三角形的角上计划部署三台精确制导雷达。

圆心上标有代号 T-1，代表首都莫斯科。距离圆心不远是 R-2 弹道导弹弹头落点，用 T-2 表示。之后还补充了 R-5 和 R-12 导弹弹头的落点。距离 T-2 点 50km 的位置是反导弹导弹的发射点。为了验证计算结果，需要在试验场上构建一个"三角形"，而试验场应该位于无人沙漠地带，且在从卡普斯京亚尔发射的导弹射程内。"A"试验系统的研制工作就这样开始了。

3.1.1 "A"试验系统是什么？

1956 年 8 月 18 日，苏联党中央和部长会议就"A"反导弹防御试验系统研制计划、工作顺序和工作期限下达了指令。一些中央部门和主要机构都收到了具体的指示。我们预先说明，在这个文件以及其他的官方文件中，经常出现混淆"综合体"和"系统"的概念并将其视为同一种武器装备的现象。一方面，这是因为党中央和部长会议指令中所用的"综合体"已经扩展为大型系统了；另一方面，是因为在座谈会和代表会议上不会讨论保密系统的材料（大多数涉及反导弹武器和反卫星武器研制和发展问题的指令都被定为"绝密级"，连"机密级"都很少使用），也不会对系统化的对象进行科学分析。为避免弄混，后文作者会使用最通用的名称——"A"试验系统。

参与"A"系统研制工作的企业和机构很多，这些合作机构由总发包单位——苏联国防部第四管理总局负责管理。1956 年中期，第四管理总局旗下组建了反导弹防御第五管理局。1956—1964 年，米哈伊尔·格里格里耶维奇·梅姆林被任命为第五管理局负责人，负责反导防御和外层空间防御领域的经验设计工作。之后，他担任了差不多 20 年国防部第四管理总局的副主任，负责经验设计和科学研究工作。在梅姆林之后的 20 多年里，社会主义劳动英雄米哈伊尔·伊万诺维奇·涅纳舍夫担任管理局局长，负责导弹攻击预警系统、宇宙空间监测系统、反导弹防御和外层空间防御系统的研制工作。

"A"系统和 RE 试验雷达的总设计师是第一设计局第三十试验设计局的负责人格·瓦·基苏尼科，他受命于 1956 年 12 月完成工作设计。V-1000 反导弹导弹的研制工作由巴·德·格鲁申负责，阿·伊·贝格和亚·利·明茨则负责远程探测雷达的研制工作，谢·阿·列别杰夫负责中央计算系统，费·巴·利普斯曼负责数据传输系统，伊·伊·伊万诺夫负责反导弹导弹发射装置的研制工作。国防部第四研究所负责设计方案以及 RE-2 试验雷达装置目标指示设备、导弹弹头外部轨迹坐标测量设备、统一计时系统和试验场作战指挥通信系统设备的试运行工作。弹道导弹雷达特性的研究工作从1956年年底就开始了。

基苏尼科决定在试验系统中部署总指挥计算所、中央计算站、三个精确制导雷达站、反导弹导弹观测雷达、指令传输站、数据传输系统、配备发射装置的发射场和V-1000反导弹导弹技术阵地。他拒绝了明茨的"服务"并很快决定使用维·巴·索苏利尼科夫的"多瑙河"-2远程探测雷达。除了整个系统外，格·瓦·基苏尼科也开始着手研制总指挥计算站、精确制导雷达和指令传输站。

1957年夏天，大概比指定时间晚了一年后，基苏尼科完成了设计草案。设计材料有几百卷。那么按照总设计师的思路，第一个反导弹防御系统应该怎样运行呢？

"多瑙河"-2远程探测雷达站能够在指定区段对宇宙空间实施连续监测。当弹道目标出现在工作区域时，雷达站可以自主跟踪目标，确定当前坐标并通过无线电中继通信线路将数据发送给中央计算站。M-40计算机对数据进行处理后，数据通过特殊计算机传输给三个精确制导雷达。精确制导站在获取弹道目标"粗略"的位置数据之后，会搜索目标并对其进行自动跟踪，并将精确的数据传输给M-40计算机。M-40计算机会确定目标轨迹参数，验证假定目标点是否会击中发射阵地防御区域，计算反导弹对目标的输出参数，确定并将天线装置和发射装置的旋转角发送给发射阵地，确定发射时刻并自动下达反导导弹发射指令。导弹发射后，反导导弹观测雷达会搜索并自动跟踪反导导弹，确定其当前坐标并将数据发送给计算机。从精确制导雷达站获取有关弹道导弹飞行信息并从反导导弹观测雷达站获取反导导弹飞行信息后，M-40电子计算机会计算弹道导弹和反导导弹的轨迹，并通过指令传输站将控制指令发送给反导导弹，以便其进入目标精确制导起点。收到M-40计算机的数据后，精确制导雷达会搜索并自动跟踪反导导弹。反导导弹进入弹道导弹长期飞行轨迹后，反导导弹开始根据三测距法精确瞄准目标。在一定时刻，计算机会向反导导弹发送一个"爆破"指令。反导导弹弹头爆炸后会形成一个圆形杀伤场。弹道导弹弹头触到杀伤体后会摧毁弹道导弹。

3.1.2 总指挥计算站、中央计算站和M-40计算机

总指挥计算站是在格·瓦·基苏尼科的领导下研制的，它与中央计算站一起部署在普里奥焦尔斯克城附近的巴尔哈什试验场第四十试验场。中央计算站是在M-40计算机的基础上建立的，而M-40计算机是在研究所所长、总设计

师谢·阿·列别杰夫院士的领导下由苏联精密机械和计算机技术研究所研制的。

配备扬声器和其他通信方式的总指挥计算站可以控制"A"系统所有设备的运行。计算站通过这种通信方式传输指令并接收设备准备运行的报告。战斗工作过程显示在系统的中央显示器上。

中央计算系统由 M-40 和 M-50 电子计算机组成。M-40 计算机实时控制反导导弹拦截弹道导弹弹头的作战过程。M-40 计算机每秒可进行 4000 次运算，运算存储装置的容量为 4000 字节，外部存储容量 150 千字节。M-50 计算机是 M-40 的升级版，用于处理作战过程中输入的数字信息和模拟信息。两台计算机通过机器间交换相互关联。"A"系统设备和 M-40 计算机之间通过无线电中继通信线路传输数字信息和控制指令。

在"A"系统中部署快速运行的数字计算机是最重要的决定。没有这种计算机就无法精确预测弹道导弹的运动轨迹，无法对复杂的方程求积分，反导导弹瞄准目标时的复杂控制算法也无法运行。

维·谢·布尔采夫院士的回忆片段

1955 年，对我们工作比较熟悉的亚历山大·尼古拉耶维奇·舒京院士将我们推荐给了格里戈里·瓦西里耶维奇·基苏尼科。格·瓦·基苏尼科来到我们研究所，并跟我们介绍了他的设计局面临的问题。他们需要建立一个系统，系统中的反导导弹能够瞄准和拦截长约 1m 多、飞行距离接近 1000km 的弹头。听完总设计师的话，我们立刻明白，模拟计算系统无法解决这个问题，需要新的数字技术。

基苏尼科派了很多专家到我们精密机械和计算技术研究所工作，让他们能够了解数字计算机的作用原理。不久后，我们接到了研制反导防御中央计算机的任务。这项工作由谢尔盖·阿列克谢耶维奇·列别杰夫主持，由我担任负责人。为了解决摧毁弹道导弹的问题，我们需要构建一个高性能的计算机网络。1958 年，我们成功研制出了 M-40 计算机。

俄罗斯科学院通讯院士鲍·阿·巴巴杨的回忆片段：

1958 年 9 月，我们第一次来到巴尔哈什。这个团队里有德米特里·鲍利索维奇·博得西瓦洛夫、根纳季·格奥尔吉耶维奇·利亚波夫、安德烈·米哈伊洛维奇·斯捷潘诺夫、尤里·哈娜诺维奇·沙欣、叶甫盖尼·亚历山德罗维奇·克里沃舍夫、伊戈尔·康斯坦基诺维奇·海洛夫、叶甫盖尼·沃尔科夫和我。沃尔科夫是程序设计师，克里沃舍夫负责计算机的核心部分，而我负责开发输入-输出系统。

M-40已经安装在训练场第40号平台，占用了总指挥计算中心一个大厅。用于放置M-50的第二个大厅仍然是空着的。我们开始调准M-40。机器还十分不可靠。每天早上，我们都会遇到同样的问题：走进大厅，打开电子计算机，而机器无法运行。我们寻找原因，更换二三十个组件，在这之后M-40才开始工作。

试验正在进行。我们听到弹道导弹已经发射的消息。最要紧的阶段开始了。突然，电子计算机的一个强放管爆炸了，只有几分钟的时间处理。在这几分钟，克里沃舍耶夫竟奇迹般地把机器修好了。我们及时接通。"多瑙河"-2号锁定目标。再一次的试验成功结束。我们把信息打印出来，轻松地舒了一口气。就在这时，机器又坏了。

试验还在继续。准备工作进展顺利。弹道导弹发射完毕，目标被截获。但是机器在最关键的时候开始发出不正确的信息。了解事情原因后，格里高利·瓦西里耶维奇·基苏尼科在心里把我们骂了一通，回到了他的小屋子里。我们很沮丧。

新的试验开始。准备工作依然很顺利，但是"多瑙河"-2号只要一开始捕获目标，机器就出故障。这一次，我们对情况进行了更认真的分析，并得出结论：原因不在我们。

对情况进行分析后我们明确了以下情况。在开始工作时"多瑙河"-2站台会发出启动计算机的指令。在进行射击时还要求使用所谓的安全开关，同时，操作员会给出补充的计算机指令，以防基本指令失败。在训练时这个开关没有打开，计算机只是按照基本指令工作，一切都很顺利。射击时，操作员打开了开关，计算机一下子接收到了两个信号：基本信号和安全信号。在这之后计算机就陷入了混乱，出错了。原因是打开了备用开关，但是并没有改变程序。

假定目标作战模式下的试验正在进行。在此模式下并没有实际发射弹道导弹，反弹道导弹瞄准了空间中的一个假定点。在瞄准时我们一名同志跑到大厅并大声喊道：

"你们在做什么？导弹直接瞄准了城市！"

然而谁都没在意。令"大惊小怪者"惊慌的是，下达了"发射"指令，反弹道导弹飞向了晴空中。在此结束之后，我们解释了什么是假定目标作战模式。既疲惫又满意的大家开始一起去庆祝工作的圆满结束。

谢尔盖·阿列克谢耶维奇·列别捷夫经常来训练场。他是一名很有才华的设计师。他是世界上第一个产生建造电子计算机的想法的人。美国人略早制造了自己的电子计算机，但是他们的机器还没有程序，并不能认为完全合乎要求。而列别捷夫的计算机已经有了程序，并拥有计算机的所有特征。

20世纪30年代，谢尔盖·阿列克谢耶维奇·列别捷夫领导了一个实验室，之后领导了全苏电工技术研究所自动化处，研究发电站的稳定性以及电气系统控制和自动化调节等问题。战争年代，他与研究所一起转移到了斯维尔德洛夫斯克。他研发了自动制导鱼雷。1945年被选为乌克兰科学院院士，并很快被任命为动力研究所所长，并搬到了基辅。1947年他开始着手 MESM 电子计算机（小型电子计算机）的研发工作。1950年，苏联以及欧洲大陆的这一首台电子计算机投入使用。正是在这台电子计算机上倾注了热核过程领域以及导弹技术和太空飞行的诸多任务。由于这些问题需要异常复杂的算法，因此很多人在此之前认为这些问题是不可能解决的。

1951年，谢尔盖·阿列克谢耶维奇·列别杰夫回到莫斯科，开始担任苏联科学院精密机械与计算技术研究所第一实验室的负责人。很快，在他的领导下，这里建造了一台 BESM 大型电子计算机。苏联科学院精密机械与计算技术研究所第一实验室与"箭"电子计算机研发企业展开了激烈竞争，最终 BESM 电子计算机的设计草案通过了答辩。"箭"型计算机由苏联机器和仪表制造部的三个部门建造：计算机器制造研究所、第245特种设计局和计算分析机器制造厂。为了在与科学院的竞争中获胜，机器和仪表制造部向"箭"项目的负责人尤里·雅科夫列维奇·巴济列夫斯基、巴希尔·伊斯坎达罗维奇·拉梅耶夫提供了大力支持。

1955年，BESM 和"箭"电子计算机被移交给专门成立的苏联科学院计算中心。有意思的是，这些电子计算机的昼夜工作秩序是由苏联部长会议主席尼古拉·亚力山德罗维奇·布尔加宁亲自确定的。在生产了七台计算机之后，"箭"电子计算机由于其性能效率低、可靠性差和体积大而停止生产。谢尔盖·阿列克谢耶维奇·列别杰夫的机器被命名为 BESM-2 继续生产。

早在 M-40 型战车相关工作结束时，谢尔盖·阿列克谢耶维奇·列别杰夫就着手开始对其进行现代化改造。具有浮点运算能力的 M-50 计算机于 1959 年被用到"A"系统中。

3.1.3 精确制导雷达

鉴于这一主题的重要性以及精确制导雷达（RTN）在"A"系统中的决定性作用，格里高利·瓦西里耶维奇·基苏尼科决定在其中建造雷达。他也是这项工作的实际负责人，鲍里斯·米特罗凡诺维奇·沙乌洛夫和伊万·伊利奇·扎哈罗夫是他最得力的助手。传感器由亚历山大·利沃维奇·明茨研究所制造，传动天线由中央自动化和液压科学研究所研制。

精确制导雷达 RTN-1、RTN-2 和 RTN-3 在研制之后，分别被部署在了距离普里奥泽尔斯克 140km、240km 和 180km 的假定三角形定点的巴尔哈什训练场的第 1 号、2 号和 3 号平台。这些雷达是双通道、双波束、时分多路雷达，旨在根据"多瑙河"-2 型雷达的数据和计算机的计算准确确定弹道导弹的坐标，并将反弹道导弹精确引导至弹道目标。

每个精确制导雷达配备一根 15m 口径的 RS-10 大天线、一根 4.6m 口径的 RS-11 小天线、2 个传感器和 1 个接收器。RS-10 天线用于弹道导弹的工作，RS-11 天线保障反弹道导弹工作。设备被放置在两栋工艺大楼内。在精确制导雷达的自动跟踪模式下能够在中程 700km 的距离上实现对弹道导弹头部的拦截，而反弹道导弹则是在其精确制导开始时捕获。

纳里曼·阿本诺维奇·艾特霍任回忆录摘选

目标信道天线驱动器是一种组合跟踪装置，每个里面都包括一个数字辅助跟踪系统和一个强力跟踪驱动器。M-40 电子计算机通过无线电中继线路将弹道导弹位置的数字信息传输至辅助跟踪系统，而强力驱动器输出合成误差信号。

跟踪目标和反弹道导弹的截获是由操作员手动完成的。截获之后，在计算机控制下自动进行目标的继续跟踪。随着反弹道导弹转入对目标的精确制导，操作员干预作战周期的可能性被排除在外。精确制导阶段持续 12~14s，三台相隔 150km 放置的精确制导雷达将目标和反弹道导弹三个射程的测量数据传送至 M-40 计算机上。

无线电仪表制造研究所老科研人员列昂尼德·格奥尔吉耶维奇·赫瓦托夫回忆录摘选

我们的团队很年轻，但是其中一部分人已经有制造 S-25 系统的经验。人们知道这项任务的国家意义，所以工作很有热情。基苏尼科有着很高的威望，我们对他绝对，甚至过分信任。有时坚持某个具体决定时最主要的理由就是最后那句"格里高利·瓦西里耶维奇（基苏尼科）这么说过。雷达和仪器建造的时间是创纪录的。

在巴尔哈什建造技术大楼的同时，我们在莫斯科的一个试验台上组装并对接了雷达的主要部分，之后将仪器运到了试验场。2 号平台上的精确制导雷达是主导雷达，那边总设计师的责任代表开始是 I. I. 扎哈罗夫，之后是 V. A. 叶廖明，最后是 U. P. 卡柳日内。RTN-1 的责任代表依次是 A. V. 卡马罗夫，L. S. 孔德拉季耶夫，A. F. 瓦西里耶夫。RTN-3 精确制导雷达的责任代表开始是我，后来是 V. Y. 索尔达托夫和 N. N. 伊万诺夫。

无线电仪表制造研究所老科研人员米哈伊尔·马尔科维奇·甘采维奇回忆录摘选

1955 年 9 月，我加入了第 30 特种设计局，从实验室主任尼古拉·德米特里耶维奇·纳斯列多夫那里领受了为试验型无线电雷达研制天线的任务。纳斯列多夫教授自天线实验室成立的那天起就一直领导实验室的工作，是最早开始从事"A"系统工作的人之一。他领导单位的天线团队已经 24 年之久，还成立了科学学派。他在电动力学和天线技术方面的渊博学识，确保了天线部门成果的高科技水准。尼古拉·德米特里耶维奇较高的文化水平、谦虚的品质和文化修养有助于建立和加深集体中的同志关系。

尼古拉·德米特里耶维奇·纳斯列多夫在天线接收模式工作基础上发展了镜像天线和光激励天线阵多信道辐射理论。根据这一理论，他对 RS-10、T-10、E-10 和 VA 型天线的 4 信道辐射器进行了计算。1955—1961 年间，阿列克谢·弗拉基米罗维奇·恰索夫尼科担任第 30 特种设计局天线实验室波导组的组长。1961 年—1972 年，他成为了波导实验室的负责人。基于其研究成果，无线电仪表制造研究所为所有天线开发了波导系统。

"A"系统的 RTN 精确制导雷达用于单一弹道目标的探测工作中，因此其天线必须满足提供高能量势能的基本要求。也就是说，在 700km 范围内，它们必须生成足以接收反射信号的无线电波功率密度。为满足这一要求，RS-10 天线必须具有非常窄的波束，并提供高功率的无线电脉冲辐射。

"A"系统精确制导雷达部署在巴尔哈什训练场，中间是 RS-10 目标信道天线的圆顶，左边是 RS-11 信道天线的圆顶，两座 RTN 设备大楼和电影经纬仪位于前面

RTN-1 精确制导雷达。目标信道天线（左边）有充气辐射透明的圆顶

RTN-2 精确制导雷达。目标信道天线（左边）
是刚性结构的辐射透明圆顶

　　RS-10 天线是在高尔基机械制造厂设计局由阿列克谢·叶菲莫维奇·索科洛夫领导设计的。索科洛夫当时的助手是阿列克谢·帕夫洛维奇·乌萨诺夫和格里高利·扎哈罗维奇·沙皮罗。RS-11 天线是由第 30 特种设计局的 V. A. 库连内主导设计的。这些天线由高尔基机械制造厂和高尔基航空工厂制造。

第三章 "A"试验系统

RTN-3 精确制导雷达。射电透明圆顶从目标信道天线上取下

信道天线（反弹道导弹）

为安装在巴尔哈什训练场 2 号平台的 RS-10 天线制造了无线电透明掩体，掩体由三层刚性材料制成，能够覆盖整个天线和基座旋转装置。1 号平台上的 RS-10 天线是涂胶卡普纶（一种合成纤维）制成的充气顶，3 号平台上的天线没有遮挡。

35

巴尔哈什训练场老员工、无线电仪表制造研究所科研人员尤里·康斯坦丁诺维奇·楚科夫回忆录摘选

有一天，RS-10 的透明遮顶发挥了不寻常的作用。训练场第一局局长斯卡卡利斯基上校不知怎的叫我过去。我进去，报告。办公室里坐着一个我不认识的少校。

"尤里·康斯坦丁诺维奇，这是您的 RS-10 天线的照片吧？"斯卡卡利斯基说着给我看了一张在某杂志上刊登的天线照片，杂志其余部分被白纸遮了起来。

"是的，这是 RS-10 的照片，"我回答说，"但不是我的，也就是说，这不是 2 号平台的，而很明显，是 1 号平台的天线。"

"为什么？"两人几乎同时问我。

"这里可以看到软充气圆顶的胶粘条，而我的天线上面是完全不同构型的硬性玻璃钢圆顶。圆顶还在那里，很容易检查。"

"好吧。您能不能解释一下，这张照片怎么会到美国《航空周刊》上去呢？"

他边说着这些话，边把遮挡杂志的白纸拿掉了。我相信，照片确实被刊登在了美国杂志上。

"可以让我看一下吗？"

"请便。"

我翻看着杂志。上面还有训练场远程探测站和其他设施的照片。"上校同志，我不懂英语，只能对照片的来源做出推测。""那么您认为，这些照片是哪来的？"

"我认为，这是根据尼基塔·谢尔盖耶维奇·赫鲁晓夫的指示而拍摄的关于我们'A'系统的秘密电影中的镜头。大概两年前给我们播放看过。当时其中一些画面被刊登在了媒体上，我还在《红星报》和《星火》上看到过一些。但是就是这些画面没有。"

"您能证明吗？"少校想亲耳确认这一点。

"如果您命令特藏室把电影拿出来检查，我就可以试着说服少校同志。"

斯卡卡利斯基给特藏室打了电话。我拿到了片子。我和少校去了一个单独的房间，电影放映机嗒嗒作响。我按着暂停，少校核对着电影镜头和那张照片的细节。吻合！继续。我们就这样在电影中找到了杂志上的所有照片。它们是来自这部电影。

我对来自特种单位的少校说；"接下来要弄清楚这些照片是怎么到美国

杂志上去的,这就是你们部门的事了。据我所知,电影在几个部门都有备份。"

少校赞同,并对我提供的帮助以及对他第一次看到这部影片表示感谢。我向斯卡卡利斯基报告了任务完成情况。他也对我表示了感谢,但理由是我已经把危险的怀疑移出了局里。

RS-10和RS-11天线在"A"系统测试期间一直正常运行,并在测试结束后保持完全工作状态。后来,根据格里高利·瓦西里耶维奇·基苏尼科的倡议,第3号平台的RS-10天线移交给土库曼斯坦科学院物理技术研究所,并被部署在阿什哈巴德郊区的射电天文台。

3.1.4 反导弹瞄准雷达站和指令传送站

在设计该系统时,基苏尼科决定将三个RTN精确制导雷达部署在试验场,使它们能很好地"看到"目标。但事实证明,在这种情况下,它们无法探测到大部分的反弹道导弹飞行轨迹,同时,该系统需要一个单独的站台。这个站台被称为反导弹瞄准雷达站。此外,该系统需要一个向已发射的反弹道导弹发射器传输指令的站台,称为指令传送站。总设计师决定由自己的第30特种设计局来开发这个指令传送站,而反导弹瞄准雷达站则委托1950年由莫斯科迁至昆采沃的国防工业部第20研究所研发。该研究所实验室主任萨穆伊尔·帕夫洛维奇·拉比诺维奇被任命为反导弹瞄准雷达站的总设计师。

20世纪40年代末,萨穆伊尔·帕夫洛维奇·拉比诺维奇建造了SON-40炮瞄雷达站。该雷达站很成功。决定根据该雷达站的构造原理研究建造反导弹瞄准雷达站。反导弹瞄准雷达站的缩写RSVPR被大家开玩笑地扩展为"拉比诺维奇·萨穆伊尔建造反弹道导弹"。A.K.涅洛普科、V.T.基谢廖夫、V.I.弗罗洛夫是拉比诺维奇在该项目上的助手们。

反导弹瞄准雷达站的技术任务书是由第30特种设计局编制并由第20研究所于1956年发布的。拉比诺维奇的团队很年轻,而任务很艰巨。反导弹瞄准雷达站应确保在导弹初始起飞阶段自动截获其与额定轨道所有可能偏差范围内的反弹道导弹,在整个上半球根据角度和距离对导弹进行自动跟踪,并将指令传输站生成的控制指令发送给导弹,在没有操作员参与的情况下自主运行。

反导弹瞄准雷达站是固定的,两套设备(包括)将部署在一个受保护的地下掩体中。反导弹瞄准雷达站的天线、馈线系统包括一套直径0.9m的捕获天线,一套直径2.5m的精确跟踪天线,一套直径2.5m的角干扰补偿信道天线和一套与补偿信道天线相匹配的反导弹指令传输站天线。所有天线都被放置在统一的柱子上。设备采用模拟电路和分立电路，极少使用晶体管。

图拉"兵工厂"被确定为制造、安装和调试反导弹瞄准雷达站的总厂。1959年3月，反导弹瞄准雷达站从工厂试验台上拆卸下来，被送往巴尔哈什试验场。

雷达站部署在第6号发射台。相关设备被放置在8m深混凝土下面的地下掩体中。天线位于反导弹发射装置的旁边。大天线的反射面上放置了显像管，用它可以观测V-1000反弹道导弹的飞行。

指令传输站的设计师是第30特种设计局的雷若夫，该站的设备也放置在地下。天线反射面被放置在反导弹瞄准雷达站的天线柱上。为了与反导弹瞄准雷达站和指令传输站协同工作，反导弹发射器上安装了传感器和指令接收站。

反导弹瞄准雷达站借助小天线，在反导弹导弹发射几秒后就将其拦截，并将信息传输给大追踪天线。在跟踪V-1000导弹时，反导弹瞄准雷达站向中央计算系统高频发送导弹坐标。M-40计算机确定导弹轨迹，并通过指令传输站向反弹道导弹下达指令。最后，在估算时刻输入弹头引爆指令。

为进行试验，研发团队决定使用装备有机载反导弹无线电设备的伊尔-28型飞机。根据地面指令，在飞机飞过反导弹瞄准雷达站天线时会开启机载反导弹无线电设备，这时雷达站要捕获飞机。这种方法在实践中是不可行的。在几次飞行中，雷达2次偶然捕获飞机。于是，之后团队又研究了新方法。

似乎一切都运转正常。但是有一天，在一次发射时V-1000反导弹导弹飞到了"围栏"外。反导弹瞄准雷达站在其发射之初就失去了信号，因此没有进行捕获。订货方跟着一起对所有设备进行了检查。检查没有发现反导弹瞄准雷达站的故障，因此我们确定，是弹载设备损坏了。但是在第二次发射时又出现了同样的故障。在第三次发射——发生同样发生事故，全员开始紧急出动，最终找到了原因——波导开关坏了。

开关问题解决后，根据实际信号确定了反导弹瞄准雷达站检验方法。一切顺利。这些日子似乎是反导弹瞄准雷达站历史上唯一的"黑暗日子"。其他时候，雷达站一直紧张地保障着"A"系统的试验。

由于设备经常发生故障，在每次系统工作之前，"A"系统的准备工作都非常繁重。发射一次反弹道导弹，准备时间超过26h。大家都在岗位上进行不间断的值班。部队指挥员E.S.马尔科夫把装有热茶的热水瓶、饼干、炼乳和香烟直接带到了发射台……

"A"系统相关工作结束之后过了一段时间，格里高利·瓦西里耶维奇·基苏尼科找到第20研究所的领导，要求奖励那些特别优秀的人。名单很快就制定出来，然后提交给了第30特种设计局。1962年，萨穆伊尔·帕夫洛维奇·拉比诺维奇领导的第20研究所人员被调到第30特种设计局开展A-35系统相关工作。巧合的是，整个小组都在获奖候选人的行列。

调动的秘密无人知晓。直到多年后副总设计师Y.A.叶利扎连科夫才解开谜题。格里高利·瓦西里耶维奇·基苏尼科不想让第20研究所参与反导防御的工作，但是他又十分需要该研究所有经验的专家。他明白，如果从上面调拨工作人员，那么研究所一定不会把最优秀的人派到他的特种设计局。叶利扎连科夫建议要个滑头，以建议奖励的形式向第20研究所"抛出诱饵"，研究所挑选了最优秀的人，然后他们立即被调到了第30特种设计局。"诱饵"起作用了，但是萨穆伊尔·帕夫洛维奇·拉比诺维奇的性格与格里高利·瓦西里耶维奇·基苏尼科不同，过了一段时间，他就去第244研究所工作了。

3.1.5 通信与数据传输系统

斯大林格勒战役结束后，第20研究所搬回了莫斯科（这不是国防工业部昆采夫第20研究所，而是工业通信部第20研究所，该研究所后来被命名为第244研究所，现在是全俄无线电技术科学研究所）。不久后，副所长格奥尔吉·彼得罗维奇·卡赞斯基叫我去，让我了解一下战利品——"迈克尔"通信设备。这种无线电中继设备是德国人在战前研发的，在斯大林格勒战役期间，该设备为保卢斯陆军总部和司令部之间的通信提供保障。保卢斯的有线通信，我们的情报部门很快就"侦获"了，但是对于无线电通信我们却无能为力，几乎到投降前夕，保卢斯一直通过"迈克尔"线路与"外部世界"沟通。

这套设备是分米波段的多信道设备。遗憾的是，我们国内没有人研究这种设备。我的实验室就被责成研究它，并为国内同类设备编制技术战术要求。苏联第一部野战多信道分米波段无线电中继联络线的工作就此展开。研究所的优先方向是无线电台，在通信方向，没有给我们划拨必要的人员和设备。因此，我不得不向位于梅季希的军事通信研究所的专家们寻求帮助。之后，瓦西里·尼古拉耶维奇·索苏诺夫领导的团队加入到了这个研究队伍中。1949年，我们测试了第一批试验性线路，这批线路是用我们姓名的首字母命名的：LiS——利普斯曼和索苏诺夫。不久后，第一批线路批量生产出来，这个无线电中继站获得了正式的代号：R-400。1950年，R-400成功通过了国家测试并投入使用。

R-400 无线电中继站　　　　　数据传输系统的喇叭抛物线形天线

1954年，我们接到了一个新的野战多信道无线电发射器的订单，没有再从事其他课题。但是有一天，我们研究所来了个改变计划的人。1955年，总工程师基苏尼科的代表伊万·丹尼洛维奇·亚斯特鲁布来到了我们这儿。他说，巴尔哈什湖上要建一个弹道导弹探测能力检验系统。这个未来系统的大量设备将分开部署在训练场上。所有设备只能协同工作，雷达站到指挥所和设计系统的距离有几百千米。

听完之后，我明白了：我们的R-400无线电线路正是基苏尼科所需要的。很快，他就邀请我参加了一个会议。在这里，我第一次见到了基苏尼科本人，还有索苏尔尼科夫、格鲁申、叶利扎连科夫以及其他设计师。我谈了我的想法。基苏尼科明白远距离通信的重要性，他很支持我。过了一段时间，命令来了，我被任命为"A"系统数据传输系统的总设计师。

正如我所说的，我们的研究所之前研究过雷达。我们在研发R-400时，领导也容许了。但是当领导明白，这个课题有多么宏大时，就开始排挤我们了。1956年，终于把我们排挤出去了。从第244研究所分出去两个组：绍林的小组（负责噪音保护设备工作）和我的小组（通信业务）。绍林的团队改组为第101研究所（现在的V. S.谢梅尼欣院士自动化仪器研究所），我的团队改组为第129研究所（现在是莫斯科无线电技术科学研究所）。最初，两个研究所位于乌兰胡同的同一栋大楼里。但是10月我们搬到了大学街，并且占用了中央统计局曾经的办公楼。格列布·谢尔盖耶维奇·哈涅夫斯基被任命为第129研究所的所长，而我被任命为科学副所长、总工程师和数据传输站的总设计师。实际上，我是两个系统——通信和数据传输系统的总设计师。通信的问题很容易就解决了——我们在 R-400 雷达站基础上研发了通信系统。而数据传输系统就完全是一个新的系统了。

为什么选择了无线电中继站而不是有线中继站？原因是，在别特帕克-达拉这个多石的荒漠挖掘 1000km 的电缆沟并在其中铺设电线，同时这一切要在规定的短时间内完成是不可能的。我们会打乱政府规定的所有时间要求。无线电站是最合适的。

我们搬到乌兰胡同之后，总部立即就给我们发来了未来训练场的地图。我们挪动了几张桌子，把这些地图放在上面，然后开始工作。分米波在直视视距范围内传播：在天线杆高度为 30m 时，由于地面曲率和地形，天线杆之间的距离将约为 30m。我们粗略地计算了一下。1956 年，我们出发去训练场勘察。在现场确认了计算的正确性：必须建设 17 个通信数据传输设施。

数据传输站的要求非常高。比如，在十亿个脉冲中，我们只能失去一个。我们必须以千分之三秒的精确度将"A"系统摧毁弹头的主信号发送出去。哪怕是最轻微的拖延都必然导致整个高价试验的失败。终于，项目结束了，开始建造训练场设施。我们 17 个数据传输站都有技术室和 50~80m 高的电线杆，以及柴油分站和士兵营房。电线杆上放置了抛物面扩音电线。中央计算机旁边有一个大厅，里面放着通信和数据传输站的设备。

在工业生产过程中，我们不得不处理许多新问题。比如，有一段时间抛物面扩音电线的密封性一直无法实现。我们暂停了工作计划，我被叫去德米特里·费多罗维奇·乌斯季诺夫那里开会。我坚信这个问题是合理的，决定照事实汇报，并坦率地承认，气密性问题解决不了。出乎意料的是，乌斯季诺夫认真听完我的话后，很善意地（我这么认为）向航空工业部长 P.V·杰缅季耶夫说："您是制造密封式燃料箱的，帮帮他们吧。"

德米特里·费多罗维奇（乌斯季诺夫）说着冲我点了点头。会议结束后，杰缅季耶夫就立即派自己的专家来到了我们利亚诺佐沃的工厂。他们帮了我们大忙。

莫斯科无线电技术科学研究所

3.1.6 "A"试验反导防御系统的"阿斯特拉"数据传输站

V.N. 佩列洛莫夫，A.V. 舍维列夫，L.O. 梅洛夫

在"A"试验系统设计之初，就面临着一个问题，通过什么设备可以实现

指挥所、雷达、发射阵地和反导弹系统之间的高速数据交换。当然，在"A"系统中组织和建造通信和数据传输线路最合适的是多路电缆线，后来也是这么做的，但是在总线路长约600km的情况下，铺设和使用多路电缆线将非常困难，最重要的是，还会耗费非常长的时间，这在当时根本没有人能够做到。因此，第30特种设计局的局长和总设计师格里高利·瓦西里耶维奇·基苏尼科决定使用R-400多信道无线电中继站（工作频率范围是1550~1750MHz，波长为17.14~19.36cm，天线馈线装置由4个直径1.5m的抛物线型天线和长度40m的RCC5/18同轴电缆组成）进行无线电通信。天线馈线装置于1950年列装部队，并立即投入通信部队使用。在教授R-400课程的军事通信学院，格里高利·瓦西里耶维奇·基苏尼科当时是雷达理论基础系副主任，当然，他对多路通信的所有方法、类型和技术都很了解。因此选择R-400对他来说并不困难。

我们再次回到真实的历史事件中，即决定在第244研究所第4处团队基础上建立第129研究所（现在的莫斯科无线电技术科学研究所）的历史事件。数据通信系统的开发始于1955年，由弗罗尔·彼得罗维奇·利普斯曼（后来的列宁奖和国家奖的获得者，莫斯科无线电技术科学研究所的总设计师）担任负责人。第244研究所第4处对问题进行了详细研究，这些都在"A"系统的设计草案中有所体现。

1955年年底，第30特种设计局制定了用于研究弹道导弹雷达性能的第一台RE试验性雷达装置的设计草案，撰写了训练场试验性反导防御系统（后来得名"A"系统）建造原理的科学技术报告。在这份设计草案中，对"A"系统数据传输系统提出了基本要求。

1956年1月9日，国防部向国家领导层提交了关于进一步发展国家防空系统的报告，对反导防御领域的下一步工作产生了重大影响。在这份报告中，苏联国防部长格奥尔吉·康斯坦丁诺维奇·朱可夫和他的副手、苏联防空部队司令谢尔盖·谢苗诺维奇·比留左夫提议在今后几年研制配备有弹道导弹和巡航导弹探测摧毁装置的系统。

一个月之后，1956年2月，苏联国防部长格奥尔吉·康斯坦丁诺维奇·朱可夫元帅向党的第二十次代表大会报告称："……考虑到来自空中的现实威胁，特别是远程导弹的威胁，我们在组织国家防空方面做了大量工作。"国防部高级官员认为这是发展国家防空兵器的主要任务之一，因此，请求责成苏联部长会议特别委员会与其他各部及科学院一起制订一项计划草案，即1956—1957年开展反导防御兵器科研和试验设计工作及其配套保障的计划草案。此外，为了解决与反导防御有关的问题，并在这一领域开展科学研究工作，提议：

（1）赋予苏联国防部的一个总局反导弹兵器订货方职能，并在其内部设立一个专门的局；

（2）在科学研究所中成立专门的反导防御处；

（3）在远程导弹坠落地区建立专门的防空训练场，以便对反导防御兵器展开测试。

在德米特里·费多罗维奇·乌斯季诺夫和瓦西里·米哈伊洛维奇·里亚比科夫的倡议下，在国防部、特别委员会相关机构以及总设计师、上校工程师格里高利·瓦西里耶维奇·基苏尼科的亲自参与下，1956年1月，苏共中央起草了关于反导防御工作的决议草案。然而，为了组织相关工作，德米特里·费多罗维奇·乌斯季诺夫还没等到决议通过就向部里下达了一场必要的命令。

里亚比科夫、季托夫、史楚金1956年1月21日向苏共中央主席团做的关于制导导弹武器工作现状及1955年科研试验设计工作基本成果的报告指出，苏联科学院及一系列研究所和工业设计局开展的研究，以及对R-5导弹在训练场的飞行监测证实，在现有科学和技术水平上，建立一套试验性的远程单兵弹道导弹防御系统是有可能实现的。此外，1956年1月30日向苏共中央提交的一份报告（各部机构领导做了报告——德米特里·费多罗维奇·乌斯季诺夫，瓦西里·米哈伊洛维奇·里亚比科夫，扎韦尼亚金，格奥尔吉·康斯坦丁诺维奇·朱可夫，格里高利·瓦西里耶维奇·基苏尼科，瓦列里·德米特里耶维奇·卡尔梅科夫，格鲁申，谢尔盖·谢苗诺维奇·比留左夫，史楚金，亚历山大·利沃维奇·明茨），报告内容是国防工业部第一设计局和特种设计局、苏联科学院无线电工程研究所实验室、苏联国防部中央研究所、通用机械制造部研究所和其他相关组织开展的关于打击远程弹道导弹的方法和手段的科研工作情况。报告结论如下：

（1）着手在国家中央训练场P-5导弹坠落的区域建立一个试验性远程弹道导弹防御兵器系统，该系统包括弹道导弹探测雷达站、反弹道导弹引导站、反弹道导弹本身及其弹载和发射设备、数据传输系统和计算装置；

（2）苏联工业领域、国防部、科学院继续就与反导防御有关的具体问题在更广泛的范围内开展科学研究工作。

在苏共中央主席团会议上，第30特种设计局总设计师、上校工程师格里高利·瓦西里耶维奇·基苏尼科做了报告。在对反导防御领域的研究结果进行审议之后，国家领导层认为必须在极短时间内开展反导防御装备研制工作，这具有特殊意义。1956年2月3日国家领导层通过了《关于反导防御的决议》（整体决议是尼基塔·谢尔盖耶维奇·赫鲁晓夫倡议的，没有各部和组织的指示）。

该决议批准了苏联部长会议特别委员会、国防工业部、国防部、无线电工业部和中型机械制造部关于1956—1958年在国家中央训练场建造试验性反导防御兵器系统的提议。通过防空制导导弹对本国R-5型弹道导弹弹头进行射击的方式检验这些装备的构造原理。决议责成苏联部长会议特别委员会与相关部委机构共同研究，并向苏联部长会议提交关于建造试验性反导防御装备系统施工流程和期限的提议。国防工业部对建造试验性反导防御装备系统的工作负领导责任。

在总设计师格里高利·瓦西里耶维奇·基苏尼科的坚持下，1956年3月17日，苏共中央委员会和苏联部长会议通过了第361-232号关于组建第129研究所（后来的莫斯科无线电技术科学研究所）的决议，该研究所的一大任务是研发反导防御数据传输系统。

作为1956年2月3日苏联部长会议关于反导防御决议的后续发展，1956年8月18日，苏共中央委员会和苏联部长会议通过了《关于试验性反导防御系统"A"建造、程序和期限的决议》。这是一项详细全面的决议，明确了各部的具体任务，确定了牵头执行机构（共13个），任命了格里高利·瓦西里耶维奇·基苏尼科（国防工业部第一设计局）为总设计师，但是没有说明其他人员情况。参与者相互间就各领域工作负责人的情况达成一致。弗罗尔·彼得罗维奇·利普斯曼就通过这种方式成为了"A"系统数据传输系统的总设计师。

根据该决议，第129研究所被指定为试验性"A"系统通信和数据传输系统"阿斯特拉"的主要设计单位，而数据传输系统的总设计师为弗罗尔·彼得罗维奇·利普斯曼。

"阿斯特拉"数据传输系统的主要技术方案是利用了无线电中继通信原理，这被证明是非常成功的，因为弗罗尔·彼得罗维奇·利普斯曼和他领导的团队已经有建造无线电通信站和话报信道的经验。在这一经验的基础上，采用了必要的硬件解决方案，以改进无线电中继站，从而能够传输数字信息。勘测和随后的试验表明，在17个无线电中继站建成后，"A"系统所有设施可以通过5个径向传输方向连接起来。所有方向总长度为650km。

1956年11月26日，装载首批7套R-400无线电中继站的列车抵达萨雷沙甘站，1957年2月前剩余10个无线电中继站都已运达。它们部署在17个平台上。维护人员被临时安置在窑洞里。

从雷达和其他目标获取信息并通过数据接收-传输处理器以数字形式传送信息的系统是由中央计算站工作人员谢尔盖·阿列克谢耶维奇·列别杰夫以及 V. S. 布尔采夫建立的。出于这个目的选择的 R-400 无线电中继站确保系统在所需的模式下的运行。

1958 年 8 月，"多瑙河"-2 远程探测雷达站开始运行，在苏联首次实现了在超过 1000km 的距离上对 R-5 弹道导弹及其弹头的远距离探测，1958 年 11 月 6 日，在自动跟踪坐标测量状态下首次铺设了 R-5 型弹道导弹弹头。"多瑙河"-2 雷达站通过弗罗尔·彼得罗维奇·利普斯曼领导设计的"阿斯特拉"数字无线电中继线路与总指挥计算室连接，雷达站数据从那里通过反弹道导弹精确制导雷达发送至目标，并从目标那里传送至发射阵地。整个"A"系统设施在别特帕克达拉荒漠数百千米之间延伸，其中心设在新建成的普里奥泽尔斯克市。作为反导防御系统的一部分，"阿斯特拉"数据传输系统的实际作战应用就这样开始了。

"阿斯塔拉"数据传输系统能够保障"A"系统设备在整个运行阶段的数据传输和行动指挥通信，尤其是 1961 年 3 月 4 日，实现了世界上首次对弹道导弹弹头的拦截。1961 年 3 月 4 日，在综合试验时，"A"系统摧毁了 R-12 弹道导弹（弹载模型代替核弹头）的弹头，1961 年 3 月 26 日，装载常规爆破弹的 R-50 导弹核弹头在弹道上被引爆。

3.1.7 "A"反导防御系统的通信和数据传输系统

我自 1948 年 8 月起（自国家防空部队成立之日起）开始在国家防空部队总参谋部无线电接收中心（莫斯科州柳别尔齐区科捷利尼基镇）服役，一直到 1951 年 8 月。这里部署了两台德国的 DMG-5AK 雷达站。我作为无线电接收中心值班主任，与国家防空部队总司令、苏联元帅列昂尼德·亚历山德罗维奇·戈沃罗夫的指挥所无线电中心站及其绘图室保持了直接的联系，以防止"空中"系列无线电报被截获、失真，传输总时长不超过 2min。无线电中心坐落在喀山圣母大教堂。

在我就读的通信学院，通信部队历史是由瓦列里·伊万诺维奇·科尔日克少将教授的。他说，在接受一个被包围的德国城市投降时，他问及警备队与德国武装力量司令部通信的问题时，一位德国将军回答说，是通过 FuG-03 无线电中继线路通信的，并补充说："你们可能已经截获我们的通信了。"

伟大卫国战争后，这里部署着国家防空部队总参谋部通信枢纽无线电接收中心。在伟大卫国战争年代，教堂西侧前面的广场上是 MRU-105 雷达站（丘吉尔赠送给斯大林的三台英国雷达站中的一台，其余两台被部署在库宾克和弗努科沃）的作战阵地。这个雷达站被部署到莫斯科防空前线第 337 独立对空情报无线电营第 14 连。在这里，格里高利·瓦西里耶维奇·基苏尼科曾担任 MRU-105 1 号站主任，后来担任第 4 连工程师。1944 年 12 月，他从这里被派往列宁格勒的谢苗·米哈伊洛维奇·布琼尼红旗军事通信学院，担任雷达学理论基础教员。

瓦列里·伊万诺维奇·科尔日克默认了德国将军的话，但是他在课上对我们说，他当时还不知道这种通信方式的存在。

苏联武装力量通信部队司令、通信兵元帅伊万·捷连季耶维奇·佩列瑟普金多次向现役军队派遣由红军通信科学试验研究所工作人员组成的特别小组和委员会。1944 年夏天，根据伊万·捷连季耶维奇·佩列瑟普金的决定，一个由红军通信科学研究所、通信总局工作人员和通信系统工业代表组成的大型委员会被派往前线。这个团队主要研究作战条件下无线电设备的使用经验，总结了前线通信兵在无线电通信组织和技术领域的要求和想法。

1944 年 10 月至 11 月，通信科学研究所（梅季希市）举行了军事科学会议，会议上审议了所有委员会的工作成果，尤其是近期的工作成果，分析了前线通信兵的要求和建议，以及对军事无线电设备的调研结果。所有战线的无线电通信副主管，通信科学研究所和国家通信总局的工作人员，军事通信学院、空军研究所、海军军事通信和遥控力学研究所、电力工业人民委员会、通信人民委员会的代表，工业界优秀的工程师和设计师以及苏联科学院工作人员都应邀出席了会议。伊万·捷连季耶维奇·佩列瑟普金在会议开幕式上说："伟大卫国战争即将结束，我们即将取得胜利！现在是时候考虑战后军事通信装备和组织装备更新的问题了。此次会议应该为我们今后的工作制定一项广泛的计划。"

通信科学研究所在战略战役指挥环节通信设备和数据传输方面的一个主要工作方向是研发多信道无线电中继通信。这一方向的倡议者是瓦西里·尼古拉耶维奇·索苏诺夫——通信科学研究所负责无线电通信科学工作的副所长。他提出了对在"本垒-总参谋部-前线-军队"通信体系中作为前线中心线路的多信道无线电通信线路的要求。

应该说，早在 1943 年的作战部队中前线修理厂就认真尝试过在超短波频段研发此类无线电线路。在这一工作成果基础上，通信部队副司令尼古拉·格里高利耶维奇·马利科夫中将责成通信科学研究所研究设计这样一条无线电中继线路，线路代号为"彗星"。这是一条信道数量少、窄带的超短波无线电中继线路，设计长度约为 500km。这种无线电中继线路没有投入生产，但是对它展开的研究工作是非常有益的，因为它展示了这一新方向的前景，以及使用更高频波段以增加信道及其宽频带性的必要性。正如前面说的，总工程师、研究所负责无线电工作的副所长瓦西里·尼古拉耶维奇·索苏诺夫提出了转向更高频波段、增加信道数量以应用于未来战略指挥环节的这个有前景性、必要性的想法。他负责该线路的研发工作，之后又负责了在红军通信科学研究所沃罗希洛夫试验工厂（现在的俄联邦国防部第 16 中央科学研究与试验研究所）的试验性模型制造工作。

在此，我们对通信和数据传输系统的开发历史进行必要的补充。1946 年初，尼古拉·格里高利耶维奇·马利科夫知道自己病重，他找到了伊万·捷连季耶维奇·佩列瑟普金，表明自己无法再担任他的副手了。马利科夫请求佩列瑟普金任命他为红军通信科学研究所的负责人，因为在这个位置上，他还能够为苏联武装力量新一代通信设备的研发贡献自己的力量。之后，尼古拉·格奥尔吉耶维奇·马利科夫被任命为研究所所长，他同自己的副手瓦西里·尼古拉耶维奇·索苏诺夫一起组建了一个无线电中继线路研发团队。遗憾的是，不久后疾病无情地夺走了他的生命。1947 年 9 月 12 日，尼古拉·格里高利耶维奇·马利科夫病逝，享年 46 岁。

事实证明，设想转向分米波段和增加信道数目是一项非常困难、具有创新性的工作。首先，点到点布线已被证明是完全不适用的，设想的信道暂时分离系统也不稳定、不适用，相互正交偏振的天线、馈线对称装置和移动站所必需的桅杆而非塔台式天线杆以及很多其他东西都是缺乏的——所有这些都需要重新开发。1944 年的剩余时间和 1945 年全年，研究团队都投入到无线电中继课题的科学研究工作中。他们需要学习计算、设计和制造具有所需精度的安装件：有线震荡电路已经成为过去，出现了空腔谐振器。信道和脉冲相位调制临时分离时需要严格同步。

发射机主控振荡器和接收机的外差振荡器要求具备很高的频率稳定性。两个相互正交极化的天线辐射器和对称装置初步研制失败。因此，必须在桅杆上安装四条天线：两个用于"A"方向，两个用于"B"方向。桁架结构带升降机的桅杆式天线支架的研制工作进展顺利，目前仍在使用。

1946 年 5 月，通信科学研究所设立了一个无线电中继处。该处的首任处长由 I. V. 斯米尔诺夫担任。根据苏联部长会议决议，通信科学研究所被责成制定代号为"Disk"的移动多信道无线电中继线路的初步方案。

这里应该稍稍退一步说，全俄布尔什维克共产党中央委员会和后来的苏共中央委员会的整体军事经济政策中有严格的规定：军事装备的研发由国防部研究所负责。在试验模型层面，这些成果被移交给工业界，即指定的研究所和工厂，或是专门为此成立的新的研究所和生产企业。国防部研究所的研发人员跟进自己的成果在工业界的转化过程，并参与其列装工作。这一过程，再加上在短时间内的产品生产，有利于制造高品质的军事设施。

根据这一原则，通信部队元帅伊万·捷连季耶维奇·佩列瑟普金决定，为开发无线电中继线路课题和参与制定初步设计方案，展开了一项代号为"红宝石"的工作。为此，第20研究所第四处第1实验室被划分出来，该实验室自成立起就在通信科学研究所的监督和共同参与下从事短波通信设备（用于游击队的便携式无线电台"沃格济特""女游击队员""北方"等，用于11AK、RAF、RAT等型无线电台的设备"金刚石"，具有抗干扰稳定性高的无线电线路"碳化物－贝康"及其他订单设备）的研发。超短波无线电通信设备的研发至此停止，之后也并未恢复。

实验室团队由短波研究到分米波研究的这种方向转变不可能在短时间内完成，这需要多年的时间。因此，两项工作的负责人都是瓦西里·尼古拉耶维奇·索苏诺夫，这是完全可以理解的。仪器部件和站台的研发整体都是在通信科学研究所进行的，其成果应用到了工厂，并通报第20研究所进行开发。研发出的线路名称为RRL-6，是一条6信道无线电中继线路。苏联国防部指定顿河畔罗斯托夫的"电气设备"工厂来制造试验型及后来的批量样品。最初几年，实际上是直到1949年，通信科学研究所（自1946年6月起成为伏罗希洛夫陆军中央科研试验研究所）参与相关工作的工作人员也在"电气设备"工厂跟踪无线电中继站的研发和生产过程。

1946年7月至8月，该处工作人员维克多·斯特凡诺维奇·波格丹诺夫（后来的科学技术副博士，苏联陆军中央通信科研试验研究所某处副处长）和A.A.萨波日科夫（后来的科学技术博士，苏联陆军中央通信科研试验研究所某处处长）找到了一个能够保障稳定生成、按时间划分通道及其相位模式的伟大的方法。正如我非常熟悉的维克多·斯特凡诺维奇·波格丹诺夫所回忆的那样，一旦时分信道产生了稳定效果，A.A.萨波日科夫就直接跑到瓦西里·尼古拉耶维奇·索苏诺夫那里大声说："必须立即竖起一座纪念碑！当电位器旋转时，时间调制脉冲开始随时间移动！"

在这之前，布琼尼军事通信学院、马洛列普希军事通信学院、阿夫斯特列伊赫军事通信学院、马格季奇军事通信学院、库兹涅佐夫军事通信学院、鲍里索夫军事通信学院、巴耶夫军事通信学院、斯梅什利亚耶夫军事通信学院等院校毕业生的加入使该部门的工作人员显著增加。接收器外差振荡器和传感器的主控振荡器频率要保持高度稳定性，这是至关重要的。针对将每个单元放入恒温器而开展的大量工作都没有成功：频率要求的稳定性没有达到，也没有实现自动搜索和自动调节。这里应该特别提到鲍里索夫研制的稳定运行的原始结构振荡器和外差振荡器：他通过在每个设备中使用一个额外放置在恒温器中的高稳定性反馈单元，使这些设备的频率达到了必要的稳定性。该方案实现了无线电中继站的自动搜索和自动调整模式。

苏联部长会议在对"Disk"和"红宝石"的初步方案进行审查后，决定编制"Disk-红宝石"技术方案。由于课题研发及后续生产将由工业企业实现，于是指定第 20 研究所（全苏无线电技术科学研究所）为牵头单位。之后，在第 20 研究所第四处第 1 实验室基础上成立了后来的第 129 研究所（现在的莫斯科无线电技术科学研究所）。伏罗希洛夫陆军中央科研试验研究所被确定为共同执行单位。瓦西里·尼古拉耶维奇·索苏诺夫被任命为技术方案编制工作副主任，以便帮助新的领导和团队掌握新课题，并将陆军中央科研试验研究所在雷达站开发过程中建立的所有科学和工业关系移交给他们。

弗罗尔·彼得罗维奇·利普斯曼被任命为"Disk-红宝石"技术方案编制工作主任，因为他在这之前就已经是这个实验室的主任，在这个实验室基础上组建了后来的第 129 研究所，即现在的莫斯科无线电技术科学研究所。1949 年年底，"电气设备"厂生产了 6 套 RRL-6 无线电中继站台试验系统。

1950 年，通信部队元帅伊万·捷连季耶维奇·佩列瑟普金决定于当年夏天在克里米亚 5-间隔无线电中继线路上对 RRL-6 无线电中继站进行全面测试。瓦西里·尼古拉耶维奇·索苏诺夫被任命为测试工作主任。一个中继站位于黑海舰队一艘舰船上，舰船距离克里米亚土耳其方向海岸 260km，其他 4 台形成了一条从克里米亚海岸阿文达山到辛菲罗波尔的无线电中继线路。从那里通信通过长途电缆连接到莫斯科。通过这条线路，测试工作主任瓦西里·尼古拉耶维奇·索苏诺夫和伊万·捷连季耶维奇·佩列瑟普金随后还和通信部长尼古拉·杰米扬诺维奇·普苏尔采夫进行了会谈。

1950 年这些试验完成后，代号为 R-400 的 RRL-6 无线电中继站开始列装部队。第一个无线电营是在梅季希市的通信科学研究所里组建的。在其基础上，对 500km（10 个站）长的无线电中继线路进行了部队测试。1952 年，建设了从梅季希到布列斯特的远程线路（1000km）。所有测试都是在瓦西里·尼古拉耶维奇·索苏诺夫的科学指导下、伏罗希洛夫陆军中央科研试验研究所工作人员的直接参与下进行的。这些试验取得了出色的结果——高质量通信。

部署在克里米亚半岛草原上的一处RRL-6无线电中继站

在右侧可以看到基于CIS-151的天线设备车,中间和左边是沿地面和天线支架铺设的RKK5/18同轴电缆和四个抛物面天线,每个天线直径1.5m。桅杆高20m。无论是在改进的还是新式的站台上,天线支架高度都提高到了30m,在现有8个区段基础上又增加了4个(12个区段,每个2.5m),原因是苏联森林的平均高度不超过这一高度(30m),通信质量和可靠性将大大提高。

1951年底,根据通信部队元帅命令,瓦西里·尼古拉耶维奇·索苏诺夫被调任到布琼尼红旗军事通信工程学院,任无线电通信系无线电发射装置教研室(在学院各部门名称公开清单上是第2系第31教研室)主任。作为在无线电通信各个领域都受过高等教育的专家,瓦西里·尼古拉耶维奇·索苏诺夫出版了多本关于传输接收装置的专著:《无线电传输装置:功率放大器,励磁器》(合著者是N.S.别夏斯特诺夫,布琼尼红军军事电工学院,1941年)、《振荡器五极管及其在功率放大器中的应用》(工农红军军事电工学院,1938年)、《频率组接收器输入端信号和干扰电平测量的几种方法》(红旗军事通信学院,1965年)。

伏罗希洛夫陆军中央科研试验研究所对R-400无线电中继站进行了改进,1958年代号为R-400M的无线电中继站列装通信部队。我毕业论文设计的学术指导维克多·斯特凡诺维奇·波格丹诺夫发明了可放置在辐射器中的对称装置并在电气设备厂得到了应用,可保证天线在两个相互垂直的极化(退耦不小于30dB)上同时工作(接收-发送)。

后来又研发了一个只进行中继的中间站(R-402)。1958年前,R-404中继站（"矢车菊"）研制成功并在"电气设备"厂投入生产，该站已成为苏联武装力量无线电部队的一个主要中继站。"A"反导防御试验系统建设完成时，基于这个无线电中继站在国家第 10 仪表制造科学研究所构建了整个无线电中继通信和数据传输网络。

基苏尼科选择了无线电中继站来建造他的系统。作为军事通信学院雷达基础理论教研室副主任，他对雷达的发展和工业状况了如指掌。根据通信和数据传输系统的组织建设时间，选择使用无线电中继线路被证明是完全合理的。

我带来了 R-404 无线电中继站的照片，上面能够看到从天线到设备车之间单传输线路的馈线路径。照片上可以辨认出基于 CIL-157 车身的设备车和站台天线馈线系统。桅杆上端的照片可以看到天线、回转装置和 R-404 无线电中继站馈线路径一条单传输线路的上扩音励磁器。

天线与设备车之间的单传输线路馈线路径的 R-404 无线电中继站

构成"A 系统"通信和数据传输系统的无线电中继站已部署在所有平台上：精确制导雷达、总指挥计算中心、远程探测雷达站、反弹道导弹发射阵地、反导弹瞄准雷达站。维护人员被临时安置在天线车身中，之后去了窑洞，后来被安置在了居民楼内。包括通信和数据传输系统在内的整个"A"系统的总设计师是格里高利·瓦西里耶维奇·基苏尼科。其他所有人都是执行责任人。负责组织、保障无线电中继通信和数据传输以及将班组人员分配到各个站点的是某独立无线电营的营长，名字我不记得了。

天线支架的顶端，基于 R-404 无线电中继站单传输线路的一条馈线路径和抛物面天线

1961 年 3 月 4 日，世界上首次实现了对弹道导弹弹头的拦截。基于 R-404 无线电中继站的通信和数据传输系统运行可靠且稳定，尽管 "A" 系统本身——远程探测雷达、精确制导雷达、导弹跟踪拦截雷达不断受到无线电的干扰。

后来，通信和数据传输系统经受了 "A" 系统所经历的所有测试：由 P.S. 普列沙科夫组织的代号为 "韦尔巴" "仙人掌" 和 "鼹鼠" 的刺激性干扰测试，代号 "K 行动" 的高空原子爆炸影响测试。值得一提的是，"多瑙河"-2 雷达站和由 A.L. 明茨领导研发的 CSO-P 雷达站由于原子弹爆炸的辐射而失灵，并在很长一段时间内无法工作。格里高利·瓦西里耶维奇·基苏尼科为所有类型的雷达站选择分米波段的决定从而得到了证实，也正因此，后来没有一个设施被破坏。

如上所述，无线电中继站也在分米波段运行，因此，不论是原子爆炸之前、爆炸时还是爆炸后，无线电中继站都能可靠稳定运行。负责组织和监督测试的国家委员会是由国防部中央通信科研试验研究所的科研人员组成的：无线电波传播试验室主任、技术科学博士 N.D. 布拉托夫，高级研究员、技术科学副博士 I.G. 图米洛维奇，高级研究员 V.I. 库拉科夫。他们不仅研究了高空原子爆炸对"A"系统通信和数据传输系统的功能影响，还研究了其对部署在"A"系统设施之外的从短波到厘米波波段上的所有类型的军事通信的影响，并在高空原子爆炸时组织通信。

结果证实，短波无线电通信会受到干扰，并长时间失灵。超短波无线电通信也被证实失灵，而且是相当长时间的失灵，这种情况也发生在 CSO-P 雷达站上。分米和厘米波的无线电通信设备在高空原子爆炸前、爆炸时和爆炸后都能工作。国家委员会预测的工作结果得到了证实和扩展。

3.1.8 反弹道导弹发射和技术阵地

集体作者

列宁格勒第 34 中央设计局主任伊利亚·伊万诺维奇·伊万诺夫被委任负责设计发射和技术阵地的地面综合体，包括交通设备、起重、装填、加油、发射装置和 V-1000 反弹道导弹发射前监测设备。设计师鲍里斯·科罗博夫，鲍里斯·博奇科夫，德米特里·布里尔也直接参与了基于海上火炮装置的 SM-71P 发射装置的建造。这些发射装置由列宁格勒"布尔什维克"工厂生产。

发射装置上的 V-1000 反弹道导弹

起初，为了建造反导弹发射阵地，计划装备第 5 号和第 6 号训练平台。为了可靠起见，每个平台都配置 2 套发射装置和 2 套观测雷达站系统。后来第 30 特种设计局的高级专家 M.G. 米纳相证明，使用如此多的反弹道导弹是不合理的，并决定建造一个装配有 2 套反弹道导弹发射装置和一套反弹道瞄准雷达站

配备 2 个 V-1000 反弹道导弹发射阵地和发射装置的第 6 号平台

的第 6 号训练平台。

带有发射阵地的第 6 号平台大致位于由 3 个精确制导雷达组成的三角形的中心位置，距离普里奥泽尔斯克 100km。控制室位于地下 18m 深的建筑中。

技术阵地位于 7 号平台。这里有安装试验间和加油平台。工作人员在安装试验间装配反弹道导弹，检查弹载无线电设备、自动驾驶仪和电气设备。对接好的反弹道导弹被转运至加油平台加油。

以彼得·德米特里耶维奇·格鲁申院士名字命名的"火炬"设计局

集体作者

3.2　V-1000 反导拦截弹和彼得·德米特里耶维奇·格鲁申的工作

1956 年 2 月 3 日苏共中央委员会和苏联部长会议发布命令后，第 2 特种设计局（"火炬"设计局）主任彼得·德米特里耶维奇·格鲁申没能立即开始反弹道导弹方面的工作。第 2 特种设计局研发的 V-750 防空导弹在试验时出现了很多问题，整个团队不得不分出精力去解决这些问题。为了解决这些问题，大家夜以继日地工作。起初，V-750"掉进了沙子里"——加速器分离后，主发动机没有启动。然后，由于新的压力传感器失败的设计，连续损失了8枚导弹……到1956年11月，格鲁申在完成防空导弹工厂测试后，开始负责反弹道导弹的研制工作。根据现有传统，导弹用代号"V"命名，而数字1000是为了纪念要达到的速度。

在开始研制反弹道导弹之前，格鲁申特种设计局没有任命主设计师。第一批主设计师是在研发V-1000时出现的。1946年—1958年，V-1000的总设计师是谢苗·格尔舍维奇·格林什蓬，他后来转到第88研究所工作了。1958年弗拉基米尔·亚力山德罗维奇·叶尔莫连科被任命为V-1000的总设计师。空气动力学支队由维塔利·格奥尔吉耶维奇·瓦塞特琴科夫领导。

1957年10月13日，为了优化V-1000反弹道导弹，1BA试验性反弹道导弹进行了第一次投掷发射。常规导弹的启动发动机和主发动机都还没有准备好。1958年6月21日，在第4次投掷试射中，尝试启动谢夫鲁克S3.42B主发动机。1959年开始对使用伊萨耶夫主发动机和卡尔图科夫单启动发动机的V-1000反弹道导弹进行测试。

第一批反弹道导弹是在"火炬"设计局试生产时组装的。1958年，多尔戈普鲁德涅机器制造厂开始试制该系列产品。1959年，工厂开始生产V-1000导弹，共装配了约100件产品。

液体导弹发动机起初是由多米尼克·多米尼科维奇·谢夫鲁克领导的第88研究所第3特种设计局负责研制，后来交由阿列克谢·米哈伊洛维奇·伊萨耶夫领导的该研究所第2特种设计局负责研究。火药助推器是由伊万·伊万诺维奇·卡尔图科夫领导的第81工厂第2设计局研制的。包括制导单元等组件在内的机载设备是在伊万·德米特里耶维奇·奥梅利琴科领导下由第1设计局、第30特种设计局研制的，自动驾驶仪是在彼得·米哈伊洛维奇·基里洛夫领导下由第1设计局第36特种设计局研发的。起动自动装置是在总工程师阿列克谢·弗罗洛维奇·费多谢耶夫的领导下由杰尔任涅茨工厂特种设计局研制的。技术阵地设备是在项目总工程师瑙姆·亚力山德罗维奇·沙皮罗的领导下由国家航空工业设计科学研究所研制的。

"火炬"设计局老工作人员拉斐尔·鲍里索维奇·万尼科夫回忆录摘选

副部长弗拉基米尔斯基夸大了S-75系统V-750防空导弹测试过程中出现的问题，建议撤销我们的第2特种设计局（"火炬"设计局）。但是彼得·德米特里耶维奇·格鲁申得到了部长会议（特别委员会后来的军工委员会）副主席谢尔盖·伊万诺维奇·韦托什金的支持。谢尔盖·伊万诺维奇·韦托什金刚刚因为建造 S-25 系统被授予了社会主义劳动英雄称号，并享有很高的威望。与弗拉基米尔斯基不同，他认为，彼得·德米特里耶维奇·格鲁申不仅能够对付防空导弹，还能"战胜"反弹道导弹。

争论变得尖锐，特别委员会主席瓦西里·米哈伊洛维奇·里亚比科夫决定加入其中。1956 年 11 月，他来到我们特种设计局。彼得·德米特里耶维奇·格鲁申向他报告了反弹道导弹的情况。瓦西里·米哈伊洛维奇·里亚比科夫认真听完后说："我个人认为，弹道导弹防御问题只能通过弹道导弹本身来解决。我不确定 V-1000 能否解决这个问题。但是做是必须要做的，我会尽全力帮助你们的。"

"火炬"设计局前副总设计师叶甫根尼·萨穆伊洛维奇·约菲诺夫回忆录摘选

了解这个任务之后，我们才知道要完成的工作有多么复杂。如果通过试验的 V-750 导弹用于打击飞行速度达 400 米/秒的飞机，那么反弹道导弹应该具备拦截飞行速度达 2500 米/秒的目标的能力，同时其最大飞行速度应达到 1000 米/秒。反弹道导弹的飞行距离要增加 1 倍，重量会增加 3 倍，弹头重量和主发动机推力要增加 2 倍多。拦截高度要增加几千米。

"火炬"设计局前主任设计师 V. 叶尔莫连科回忆录摘选

初步计算表明，使用当时经典的火药助推器和二级液体主发动机的两级模式可以保证满足指定需求。最初，有人提议将反弹道导弹垂直储存在矿井中，并在发射前自动送入发射装置。但是，为了节约并简化系统，放弃了这种方法。经过充分准备和装填的反导弹导弹通过运输装置从技术阵地上运来，并转载到水平方向放置的发射装置中。

由于导弹太长，在第二级之下加设了可在发射时与反弹道导弹一起滑移的辅助支架。发射角度是固定的，为 78°。反弹道导弹水平存放。在准备发射过程中，V-1000 沿方位角展开，并上升至发射角。

1957 年，第 2 特种设计局被调至国家航空技术委员会，并入第 2 总局（局长开始是费多尔·帕夫洛维奇·格拉希莫夫，后来是亚历山大·亚历山德罗维奇·采利别耶夫）。考虑到反导防御工作的重要性及第 2 总局研发人员合作的复杂性，建立了第 9 局，由尼古拉·尼古拉耶维奇·弗拉索夫担任局长。奥列格·安德烈耶维奇·莫罗佐夫和瓦西里·谢苗诺维奇·莫洛卡诺夫担任处长。

1958 年，发射装置、发射阵地和技术阵地设备研制成功。位于希姆基的第 2 特种设计局试生产并组装了首批装有火药助推器和二级尺寸重量模拟器

（所谓的压载铸模）的反导弹样品，这对于调整优化发射和发射装置机制来说是必不可少的。后来，第2特种设计局生产了约10套反弹道导弹。在此之后，V-1000反弹道导弹的生产交由多尔戈普鲁德涅机器制造厂负责。

发射装置安装到巴尔哈什训练场第6平台后，开始准备对第一批样品（试验弹）进行飞行测试。测试的总体指挥开始是由第2特种设计局的一个处长费多尔·伊万诺维奇·扎沃洛金负责，后来是由试验副总设计师格里高利·菲利波维奇·邦齐克负责。反弹道导弹准备、发射及结果分析等工作由测试工程师（瓦连京·伊万诺维奇·尤马诺夫，列昂尼德·叶甫根尼耶维奇·斯帕斯基，维亚切斯拉夫·谢尔盖耶维奇·季莫菲耶夫，维托尔德·叶列梅耶维奇·斯洛博达）直接负责。

"火炬"设计局前主任设计师维托尔德·叶列梅耶维奇·斯洛博达回忆录摘选

我第一次以V-1000反弹道导弹试验处处长的身份来到巴尔哈什训练场。我和格里高利·菲利波维奇·邦齐克要为KFT-10/20摄影经纬仪选择位置。我们这些工业界代表还没有住处，军方为我们和第1设计局的代表分别分出了半间小屋。后来为我们建造了3个小屋。其中一间住着我和邦齐克，第二间住的是我们的同事，第三间住的是兄弟单位的人。

发射和技术阵地是国防部第20中央设计研究所开发。6号平台的临时发射阵地上安装了2套发射装置。我们打算每隔5~10s向一个目标发射1枚V-1000导弹，我们决定放置这些发射装置是为了保证试验的可靠性。但是在射击时我们总是很节省，实际上对一个目标从没有发射过2枚反弹道导弹。

设计人员在每个发射装置旁边都预先设定了带有助推发动机气流隔板的基坑。看到尺寸巨大的基坑时，我对它的必要性表示怀疑。经过计算后，我得出结论，这个基坑是不必要的，并向中央设计研究所的领导证明了这一点。但是没有人想重新设计，而且也担心：万一发生什么事情呢。基苏尼科的副手叶利

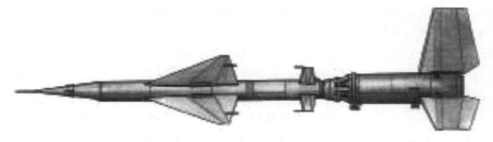

V-1000反弹道导弹，"火炬"设计局绘图

扎连科夫帮助了我。我去中央设计研究所时，在走廊遇到了他，并跟他说出了我的计算结果。叶利扎连科夫支持我，向基苏尼科报告了这一点。第二套发射装置就已经没有基坑了。我的计算得到了验证：发射过程一切正常。

发射阵地上的 V-1000 反弹道导弹

　　反弹道导弹借助起重机放置到临时发射阵地的发射装置上。这是非常不方便、缓慢和不安全的。建造永久性发射阵地的工作正在紧张进行，很快，不用借助起重机直接从汽车上安装导弹的发射装置上就投入使用了。

　　从固定阵地开始进行 V-1000 反弹道导弹的首次双发射。突然，自动驾驶仪出现了故障，这个故障有时出现，有时又消失。寻找这种故障是一种痛苦。因此，我们决定不执着于继续寻找故障，也不打乱试验的时间安排。发射前两小时打开自动装置，我们检查了所有设备的工作情况，希望不会出现漏洞。当时并没有想到"匆匆忙忙就会被人嘲笑"这句俗语。

第 1 设计局自动驾驶仪的总设计师彼得·米哈伊洛维奇·基里洛夫紧急赶来协助。格里高利·菲利波维奇·邦齐克当时病了，我给他家打了电话，他批准了我们的方案。我们启动自动装置，发现第 1 枚反弹道导弹出现故障。我们认真准备并进行了双发射。发射结果让我们大吃一惊：第 1 枚有故障的反弹道导弹几乎完成了整个计划，飞完了大约 75% 的轨道，而第 2 枚没有任何故障的反弹道导弹在飞行了 10s 后就掉进了沙子里。

得知试验结果后，彼得·德米特里耶维奇·格鲁申很生气，命令我们不要擅自行动，推迟下一次发射，直至基里洛夫修好自动驾驶仪。又过了一周，发射继续，时而成功时而失败。其中有一次发射不成功：飞行时，终端闭合器没有开启，应答器没有开始工作。他们读取了遥测信息，然后明白，应答器其实打开了，但是是在导弹起飞后 40 秒才开启的，那时已经晚了。

格鲁申来到了训练场。把所有人集合到技术阵地后，我谈了故障修复方案。大家想了很久，其实问题很简单。发射时，训练场天气很不稳定，时而温暖，时而寒冷。发射前，终端闭合器上形成了冰层，使得终端闭合器无法打开。飞行时，冰化了，责任人打开了闭合器，但是时间不对了。就是这么个事情。但是，以防万一，我们还是决定再造几个闭合器。

"金刚石"中央设计局前总设计师彼得·米哈伊洛维奇·基里洛夫回忆录摘选

1956 年 2 月，格里高利·瓦西里耶维奇·基苏尼科和彼得·德米特里耶维奇·格鲁申给我们下达了一项非常复杂的新任务。为了确保成功拦截弹道导弹弹头，反弹道导弹的平均速度必须达到当时可能达到的最快速度，即 1000 米/秒。与此同时，反弹道导弹必须在中低空和高空，包括 25km 的拦截高度上具有良好的可控性。这种性能远远超过了防空导弹研制时达到的性能。我们新的自动驾驶仪也要达到这种水平。

如果防空导弹的发射准备时间是 2~3min，那么反弹道导弹应该是 30s。要在这么短的时间内完成准备，只有将自动驾驶仪、机载无线电控制设备和无线电引信换为集成电路和半导体电路才可以。电子工厂已经开始生产一些电路，但大部分需要重新生产。

在反弹道导弹中，我们使用了测量航向角速度、俯仰角速度、滚转角速度的阻尼陀螺仪，以及测量倾斜角的旋转陀螺仪。我们必须确保这些"小陀螺仪"的旋转速度在输入端通电后 0.5min 内达到 3 万~4 万 r/s。还应确保 -50℃ 温度下的准备工作。最终，我们利用印刷电路板，仅在半导体上成功制造出了自动驾驶仪电子仪器。这大大提高了设备的可靠性。

我们采用了一系列新的设计方案。为了调整反弹道导弹的航向，自动驾驶仪中添加了转向传动装置。我们开发了使用压缩空气的操舵机。反弹道导弹质心周围的控制和稳定指令是由舵机和相关舵发出的。这种驱动装置的准备时间很短。

格里高利·瓦西里耶维奇·基苏尼科一直掌握我们的工作情况，我们和他一起解决了所有主要的技术问题。在巴尔哈什飞行试验期间，我们住在同一栋房子里。令我惊讶的是，他是那么博学，善于抓问题的实质，讨论问题后能够立即作出正确的决策。

彼得·德米特里耶维奇·格鲁申是一位高级专家，是非常容易沟通的人。即使在非常忙的情况下，他也没有拒绝跟我见面。在讨论技术问题时，他同意改变反弹道导弹的特性，还提议共同研究自动驾驶仪结构改变方案。他经常参与导弹飞行试验，仔细研究了每一枚导弹的性能，这使能够做出最佳决策并创造出高科技设计。

V-1000反弹道导弹的发动机

1956年关于"A"系统的决议出台之后，多米尼克·多米尼科维奇·谢夫鲁克立即开始了S3.42A第2级液体燃料主发动机的研发工作。可调推力的S3.40系列发动机是他最后的杰作。1954年至1958年间，他一直在从事这项工作，并取得了成功。第1台S3.40发动机，适用于拉沃奇金217型高速防空制导导弹。第2台S3.41发动机，适用于扬格利R-15海上弹道导弹。这两种发动机都有设计缺陷，很快，谢夫鲁克就研制了S3.42型发动机。他按照彼得·德米特里耶维奇·格鲁申提出的技术要求进行了几次修改之后，第586第聂伯罗彼得罗夫斯克工厂（南方机器制造厂）就制造出了S3.42A型发动机。1957年，经过测试的217型防空导弹装备了S3.42A发动机。1958年6月，S3.42B型发动机安装到了正在测试的V-1000反弹道导弹上。

这种发动机有双重工作模式，推力可调（5~17吨力）。但试验结果并不令人满意。1958年年底，谢夫鲁克研制了一种特殊的S3.42P改进型反弹道导弹，这种型号的发动机也是由第聂伯罗彼得罗夫斯克工厂小批量生产的。

谢夫鲁克构思了一些非常有意思的发动机，但这些发动机运行不稳定。他所在的第3特种设计局有很多科学副博士，他们都认为自己是伟大的科学家，与他们争论的代价更高。通常情况下，不论是谢夫鲁克，还是他的部下，产品测试失败后他们会责怪别人，就是不会责怪自己。"谢夫鲁克式"的人在解释和为不成功的试验结果辩解方面都是行家。他们坚持的"否定的结果也是结果"的原则对科学有益，但对军队和工业来说并没有好处。

发射失败后，谢夫鲁克开始指责格鲁申，甚至在液体燃料主发动机设计有明显缺陷的情况下也这样指责格鲁申。两位主设计师之间的紧张关系加剧，1957年，彼得·德米特里耶维奇·格鲁申找到第88研究所第2特种设计局的总设计师阿列克谢·米哈伊洛维奇·伊萨耶夫，请他同时研制反弹道导弹发动机。伊萨耶夫同意了，开始研发可变推力（3~10.5吨力）的单室液体燃料发动机，代号为S2.726。1958年12月，第3特种设计局撤销了谢夫鲁克的职务。谢夫鲁克和他的部分同事回到了格卢什科那里，另一部分同事继续在伊萨耶夫的第2特种设计局工作。联合团队成功制造出了拥有所需推力且工作时间达到55秒的发动机。发动机净重仅90千克。

伊萨耶夫化学机械制造设计局前工程师、设计师 V.S. 彼得罗夫回忆录摘选

伊萨耶夫有一个坚定不移的原则："一个令人不满意的测试与一百个令人满意的测试的比例是一比一。"乍一看，这一原则似乎过于僵硬，但严格遵守这一原则使我们能够设计具有最高可靠性的发动机。伊萨耶夫对可靠性和无故障性的追求给导弹制造者留下了深刻印象。拉沃奇金和格鲁申尤其重视这种品质，因为他们的产品要大批量生产。在发现隐藏的故障时，批量生产增加了改变设计的难度，因此在大量发射前对发动机进行充分调试，这就显得尤为重要。为了发现所有可能的故障，并及时修复这些故障，伊萨耶夫几乎不间断地在试验台上试验他的发动机，并取得了良好的结果。

伊萨耶夫的发动机成功了，但遗憾的是，它有一个设计缺陷：燃烧室"头部"有时会出现高频振荡，这会导致喷油器飞出，底部烧毁，发动机停止运行。这种故障经常出现，尽管设计师作出了最大努力，但仍未能消除。这种发动机不适合用于作战导弹，必须制造一个新的发动机，但这个工作停滞不前。

制造防空导弹的航空工业部也想为这些导弹研制发动机，从而将"管理权"握在自己手中。伊萨耶夫在国防工业部系统工作。国防工业部增加了弹道导弹和航天导弹的生产量，也不介意摆脱一些东西。

海洋和太空课题的总体工作量增加了。伊萨耶夫开始将订单明显超负荷的特种设计局从一些课题中解脱出来。当时，他与马克耶夫走得很近，而与格鲁申的关系趋于冷淡。1959年底，阿列克谢·米哈伊洛维奇决定逐步将反弹道导弹和防空课题交给航空工业局。

由于开发AM-9型飞机发动机上的失利，航空工业部第466列宁格勒工厂（现在的红十月股份有限公司）于1955年12月停止生产航空发动机，按照航空工业部命令，该厂转而生产直升机部件。1956年，瓦西里·伊万诺维奇·塔拉索夫被任命为该厂经理。他意识到，直升机订单对他们团队来说是明显不够的，便努力争取用于S-75导弹系统的伊萨耶夫式S2.711型系列液体燃料发动机的订单。1959年4月20日，阿纳托利·谢尔盖耶维奇·梅维乌斯被任命为第466特种设计局的总设计师。此时，工厂开始开发伊萨耶夫系列反弹道导弹发动机。阿列克谢·米哈伊洛维奇仔细看了看梅维乌斯，他明白，这个设计师不仅可以进行批量维护，还可以改进S2.726型发动机，然后基于此研制作战产品。

配备S2.726型发动机的V-1000反弹道导弹的第2级火箭

  1959年12月，S2.726液体燃料发动机已进入测试阶段，伊萨耶夫开始向梅维乌斯移交工作。梅维乌斯最初有2项任务：改进发动机的设计，确保发动机达到最大程度的可靠性，并在其基础上开发格鲁申S-200新型远程防空导弹发动机。1962年，他们完成了工作移交。

  1957年，在伊万·伊万诺维奇·卡尔图科夫的领导下，我们开始研制PRD-33型固体燃料助推器。第81工厂第2设计局的局长由帕维尔·加夫里洛维奇·杰萨奇科夫担任，总设计师由伊万·伊万诺维奇·卡尔图科夫担任，组长由尼古拉·吉洪诺维奇·日鲁欣担任。维克多·伊万诺维奇·库兹涅佐夫被任命为发动机设计师。

  PRD-33当时是世界上最强大的火药喷气式发动机。一些专家甚至认为，我们不可能制造出具有如此高性能的发动机。第125研究所在所长鲍里斯·彼得罗维奇·茹科夫的领导下正在研制基于NMF-2型弹道火药的弹药。弹药总设计师是列昂尼德·阿列克谢耶维奇·斯米尔诺夫。鉴于研究工作的复杂性和新颖性，第125研究所的设计师们没有立即着手研制实物大小的弹药，而是决定在实物四分之一和一半大小的模型上研究所有问题。

V-1000 反弹道导弹一级火箭，配备 PRD-33 固体燃料助推器

出于安全考虑，PRD-33 的第 1 次试验决定不冒险，在试验台上进行。在红军城的一个训练场，挖了一个 2m×2m 的坑，里面放置了金属板，放下了发动机。足以能够说明其外形尺寸的事实是，不论在莫斯科还是莫斯科州都找不到能够对其外壳进行热处理的工厂，最后不得不把它运至高尔基市进行热处理。

这些问题和许多其他问题的解决拖延了研发的时间。1958 年底，为了在试验场进行反弹道导弹的首批飞行试验，决定使用当时为 V-750 防空导弹设计的 4 个 PRD-18 助推器组合。助推器组的代号为 PRD-23。借助 PRD-23 发动机，V-1000 反弹道导弹进行了几次自主发射。1959 年，PRD-3 型发动机终于研发成功，并移交给古比雪夫机械厂生产。

1959 年秋，装备制式发动机的 V-1000 反弹道导弹开始进行首次试验发射。PRD-33 发动机的推力达到 200t，长约 5m，火药筒长约 3.1m，弹体直径为 1.1m，多药柱装药质量为 2700kg，工作时间为 3~4.5s。

康斯坦丁·伊萨科维奇·科佐列佐夫

V-1000 反弹道导弹弹头

科罗廖夫为自己的 R-5M 导弹装配了第 1 个原子弹头，显然，未来不得不应对这种导弹，因为美国人不会甘于落后。为了击毁飞机，只要击穿其机身就足够了。机身内有大量的系统、机械装置和部件，只要有1个电路或管路受损，就会导致飞行中止。导弹的情况更为复杂。只击中弹头外壳是不够的——必须击毁核弹头。为此需要了解它的结构。

1956年6月，成立了一个特别小组，小组成员包括第1设计局的尤里·亚力山德罗维奇·卡缅斯基，第6研究所（化学机械研究所，即1941年发明著名的"莫洛托夫鸡尾酒"的单位）的米哈伊尔·伊万诺维奇·沃罗特沃夫和帕维尔·伊万诺维奇·波塔波夫。专家组首次获准访问"圣地"——神秘的第11设计局（萨罗夫市，阿尔扎马斯16号），并了解一些关于核弹头的情况。尤里·鲍里索维奇·哈里顿接待了来访者。但是他和其他阿尔扎马斯的工作人员都没有透露核弹头的设计。

不久后，使用帕维尔·伊万诺维奇·波塔波夫设计的聚能弹药碎片对R-5M型导弹（不含裂变物质）核弹头进行了几次试验性地面射击。射击是在集聚流和弹头交会的各种不同条件下进行的。在大多数情况下，导弹的核弹头引爆装置会继续运行，因为出于可靠性考虑这些装置都有备份。

初步试验结束后，哈里顿来到了平台。当他确信没有发生任何重大的核事故时，他离开了，每个人都认为他对结果非常满意。

试验结束后，在阿尔扎马斯16号举行了军工综合体科学技术委员会会议。尤里·鲍里索维奇·哈里顿院士和谢尔盖·阿列克谢耶维奇·赫里斯季安诺维奇院士出席了会议。会议通过了决议，即尝试用反弹道导弹弹头核爆炸的空中冲击波来影响弹道导弹的弹头。当时计划在25km的高度击毁弹头，在这一高度上会产生冲击波，冲击波有杀伤作用。

1956年8月24日，在塞米巴拉金斯克训练场进行了试验，目的是研究核爆炸的空气波击毁R-5M型弹道导弹弹头的可能性。几个没有装填核弹药的弹道导弹弹头被放置在离爆炸点不同距离的地方。核爆炸后，最接近震中的弹头被击中，其余的被拖到一边。出现了一个问题：如果所有弹头都具有很强的放射性，该如何验证它们的性能呢？此外，在真实弹道导弹核弹头发生爆炸的25km的高度上，空气密度和冲击波的影响将比试验场小得多。于是我们决定继续使用大量TNT炸药进行试验，以模拟核爆炸。

11月，向塞米巴拉金斯克训练场运送了一批TNT炸药。在一个平台上安装了几个"P型绞架"，用绳索将整套弹道导弹弹头挂在上面。地面上安装了压力传感器。在距离"绞架"一定的计算距离上准备了可放置10t爆炸物的地方。在指定时刻，一股可怕力量爆发了。

这一次，放射性没有干扰。从表面看，弹头看起来是完整的，但专家们仔细检查后发现了一些损伤。在采集了仪表数据并检查了弹头设备的工作性能之后，无法就其在核爆炸冲击波影响下的稳定性得出明确的结论。显然，研制能够摧毁弹头并防止核爆炸的弹头将是非常困难的。

我在研究拉沃奇金防空导弹的弹头时得出结论，认为研制反弹道导弹发射器是可行的，1955 年 5 月，我就此致函军事工业委员会。在军事工业委员会，阿尔卡季·亚历山德罗维奇·科斯莫杰米扬斯基负责反弹道导弹问题研究。他把我叫到克里姆林宫。他的办公室位于革命前被称为"骑士大楼"的中央委员会领导人的旧居内。科斯莫杰米扬斯基说，我提出这个问题是对的，但鉴于工作的高度机密性，讨论战术技术课题必须要得到部长会议副主席的许可。军事工业委员会设在克里姆林宫的一座建筑物内，距离特罗伊茨克塔楼不远（塔楼在右边，不被注意）。1917 年革命前，那里是骑士大楼。1917 年后，那里就成了苏联最高领导人的住宅。20 世纪 20 年代，斯大林在搬进上议院殿之前就住在这里。赫鲁晓夫时期，所有居民都离开了克里姆林宫（最后一个离开的是布琼尼），军工委员会就设置在了骑士楼里。1960 年，由于修建丑陋的克里姆林宫代表大会大楼，旧军械库和骑士大楼被拆除。

几个月后，科斯莫杰米扬斯基再次叫我过去。在表明已经得到许可后，他向我下达了一项战术技术任务：预计误差为 75m，弹头质量为 500~600kg，会合高度为 25km，反弹道导弹速度为 1.5km/s，会合相对速度为 3.5~4km/s。

获得原始数据后，我开始思考设计。由于会合速度非常快，不可能使用无线电引信。击毁弹头的命令必须根据计算结果从地面发出。为了弥补计算误差，弹头在爆炸时应形成一个完整的圆盘形损伤场。

过了一段时间，国防部第 4 总局局长格奥尔吉·菲利波维奇·拜杜科夫叫我过去。大家都知道拜杜科夫是一位杰出的英勇无畏的飞行员，都很尊敬他，把他视为他是苏联国防部总局的坚强领导者。有一次，大家给我讲了他在建造莫斯科 S-25 防空系统时的一件趣事。

奇卡洛夫悲惨去世后，爱护飞行员的斯大林与拜杜科夫交往密切。众所周知，国家领导人患有失眠症，这一疾病在他生命的最后几年变得更加严重。有一次，他在深夜打电话给拜杜科夫，问道：

"拜杜科夫同志，你能马上到克里姆林宫来找我吗？咱们坐下来喝点茶，聊聊……"

拜杜科夫住在萨多瓦亚街，距离库尔斯基火车站不远。半睡半醒地，他迷迷糊糊地回答道："斯大林同志，我很高兴。但我现在怎么到您那里呢？"

"不用担心。我的车已经在你的门口等着了。"

惊讶的拜杜科夫望着窗外。院子里居然真的停着一辆闪闪发光的黑色豪华轿车。

大家都知道,拜杜科夫在国防部享有特殊领导地位。大家经常找到他,请他向斯大林汇报复杂问题,并请他帮助解决问题。

国防部会议通常一大早举行。斯大林中午12点前通常还未睡醒,下午3点前不会到克里姆林宫。想到这,拜杜科夫开玩笑地回答将军和元帅道:"这个问题很重要,我现在去叫醒斯大林同志。"

有一次,拜杜科夫带着监察机关的人来到一个军事单位。这里刚刚建造完成莫斯科防空系统雷达。在处理了大量问题之后,将军们无论如何都解决不了在那里建造士兵厕所的问题,于是求助拜杜科夫。

认真听完后,他严肃地说:"这个问题很复杂。我无法解决这么复杂的问题。等我回到莫斯科,叫醒斯大林同志。我想他会给提示的。"

说完这些话,他悠闲地走向他的车。刚开始将军们的脸吓得都拉长了,然后,一下子醒悟过来。他们急急忙忙跑到拜杜科夫身后,喊着有办法解决:"将军同志!格奥尔吉·菲利波维奇!用不着去找斯大林同志!我们自己能够解决厕所问题!!!"

与将军们一样,格奥尔吉·菲利波维奇·拜杜科夫也给我安排了一次独特的测试。

"给你设定的误差是75m。达到这样的误差很难。让我们先从最大误差150m开始。弹头质量500~600kg,这是非常大的。导弹拖不动。质量应该达到350kg。"

我回答说:"不,我无法承担这样的任务。应该在战术技术任务书中写上科斯莫杰米扬斯基说的那些数字。"

他开始争辩。我们争论了一个多小时。我坚持自己的看法。我看到拜杜科夫不让步,说道:"那就把弹头交给别的设计师吧。"

他从桌后站起身,紧紧握着我的手,说:"很棒,你没有让步。现在我相信你了。"

科斯莫杰米扬斯基决定任命我为总设计师,但是事情却不是这样的。我被鲍里斯·彼得洛维奇·朱可夫叫到国防部,他说:"你看,我这里有瓦西里·阿列克谢耶维奇·苏希赫的便函。上面有跟您一样的对于弹头的建议。沃罗诺夫正在研制弹头,有人建议任命他为总设计师。"

第三章 "A"试验系统

我不再争论，因为苏希赫是我们研究所的主任，而沃罗诺夫是他身边的"红人"。沃罗诺夫被批准任命为总设计师。科斯莫杰米扬斯基相信我，对于部里的决定很不满，于是起草了一份文件，根据这份文件，1956年1月，我被委任负责反弹道导弹弹头的试验设计工作。科斯莫杰米扬斯基说出了解决这些问题的所有困难，他让我在推进研究课题的同时，也要保护好自己。科斯莫杰米扬斯基知道，苏希赫、沃罗诺夫和康斯坦丁·伊萨科维奇·科佐列佐夫关系不好，就把我从第6研究所调到了国家第47特种设计局（现在的"玄武岩"国家科研生产企业）。

作为反弹道导弹战斗部的杀伤体，沃罗诺夫提议用长100mm、直径1.5~3mm的钢地锚。弹头包含大量这样的金属杆。每根钢地锚的前端还成角度地焊接着几根铁杆子。这种杆子我们起外号叫小扫帚。沃罗诺夫预计，从前端射出后，冲击气流会使得成角度焊接的钢筋旋转，这会促使形成稳定的圆盘场。穿过圆盘场，导弹弹头必然会受到损毁。

为什么会选择钢芯呢？当时，拉夫连季耶夫院士的高效再入射流理论得到了充分发展。根据这一理论，沃罗诺夫和苏希赫认为，钢芯的作用将会和再入射流的作用相似。沃罗诺夫知道，再入射流在一定速度下可以打出与其长度相同的孔，便判定，在3~4km/s的会合速度下，10cm长的钢芯能够击中目标，进入内部，一定会损坏弹道导弹核弹头的起爆弹药。为了证实这一理论，沃罗诺夫和苏希赫进行了大量实验，用再入射流击穿靶标，实验成功了。

他们只是没有考虑到一种情况。再入射流不会完全进入障碍物，而是在撞击之前裂成若干个碎片。每个碎片都会"炸到"目标，逐渐将洞加深。就这样，通过共同作用，这些碎片将目标击穿。尽管外部很相似，但是细金属棒的作用与再入射流的作用相比是不够的。金属芯在飞行中不会撕裂成碎片，其能量不足以穿透热防护涂层和导弹弹头的坚硬外壳。它沿一个角度撞击，在外壳上滑动，逐渐失去能量，只留下一个凸痕。这是沃罗诺夫和苏希赫的一个严重错误。但是，我和他们以及其他的设计师是后来才知道这一点的。

在试验中，将细金属棒加速至所需速度是不可能的——它只会因迎面而来的巨大气流变形。因此，沃罗诺夫的所有试验都是借助再入射流进行的，无法获得实际结果。

最初，我也选择了细长芯作为打击物，后来尝试过将球和立方体的结合物、平垫圈、薄壁管、薄壁球状层……最终，选择了整体球。

开始试验后，我遇到了与沃罗诺夫同样的问题：一个小球无法被加速到必需的巨大速度。我决定，不使杀伤体加速，而是使障碍物本身加速。为了得到结果，谁移动不重要：无论是子弹移向靶标还是靶标移向子弹。沃罗诺夫也知道这种方案，但或许是因为时间限制，或许是对自己的结论没有信心，或是因为技术方面的困难，或是其他什么原因，他没有采用这种方案。

我决定准备一些直径 100~300mm 的钢制圆盘，将爆炸物装在上面，然后将他们扔到杀伤体上。但马上就出现了一个问题：圆盘与小球相撞后如何停下来呢？它以巨大的速度坠落，撞到地上，变成一块没有形状的铁块。从这得出撞击结果，几乎是不可能的。

我要求在训练场上建造一个 3m×3m×3m 尺寸的胶合板小屋，然后把麻垫塞进去，叫来消防车以防发生火灾，等一切都准备好后，就发射了。钢盘闪电般飞进我的小屋，然后它以一股可怕的力量燃烧起来。消防员们扑上去，但后来又停下来，出神地看着火势，直到小屋子被烧成灰烬。火不可能被扑灭。坐上车后，他们笑着说："如果每一次发射都建造一个小房子，那么你退休前都还在试验。"

不想试验到退休前，但是没有想到什么合适的办法。突然，偶然想起了童年时是如何"打水漂"的了：把扁平的石块扔进水里，它们在水面上蹦蹦跳跳，然后逐渐失去速度。我突然想到，应该用这种方式让它停下来。应该以小角度抛出圆盘，圆盘沿着地面滑几下之后，就自行停止了。

就这样发射了。然后我和士兵们在田野中奔跑起来，收集着自己的靶标。一切都是正确的：圆盘没有变形，它们上面有明显的穿孔痕迹。在红军城和车里雅宾斯克近郊的训练场上，我进行了大约 1 万次试验，消耗了数百吨 TNT，花了一大笔钱，但是得到了很好的结果。我想，现在进行如此大规模的试验是不可能了：要么不提供财政资金，要么检察院对资金的滥用很感兴趣。

1958 年，全心致力于反导课题的弗拉基米尔·尼古拉耶维奇·切洛梅坚决支持尼古拉·伊万诺维奇·别洛夫旨在打击中程导弹的"土星"综合体项目。格里高利·瓦西里耶维奇·基苏尼科的试验系统设备已经在巴尔哈什建造起来。许多人反对启动第 2 个如此复杂和昂贵系统工作的决定。"土星"的研发者遇到了自动驾驶仪方面的问题，刚刚接收国家元首儿子工作的切洛梅提议任命谢尔盖·尼基季奇·赫鲁晓夫为反弹道导弹自动驾驶仪的总设计师，尽管后者在担任这一职务之前还需不断历练。

切洛梅带着必要的文件和谢尔盖·尼基季奇前往军事工业委员会和部长会议，他绕着高级官员走了一圈，不断地说："您好！这是总自动驾驶仪的总设计师谢尔盖·尼基季奇·赫鲁晓夫。这是需要签字的文件，您有什么异议吗？"

没有人反对，高官们签了字，很快所有必要的签名就收集完毕。切洛梅成为了"土星"的非正式总工程师。但是一个新的问题出现了：谁来制造弹头呢？史楚金和科斯莫杰米扬斯基知道第6研究所的领导是怎么对待我的，也知道我的工作情况，于是他们向切洛梅推荐了我。弗拉基米尔·尼古拉耶维奇同意了这一想法，下达了技术任务书。

基苏尼科和格鲁申对切洛梅反弹道导弹的想法很反感。得知他的决定后，他们立即找到了我："你为什么要为切洛梅而不为我们制造弹头呢？"

我回答说："因为沃罗诺夫是你们弹头的总设计师。"

他们说："可是你也有工作要做。"

"是的，而且工作进行得很成功。"我回答说。

说着这些话，我向他们展示了抓拍的我圆盘的照片。在展示自己试验的同时，我为了证明自己是正确的，还用类似沃罗诺夫制造的钢芯进行射击。照片很直观地表明，钢芯没有刺穿圆盘，只是在圆盘上留下了凹痕。而小球会击穿圆盘。

基苏尼科和格鲁申决定正式委任我负责研制V-1000的弹头。由于苏共中央委员会的决议已经出台，所以直到1958年底，根据苏联部长会议副主席的命令，我才开始工作。

小球能够突破障碍，但是它能防止核爆炸吗？弹道导弹弹头重载外壳厚度达10mm，隔热层（涂料）厚度达到150mm。但是，击穿这两层并不足以击穿弹道目标。杀伤体应该穿透弹头外壳，并破坏核弹头的起爆器。只有这样才能完成拦截弹道目标的任务。为了选择弹头杀伤体的参数，我应该知道，装有核弹头的弹道导弹弹头的脆弱性。在1959年召开的一次军事工业委员会会议上，我向史楚金院士提了一个问题："亚历山大·尼古拉耶维奇，我需要关于我们核弹头设计的资料。"

"嗬，真狡猾！我们现在就公开所有的秘密资料，而你可能一无所获。"

"怎么会？"

"数据只有中型机械制造部有。在他们面前我无能为力。所以我帮不了什么忙。"

我思考了一下：没有这些数据，弹头就做不了。我曾在第6研究所与尤里·鲍里索维奇·哈里顿一起工作过，我知道，他现在正在研究核问题，就找到电话，给他打了过去：

"尤里·鲍里索维奇，您应该提高自己核弹头的抗外力能力，您很清楚，没有人比我更能对它们施加影响。"

哈里顿笑了起来："您的想法我理解。您想迂回拿到我们的数据。这样吧，如果您能解决提高核弹头稳定性的问题，那么我们将向您提供所有必要的信息。"

我被准许与核弹头的研发人员见面。但是他们被禁止透露所有的设计细节。最后决定这样：我提供给他们自己弹头的计算结果，他们告诉我能够击穿。这让我很满意。

很快，我就发现了一个致命弱点，即第 25 设计局尼古拉·列昂尼多维奇·杜霍夫（杜霍夫自动化科学研究所）设计的核弹头引爆系统。核弹头爆破时，所有起爆管都必须同时工作。哪怕是其中一根引爆管有百万分之一秒的延迟，球面爆震波也不会同时聚合，核弹头就不会进入超临界状态，就不会发生核爆炸。此外，弹头外壳内部起爆管的爆炸会破坏自动引爆装置。但是起爆管有可能被我的杀伤体损坏吗？理论上可以，实际上很难。起爆管很小，为了破坏起爆管，反弹道导弹的弹头必须有一百万个杀伤体才可以。

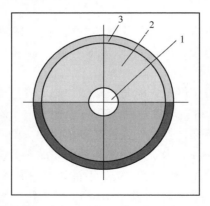

康斯坦丁·伊萨科维奇·科佐列佐夫设计的有源杀伤体：1 为杀伤体外壳，2 为爆炸装药，3 为碳化钨合金中心球。图为康斯坦丁·伊萨科维奇·科佐列佐夫所画

在弄清我工作方向后，中型机械制造部的工作人员都感到很紧张。因为他们不知道，为了解决这个难题，我需要一百万个小球，而这么多球根本不可能放置在反弹道导弹的弹头里。我没有告诉他们这些，有一天，一个工作人员在我耳边轻声说："让我们远离电话，到办公室的一个角落（窃听器被认为是放置在电话机中）。"

击毁 R-12 导弹弹头的行动顺序

我们走开后，他同样轻声地继续说道："您选的路是死胡同。起爆管只会在爆炸前才会被推至待击位置。您在自动装置还没有扳动起爆管的时候就截获我们的弹头。它不会爆炸的,您只是让它失灵。但是其他的起爆管还会起作用,而这将引发一半威力的核爆炸。"

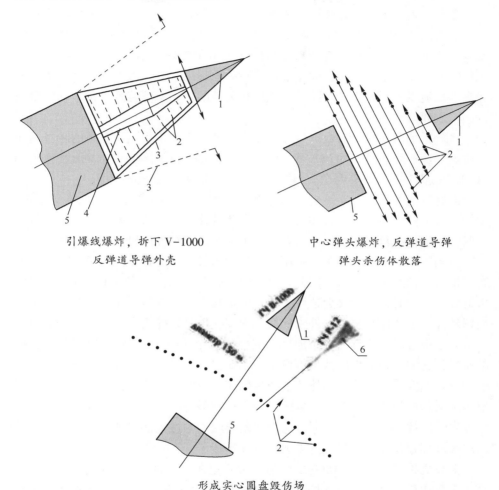

引爆线爆炸,拆下 V-1000
反弹道导弹外壳

中心弹头爆炸,反弹道导弹
弹头杀伤体散落

形成实心圆盘毁伤场

用 V-1000 反弹道导弹弹头杀伤体摧毁 R-12 弹道导弹核弹头:
1 为反弹道导弹弹头;2 为有效杀伤体;3 为起爆线起爆使形成的反弹道导弹外壳碎片;
4 为反弹道导弹弹头爆炸药包;5 为弹头连接的反弹道导弹舱;
6 为被积极杀伤体击穿的弹道导弹弹头。图为康斯坦丁·伊萨科维奇·科佐列佐夫所画

听到这样的解释后,我很忧伤:甲方要求完全防止核爆炸,而不彻底的办法不太可能解决问题。我放弃了击毁起爆管的想法。而直到后来我才知道,中型机械制造部骗了我。所有的起爆管不是临爆炸前才被推到待击位置的,而是

在此很久之前就会推到待击位置。

一阵阵思绪使人不能平静。或许，一切要简单得多，只要在导弹弹头外壳上打个洞就足够了？当导弹进入大气层时，炙热的空气会进入，破坏起爆管。

在我的请求下，又做了一个实验。在R-5弹道导弹的"头部"上钻了洞，安装了传感器，然后从卡普斯京亚尔靶场发射了导弹。结果什么都没有发生。滚烫的空气没有钻入洞中，而是绕过了弹头的理想空气动力表面。被钻了孔的弹头平稳地飞到了计算点，随后常规爆炸装药的自动引爆装置正常启动。事情再次陷入僵局。

在分析了所有获取的数据后，我得出结论：小球不可能是完整的。里面应该放置炸药。炸药里面应该放置一个紧实的高强度的中心球用以摧毁弹头的"内脏"。剩下就是要弄明白，"内脏"的哪一部分应该被击中。

最有可能失败的似乎是自动引爆装置。但核弹头的设计者们也不是草包。他们准备了两个甚至三个自动装置。根据我的计算，在所有散落的球中，只有一两个可能击中目标。因此，击毁其两个或者三个组件的可能性微乎其微。

只剩下唯一一个方案了——用中心球撞击触发导弹核弹头的常规炸药。所有其他方案都经不起推敲。因此，要摧毁核弹头，杀伤体应该击穿弹道导弹弹头的外壳。此时，尽管交会速度很快，但杀伤力不会损毁，而会刺穿核弹头的硬铝外壳。杀伤体与核弹头外壳的交会速度应该足以撞击引爆核弹头的炸药。

对于中心球，我选择了添加钴的碳化钨合金VK-15材质。根据其杀伤体的质量，它们在弹头中的数量不应超过1.5~1.6万个。只有在200m/s的相对低的弹射速度下，这些杀伤体才能产生匀布场。为此，我选择了一种由三硝基甲苯和火药的粉末状混合物制成的中间中心激射药。杀伤体击穿反弹道导弹弹头外壳时的扰动非常大。我明白这种扰动导致均匀性无法保证，于是决定先用起爆线破坏弹头外壳。最后的方案就这样形成了。

上级机构决定为V-1000反弹道导弹在巴尔哈什的飞行测试制造20个弹头，为其在莫斯科郊区训练场的地面测试制造10个弹头。30个弹头需要制造约50万个球。起初，没有人愿意听我说话。基苏尼科和格鲁申帮了忙。他们想办法让军事工业委员会做出决定，根据决定，苏联所有6家工厂都停止了计划中的碳化钨产品的装卸，开始生产我的小球。很快，他们就完成了订单。

测试时，我们先是往每枚反弹道导弹弹头里放了1.5万个小球，后来是1.6万个。测试后这些球大多放在了国家第47特种设计局的仓库里了。所长很不满意，想把它们扔进垃圾场，但是我向他保证，会找到买家，把所有的小球都卖掉，然后把钱分了。最后说的这些，当然是玩笑话，但是小球我真的卖了。

在红军城国家第 47 特种设计局试生产时，我们决定模压小球的半球面，并压入炸药。压入之后，半球面就被粘合了。这种设计是不稳固的，因此为每个小球又制造了 2 个大直径的半球，并将其放置在顶部，以防止上下半球接合。结构变得稳固，但是要求模压 400 万个半球。红军城全部的生产力都投入到我的小球。

为了形成撞击匀布场，弹头中的球必须按一定顺序排列，不准散装。我决定使用带小孔的圆盘。圆盘最合适的材质是泡沫塑料。问题是从哪里找到这么多泡沫塑料。国内只有一家工厂生产泡沫塑料。这家工厂位于高尔基州捷尔任斯克市，该厂 90% 的工作是完成潜艇订单，其他的订单占比不足 10%。工厂大门前的汽车排很长的队，一等就是几个星期。

基苏尼科和格鲁申再次过来帮忙了。他们成功说服了军事工业委员会的人，工厂暂停一段时间向海军运送产品。这是个不可思议的事情。同事们说，如果海员们知道了，是不会吝啬给我一枚好鱼雷的。最终，我们获得了泡沫塑料。

3.3 "多瑙河"-2 远程探测站

弗拉基米尔·潘捷列伊莫诺维奇·索苏利尼科夫

1948 年 12 月，武装力量部中央通信科学研究试验研究所（梅季希市）建立了专门的无线电技术侦察（RTR）实验室。该实验室由技术科学副博士安德烈·亚历山德罗维奇·科洛索夫少校担任负责人，科洛索夫是从列宁格勒布琼尼军事通信学院雷达学教研室无线电接收装置教员职务上调任过来的。

科洛索夫带来了一批学生，其中包括尼古拉·瓦西里耶维奇·孔德拉季耶夫、阿列克谢·谢尔盖耶维奇·德罗兹多夫、亚历山大·伊万诺维奇·库克列夫和我。我们与国家科学研究所的维亚切斯拉夫·德米特里耶维奇·萨拉耶夫、利季娅·伊万诺夫娜·科托娃和其他人一起组成了无线电技术侦察实验室的第一批人员，并精力充沛地开始了无线电技术侦察地面站的研究。

1949 年，在阿克塞尔·伊万诺维奇·贝格院士的努力下，无线电技术课题从分散的小实验室转交给了他所领导的莫斯科第 108 研究所。1950 年，无线电技术侦察实验室的工作人员也从梅季什调到了这里，其负责人安德烈·亚历山德罗维奇·科洛索夫被派往第 1 设计局。第 108 研究所集中了大批科研力量。

贝格院士非常认真地对待我们这些年轻的科学家和设计师，而我们知道他主持的科学技术委员会会议非常有趣和不寻常，所以努力到科学技术委员会听他的发言。他的一些表述被大家记住了，这些表述当时在我们圈子里很受欢迎。有一天，在科学技术委员会听到了从事无线电波传播问题研究的专家们的发言。这些问题是如此新颖，很难区分现实和想象。阿克塞尔·伊万诺维奇看到在场人们困惑的脸，从座位上站起来说："所有研究无线电波传播问题的人都是骗子。人们会问，为什么我们让他们待在研究所呢？我会回答，如果把他们放了，就会有新的骗子来，什么也不会改变。"

有一次，年轻的专家们说，如果共振器制造得非常精确，他们就会获得特殊的性能。阿克塞尔·伊万诺维奇听到之后说："总的来说，无线电波在普通平底锅里也会感觉良好（如果它们在那里被好好激发的话）。"

在第108研究所，我们被受命进行"口令"的科学研究工作，研究炮兵侦察雷达的研制方法，用于选择夜间在防御前沿出现的移动目标。这种雷达站能够探测在0.5km内的爬行者，1.5km内的步行者，3.5~5km内的坦克或汽车。这项工作很吸引人，虽然除了很少的外国文献和3cm波段的外差速调管外，我们手头什么也没有但我们对这项工作充满激情。

1950年底，一个代号为"口令-1"的雷达站模型进行了测试。连续辐射的潜在可能性给人留下了深刻印象。预先说一下，这些印象决定了我们对使用连续辐射的喜好，直至完成远程无线电通信研究所的最后一批成果。

使我们这些接受经典学院教育的人震惊的还有厘米无线电波无处不在的穿透能力，它能很容易地发现在密闭空间内活动的人。附近物体的再反射，厘米波甚至能够探测到居民点、战壕或森林中的目标，这些效果给新事物爱好者阿克塞尔·伊万诺维奇·贝格留下了深刻的印象。

很快，我们进入了专门建立的第20独立实验室，该实验室团队的任务是让移动目标选择雷达站拥有目标定位能力，精确度要求在10m内。"口令-2"的科研工作就这样开始了，任务是为封闭阵地火力兵器开发一个火炮侦察站。我被任命为这一课题的总设计师。

"野牛"小型雷达站是"口令-2"雷达站的进一步发展。该雷达站深受边防军的喜欢，因为它被放置在GAZ-69汽车的拖车上。1957年，军事工业委员会的负责人M.M.洛巴诺夫将军建议我们将"野牛"雷达与无源夜视仪合并，为此建造了我国首个RAS-1无线电光学系统。很快，苏联军队就列装了RAS-1无线电光学系统。对此，我们感到非常自豪。围绕"口令-1""口令-2""野牛"课题的紧张工作最终取得了圆满的结果，我们年轻的团队成功研制了第一个作战综合体。

阿克塞尔·伊万诺维奇·贝格在纳查利对我们的工作能力很有信心。1954年，他向我们下达了研制用于探测飞机的连续辐射雷达站模型的任务。与类似用途的脉冲雷达相比，这种雷达站应具有更大的潜力。当时我们不明白为什么需要这种潜力。一年后，我们才知道这个问题的答案。贝格知道已经开始进行反导防御领域的研究，于是决定建立一个弹道目标探测站。"多瑙河"–1 的研究工作就是这样开始的，我被任命为该项目的总设计师。

"多瑙河"–1 雷达试验模型的功能设计与当时的常规非连续辐射无线电测高雷达没有什么不同。然而，在选择元件及其设计时还是进行了充分思考。需要有前瞻性的解决办法，因为这种雷达的必要性日益明显。

1955 年底，"多瑙河"–1 雷达站模型进入测试阶段。在现在的列霍沃–鲍里索沃地区为我们划分了一个场地，在那里安装了天线和装有接收和发送设备的工作间。很快，飞机开始飞行，我们用视觉实现探测。测试结果令人高兴。我们已经远超了国内最好的脉冲雷达站开发人员所达到的成绩。

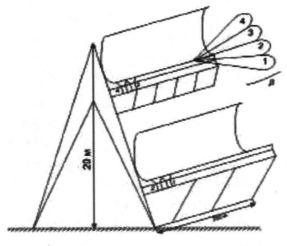

"多瑙河"–2 雷达接收阵地

试验证实了高电位连续辐射雷达的可行性。"多瑙河"-1课题在第108研究所圆满完结。阿克塞尔·伊万诺维奇相信建立远程探测站是可行的。开发反导防御系统的问题列入议程。

　　亚历山大·利沃维奇·明茨致力于在防御目标周围建立雷达"围栏"式远程探测和目标指示系统。而与其不同的是，阿克塞尔·伊万诺维奇·贝格认为，反弹道导弹系统应建立在扇形远程雷达的基础上。许多人都不相信建立反导防御系统的可能性。1956年2月贝格提出的我们实验室的方案也没有引起大家的共鸣。在军事工业委员会的一次会议上，史楚金院士甚至建议关闭我们的实验室。史楚金保护了正在研究脉冲站的明茨。而阿克塞尔·伊万诺维奇·贝格和格里高利·瓦西里耶维奇·基苏尼科成功地保住了我们。考虑到问题的复杂性，政府决定在未来的反导防御训练场中放置这两种类型的探测装置。

　　1956年，我们研究所接到了编制远程探测和目标指示雷达站初步方案的任务。雷达站应该能够探测1500km距离内的弹道导弹弹头（在这个距离上导弹从水平线上进入）。当时拉沃奇金的"达尔"反飞机系统项目的射程是400km，我们要将这一指标提高3倍！与此同时，弹道导弹弹头的反射面比飞机的反射面小几十倍，而速度也比飞机快得多。未来雷达站的探测区域必须涵盖目标运动的整个轨迹。坐标输出精度为：距离1km，角度0.5°。

　　这是阿克塞尔·伊万诺维奇·贝格给我们团队下达的最复杂的课题。课题名称是"多瑙河"-2。为了开展相关研究，我们的实验室被改组为第1处。我们制定了一个线性调频连续辐射站的初步方案。线性调频信号不仅可以用于测量距离和距离分辨率（以便导弹外壳和弹头分离），还可以对指定的方位角扇区进行扫描。通过使用抛物线式圆柱面反射镜形式的分散天线装置实现扫描，天线装置带有线性辐射器（延迟结构和狭缝辐射器的波导管形式）。

　　格里高利·瓦西里耶维奇·基苏尼科高度评价了我们提出的方案，坚持要尽快将其实施。为了建造雷达站，第108研究所投入了大量的人力。雷达站副总设计师弗拉基米尔·波尔菲耶维奇·瓦修科夫领导的天线团队承担了一项特别艰巨的任务。雷达站天线设备在雅科夫·璐莫维奇·费尔德教授的领导下研制成功，并在国内的飞机制造厂内生产。在彼得·尼古拉耶维奇·安德烈耶夫的领导下，团队研制了一种新型连续波发生器（振荡器）。在副总设计师弗拉基米尔·库兹米奇·古里亚诺夫的领导下，团队开发了一套金属陶瓷四极管双信道雷达传输系统。亚历山大·尼古拉耶维奇·穆萨托夫的团队研制了一种基于石英延迟线相位控制振荡器的独特宽带线性调频信号激励器。副总设计师阿纳托利·伊里奇·伊夫利耶夫提出了雷达接收通道的初步设计。费妮娅·莫伊谢耶夫娜·佩谢列娃的团队研制了一个独特的数字坐标测量仪。

"多瑙河"-2雷达站被放置在了普里奥泽尔斯克南部巴尔哈什湖岸边的训练场，距离弹道导弹弹头坠落点80km远。1957年8月，这里已经开始建造技术大楼，用以放置接收和发射阵地的设备。第二年，运来了设备，并且开始安装和进行设备调试。雷达站的调试很费劲，让人感到筋疲力尽。

1958年夏天，仪器的安装和调试工作已经完成，雷达站已准备好探测射程超过1000km的R-5型弹道导弹。与R-2导弹一样，R-5型导弹无法从对测试的卡普斯京亚尔训练场飞到巴尔哈什训练场。因此，在阿拉尔斯克（译注：现哈萨克斯坦城市）西北部的切尔卡尔火车站附近建造了一个SP-5临时发射阵地。

"多瑙河"-2雷达站，巴尔哈什训练场

8月6日，"多瑙河"-2雷达站开始运行，该雷达站首次发现了一枚飞行中的R-5弹道导弹。11月6日，该雷达站首次实现了对R-5弹道导弹的自动探测和跟踪，测量了导弹坐标并向精确制导雷达发送了目标指示。训练场总工程师米哈伊尔·伊格纳季耶维奇·特罗菲姆丘克率领的国防部代表团参加了雷达站的测试。

1959年，在我们第1处基础上组建了第108研究所的分所。分所设在第37厂特种设计局里面。我们从新巴斯曼街搬到了普列奥布拉任斯基广场。当时广场还不是现在的样子。现在通往远程无线电通信研究所的地铁出口处当时是几栋房子。

1960年5月，第108研究所分所重组为第37研究所，包括第37试验工厂。第37研究所的首任所长是费奥多尔·维克托罗维奇·卢金。他有一项艰巨的任务，即带领研究所团队开发A-35作战系统的远程探测和目标指示设备。

"多瑙河"-2雷达站的收发阵地建在训练场第14和第15号平台上。发射天线和接收天线相距1km。该站探测弹道目标的最远距离是1200km，精确度为1km。发射部分的天线尺寸是150m×8m，接收部分的天线尺寸为150m×25m。接收部分的工艺大楼里安装有目标探测、捕获和自动跟踪设备系统、指挥台和雷达站指示装置。在阿列克谢·叶菲莫维奇·索科洛夫的领导下，高尔基机械制造厂设计局研制出了雷达站大尺寸天线系统。

"多瑙河"-2雷达站一直运行到1964年，此后，该雷达站被总设计师亚历山大·尼古拉耶维奇·穆萨托夫开发的"多瑙河"-3UP雷达站设备所取代。

左边可看到远程无线电通信研究所的大楼，位于现在的普列奥布拉任斯基广场。1960年拍摄

能否看到飞行中的弹道导弹？

3.4 RE 试验性雷达

N. D. 纳斯列多夫

有效散射小、移动速度快的弹道导弹弹头的探测和跟踪问题需要立即解决，因为尽管苏共中央委员会和部长会议通过了关于研发试验性防空系统的决议，但谁都无法肯定地回答雷达是否能够看到弹头这一问题。格里高利·瓦西里耶维奇·基苏尼科开始着手研制拥有 15m（当时而言是很大的）回转式反射镜的试验性雷达。很短时间内建造起了一套单信道单波束雷达，用以解决一个重要难题——确定弹道导弹弹头探测和跟踪的基本能力。RE 试验性雷达在已经为 S-25 系统开发的 10cm 波段上运行。2MW 功率的发射装置是从 S-25 系统的 B-200 雷达上借用的。RE-10 天线是在高尔基机械制造厂设计局由阿列克谢·叶菲莫维奇·索科洛夫领导研发的。在巴尔哈什训练场的第 2 号平台建造了 RE 雷达装置。雷达站设备被放置在了一个木棚里，为了防止大气降水，天线用球面罩罩着。

试验性雷达转向快速飞行的弹道导弹是通过以下方式实现的：在弹道导弹从发射阵地向巴尔哈什训练场第 2 平台发射时发出"发射"信号，根据这一信号，启动程序制导模拟测量仪，该仪器对"望远镜-M"雷达进行初步制导，"望远镜-M"雷达由第 304 特种设计局与莫斯科动力研究所特种设计局联合研发，是国防部第 4 研究所专家研发的预制导系统的一部分。收到安装在导弹上的发射应答器信号后，雷达开始对目标进行半自动跟踪，并引导 KT-50 光学望远镜对准目标。KT-50 光学望远镜利用自动同步机和动力驱动装置，将 RE 雷达天线波束对准目标。RE 雷达装置能够探测到射程约 400km 的导弹。

1956 年 7 月初，格里高利·瓦西里耶维奇·基苏尼科给处长斯库尔金和当时作为实验室领导的我下达了一项任务，去哈萨克斯坦，去到未来试验场的建设地点，确定 RE 雷达的安装位置。我们用了一个星期赶到那里。用时 5 昼夜乘坐火车到达了阿拉木图，然后乘坐"阿拉木图-彼得罗巴甫洛夫斯克"列车，再从萨雷沙甘车站乘车到达未来的普里奥泽尔斯克市。这个地方有一望无际的草原和巴尔哈什湖岸。我们都住在帐篷里。在等待莫斯科发来地形图的这段时间，我们在高温下生活了两个星期，靠着在巴尔哈什湖中游泳、在行军厨房里吃东西维持。终于，地图来了。我们乘坐两辆货车前往距离巴尔哈什湖 200 多公里的 2 号平台。货车行驶了两天，我们直接在货车里过夜，好在夜晚很凉爽，没有飞虫，爬行动物也到不了我们这里。

到旅行第二天要结束时，我们意识到迷路了。那里没有任何地标，食物用完了，装饮用水的橡胶袋由于摇晃坏掉了，汽油也快用完了。我们决定把剩下的汽油灌到一辆车里，放弃第 2 辆车，继续前进。我们也确实这样做了，但严重怀疑路线的正确性。情况变得危急，突然，我们看到一架飞机。飞机在我们上面飞行，摇晃着翅膀，指示着正确方向。我们得救了。

很快，又累又饿的我们到达了目的地。早到来的测绘员们在等着我们。他们已经打了一口井，安装了一个风泵，我们享受着难以形容的喜悦，钻进了冰冷的水中。第二天早上，我们开始确定雷达装置的布置点。几天后，我们完成了任务，开始返程。

1957 年 1 月，在第 2 号平台开始安装工程设备，3 月份开始安装 RE 雷达天线。5 月，组建了一个独立测量中心，很快其中就放置了第一批光学测量设备：2 台 KT-50 望远镜和时统服务设备，用以保障 RE 雷达的工作。6 月初，试验雷达建造完成。与此同时，在距离秋拉塔姆人车站 100km 的地方，建造了一个 SP-2 临时发射阵地，用于 R-2 导弹的发射。R-2 导弹由于射程短，无法从测试地卡普斯京亚尔飞到巴尔哈什训练场。1957 年 6 月 7 日进行了导弹发射，试验雷达装置"看到"了弹道目标。为了提高探测效率，导弹是沿着弯曲弹道轨迹发射的，但很明确的是，与怀疑论者的观点相反，对弹道导弹的观测是可以实现的。8 月，该雷达装置就已经可以对 R-2 导弹进行全程监测了。

"无线电物理学"公司前总设计师阿道夫·格奥尔吉耶维奇·托尔卡切夫回忆录摘选

1957 年 8 月，我出发前往巴尔哈什试验场，这是我第一次出差。用时 3 小时 20 分钟，图-104 班机将我和奥列格·瓦西里耶维奇·戈卢贝夫送到了塔什干。老城天气炎热，那里有咆哮的骡子、各种各样的水果和身穿棉袍喝着茶的乌兹别克人。这里一切都有，我们转了一圈，寻找了一个过夜的地方，停了下来。早晨很凉爽，欧斑鸠在水龙头旁咕咕地叫。对我们来说，这里的一切都很有意思，很新鲜。

然后，我们来坐脏乱的"塔什干-阿拉木图"火车，经过了启幕肯特、江布尔、楚城。接下来是灰棕色的沙漠。清晨，我们到了萨雷沙甘站，看到一些简陋的小房子。一切都很陌生，又有点神秘。大量的见闻和疲劳感将眼睛粘在一起，周围的世界逐渐不现实起来。

旅程的尽头是碧绿的巴尔哈什湖岸边的军事小镇。映入眼帘的是板棚和忙乱的人们……军事建筑者们不停地转动战地电话的手柄，喊着"指挥部""乌拉尔总部"的呼号。铺天盖地的单层营房旅馆都有得意的名字。其中一个叫"高地"，我们在那里过夜。

早上，我们乘坐飞机前往最远的 2 号平台，那里部署了 RE 雷达设备。此地的老住户在机场上迎接我们。飞机的到来是一天中主要的事件之一。我们听着一些可怕的关于红带蛛、狼蛛、蝎子、避日虫和蛇的故事。

其中一位迎接人员为我们——新来的人讲述了一些关于毒蛇的知识。我们了解到，如果伸出手抓着最可怕的眼镜蛇或者斑蝰蛇的尾巴尖，那么它将无法爬到手臂上咬人。然而，也存在例外。例如，有毒的箭蛇那样也能咬人，因此，必须时不时地"摇动"它。讲话时，蛇真的就挂在讲话人的手上，当它靠近手部的时候，讲话人就会晃动它。

随着时间的流逝，我们发现，这片荒凉、多风、崎岖的边缘之地是梦幻般的美丽和富饶。对我们许多人来说，它已成为第二故乡。这不仅是因为我们在这里度过了漫长的岁月，也因为我们在这里取得了最大的成功。

在我们到达 2 号平台之前，线路已经铺设好了，并对弹道目标信号进行了录影记录。我遇到的第一个问题纯粹是技术问题：磁带需要冲洗，但没有冲洗机，没有摄影实验室，也没有合格的专家来完成这项工作。

化工产品仓库放着一些口袋，上面贴着可以标签：密妥耳、对苯二酚、亚硫酸钠、溴化钾……这已经足够了。用野蛮的方法，没有测量和称重，只是用眼睛估计，就制成了必需的溶液，胶片被剪成单独碎片，用士兵的铝碗代替了显影盆。我看到了胶片上记录的被跟踪的弹道导弹弹头和弹体的信号。弹道目标真的可以被探测，被跟踪！

通过 RE 雷达装置的试验结果，我们能够确定，在保证雷达天线制导必要精度的情况下，弹道导弹的弹头和弹壳一定能够在计算距离上被探测和稳定跟踪。与此同时，导弹弹头和弹体的观测是分开的，这在距离上是可行的。只是缺乏对 2 个目标进行跟踪的设备能力，这将无法同时形成 2 个精确的轨道。

已经查明，R-2 导弹的弹头筛面约 $0.2m^2$，弹体是几十平方米。胶片上记录的观测结果使得之后能够获得关于目标映射信号数据特征的详尽结果。因此，关于弹道导弹弹头的某些特殊性质使其无法被观测的神话已经消除。

RE 雷达能够解决重要问题，但是也存在一个实质性的缺陷：它运行的频

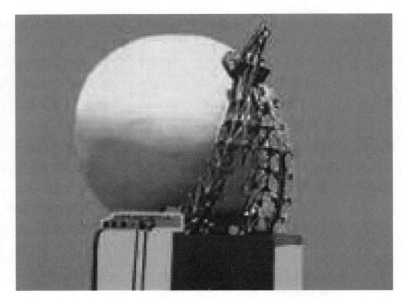

巴尔哈什训练场上的 RE-2 试验雷达

率与"A"系统的频率不同。因此，1956年，格里高利·瓦西里耶维奇·基苏尼科开始着手研制另一套 RE-2 试验雷达（第一套在投入使用后得到了一个非正式的名字 RE-1）。RE-2 雷达建造在距离 RE 雷达 30m 处，新研发的装置能够辐射和接收"A"系统精确制导雷达 15cm 的载频。天线保持不变，但发射装置的功率已经提高到 20MW。所有设备都放在了一座混凝土大楼内。信息处理是在国内最早的计算机之一的"箭"式计算机上实现的。

国防部第 4 研究所老兵 I. F. 巴比奇回忆录摘选

RE-2 天线的方向波束很窄，需要外部目标指示才能发挥作用。拟定方案，引导目标指示设备、导弹弹头坐标外部轨迹测量设备、训练场时统和作战指挥通信系统投入使用的工作于 1956 年 8 月交给我们国防部第 4 研究所负责。1960 年之前，科学研究工作的科学指导是处长 Y. A. 斯涅德科夫上校，之后是我。统一时间和通信系统的工作由 V. A. 皮亚塔科夫负责。

目标指示设备包括与弹道导弹弹头机载应答器一起运作的"鹰"雷达站、能够高精度测量目标角坐标的 KT-50 电影经纬仪以及根据预定规程提供角坐标的目标瞄准装置。"鹰"雷达站是在"望远镜-M"雷达站基础上由第 304 昆采夫工厂研发的，而"望远镜-M"雷达站是在 SON-4 雷达站基础上开发的。

KT-50 电影经纬仪

SON-4 雷达站

从飞机上检查了目标指示装置和 RE-2 装置的工作情况：确认系统运转正常。但是，导弹发射并没有带来正面结果。我们没有探测到弹头，只是记录到了信号，后者应该是导弹末级发出的。我们怀疑，弹头分离系统在飞行中失灵了。我们叫来了"南方"设计局的代表，他们不同意我们的结论，但还是在尚未装载完毕的导弹上完善了分离系统。改进后的导弹发射取得了更好的结果：我们记录到 2 个目标的信号，而不只 1 个。

格里高利·瓦西里耶维奇·基苏尼科为 RE-2 雷达站的试验结果赋予了特殊的意义。在一次会议上，他说："RE-2 雷达是所有设施和整个反导防御系统的主轴"。在那些年里，我经常要与基苏尼科讨论解决各种问题。他是一个平易近人的人，对我们研究所的工作人员非常尊敬。

1958年夏天，RE-2雷达投入使用，8月开始对R-2、R-5和R-12弹道导弹进行监测。借助RE-2雷达，我们对导弹弹头反射的信号频谱和结构进行了研究。1958年，RE-2雷达首次实现了对第3颗苏联人造地球卫星的多次跟踪。1959年，RE-2雷达站进行了升级，配备了统一时间和通信系统，并获得代号RE-2M。

RE和RE-2雷达设备部署在巴尔哈什训练场，训练场能够"接收"从卡普斯京亚尔和普列谢茨克训练场发射的中程弹道导弹的弹头。随着首枚R-7洲际弹道导弹的问世和作战系统设计的开始，出现了一个问题：如何监测洲际弹道导弹的弹头？为此，苏联从拜科努尔（后来从普列谢茨克）向堪察加的库拉训练场试射了一枚R-7型导弹。由于巴尔哈什离得太近，所以苏联决定在勘察加架设新的雷达，代号RE-3。

RE-3雷达在RTN无线电技术装置的基础上迅速建立起来，是其更简化的版本。与RTN不同的是，该雷达没有反弹道导弹信道天线，而是装备有专门为其设计的半导体电子管电子计算机MP-40。RE-3工程于1959年竣工，此后，RE-3雷达立即开始对正在试验的R-7洲际弹道导弹的弹头进行监测。

A. A. 托尔卡切夫回忆录摘选

RE-3雷达的软件和算法是由从莫斯科物理技术学院毕业后刚到第30特种设计局的年轻工程师们开发的。年轻人通常是没有足够经验，他们快速完成工作，有时会闹出很多笑话。

勘察加半岛上部署的RE-3雷达

正如预期的那样，首次跟踪洲际弹道导弹时，RE-3 雷达装置观测到 2 个目标：弹头和末级导弹弹壳。因为洲际弹道导弹的弹头和弹壳的探测与短程和中程导弹相同，测试人员推测，在观测点，距离雷达站最近的是弹头，而弹壳在后面。

但是，实验观测表明，近目标的有效散射面比远目标大得多。这令人感到惊讶，因为根据初步估计，弹体的有效散射面积应该是弹头有效散射面积的 1/20~1/10。但研究人员很快就发现了热的弹头，遵循黑格尔"存在即合理"的原则，他们很快就找到了原因：目标观察的独特角度导致弹头的有效散射面积更大。

尽管如此，持怀疑态度的人还是进行了基本的弹道计算，这些计算清楚地表明，在导弹远距离飞行时，末级导弹弹壳距离雷达更近，这时，火箭发射专家们提供了佐证材料。年轻的团队得到了很好的教训：不能什么都信以为真，什么都要验证。

1962 年，基于 A-35 系统的 RKC-35 设备在巴尔哈什训练场第 38 号平台上建起了新的 RE-4 试验雷达。借助该雷达，设计师们对配备能使速度达到洲际弹道导弹的助推器的弹道导弹进行了监测。

3.5　巴尔哈什训练场及其建造者

亚历山大·阿列克谢耶维奇·古边科

1956 年 2 月 10 日，苏联国防部长格奥尔吉·康斯坦丁诺维奇·朱可夫签署了关于建造"A"反导防御训练场的指令。2 月 20 日，苏联政府指派国防部第 4 总局委员会负责选取部署地点。委员会由国防部第 2 研究所所长谢尔盖·费奥多罗维奇·尼洛夫斯基中将领导。委员会成员包括第 1 设计局（叶甫盖尼·帕夫罗维奇·格连加根）、无线电工程学院（G. I. 基里亚诺夫，I. V. 塔尔科夫斯基）、导弹装备总局（B. P. 叶廖明）、国防部第 4 研究所（I. F. 巴比奇）的代表和其他专家。

在几个可行的备选方案中，国防部第 4 总局委员会选择了 2 个主要备选方案：以巴尔哈什湖为训练场中心的别特帕克达拉沙漠和大巴尔苏基沙漠（训练场中心距离阿拉尔斯克 100km）。

第一勘探小组将对别特帕克达拉沙漠进行详细调研，因为这里要部署未来的训练场设施。小组获得 2 架雅克-12 飞机，几辆"嘎斯"汽车，直接驻扎在萨雷沙甘火车站的车厢中。整个 4 月勘探组都在工作。委员会成员每天都乘飞机前往预选训练场，勘察地形特点，判断是否适合修建道路和其他设施。之后，再开车进行实地考察，确定土地特性。

哈萨克斯坦的别特帕克达拉沙漠位于巴尔哈什湖以西，占地约 $75000km^2$。委员会建议，将训练场和弹道导弹坠落区划定在沙漠的东部和中部边线，即哈萨克斯坦现今的卡拉干达和詹布拉地区，训练场中心和主要设施部署在距离萨雷沙甘火车站不远的湖西岸。委员会注意到，根据卡尔萨克帕伊气象站的数据，一年内，这一沙漠地区无风天气 73 天，晴天 253 天，年降水量为 100～200mm，冬季冻土深度为 2m。地形为沙漠石质高原，海拔 400～500m，有浅沟、龟裂地和盐碱地。这里生活着各种各样的动物，有蛇、狼、沙狐、赛加羚羊、海鹰、蝎子、避日虫等。巴尔哈什湖的西南部是淡水，水矿化度高，但可以饮用并满足技术需要。

第 2 个勘探组来到阿拉尔地区。阿拉尔斯克训练场已经被开发了：这里部署了技术设施，也有部队驻扎，可以接收从卡普斯京亚尔发射过来的 R-5 弹道导弹的弹头。因此，委员会很多成员认为这里更好。

这 2 个方案都报给了国防部第 4 总局局长帕维尔·尼古拉耶维奇·库列绍夫和防空部队总司令谢尔盖·谢苗诺维奇·比留左夫。富有远见的苏联元帅谢尔盖·谢苗诺维奇·比留左夫建议选择巴尔哈什并立即动工建造。他作出这一决定的动机是，新研制的国产弹道导弹的射程正在增加，很快就不会沿着阿拉尔发射导弹了，那里距离卡普斯京亚尔太近。

1956 年 4 月 1 日，苏联决定建造一个试验场，即后来的国家第 10 科学研究试验场。长期以来，它一直是国家的秘密设施之一，直到 1972 年在《反导条约》中它才首次获得公开名称——萨雷沙甘训练场。考虑到该训练场的名称在其整个历史过程中一直在变化，因此，此处和以下均引用其最常用的名称——巴尔哈什训练场。

第一批建造的是第 2 和第 4V 号平台。从萨雷沙甘站到 RE 雷达站第 2 平台的所有货物均由汽车运输队运送。到达路线中点（未来的第 6 平台）后，车队会向第 2 平台发出无线电，以便用牵引车迎接车队，因为只有用牵引车才能完成低地最后 40km 的路程。路程往返、装卸货物用时 5 天。

第 4V 号（临时）平台用于建造居住小镇的临时建筑。很快，在附近开始建造普里奥泽尔斯克镇。施工期限很紧。建筑工人们如果不能想出什么办法，他们一定会遭殃，于是想到：此处土壤是多岩石，坚固耐用，我们可以在没有地基的情况下建造房屋。许多专家表示反对，但没有人听取他们的意见。在极短的时间内，普里奥泽尔斯克的几个街区已经建成。不久后，苏联军队林荫大街上的房屋都崩裂了。居民被迫迁出，城市的一部分变成了无人区。一切不得不重新开始。

1956年4月，我们建造完成了库尔干地区的一处国防部大型设施，心情很好，认为很快我就可以把这个项目交付，然后全家人去度假。不久后，所有的计划都被打乱了，我却什么都做不了。我被紧急召回莫斯科，去见工程部队元帅米哈伊尔·彼得罗维奇·沃罗比约夫。我只能坐上火车，开始赶路。

我心里很忐忑。前不久我接到消息说，关于我的投诉信直接到了国防部长格奥尔吉·康斯坦丁诺维奇·朱可夫那里。事情是这样的。库尔干项目开始前，按照惯例，我被警告：按期交付，就会得到奖励，一旦拖延，就会被开除党籍，撤职，移交法庭。时间是很残酷的，我一直在拼命"追赶"。很快就有"投诉信"了："古边科毫不体谅人，对我们表现出非人的态度。"幸运的是，项目按计划进行。因为没有人关注投诉，一切都还顺利。但我也是后来才知道这些的，当时还什么都不知道。

刚进到莫斯科火车站的站台，就听到喇叭里播音员的声音："古边科同志！请立即到无线电室！"

我和随行人员直接见了沃罗比约夫元帅。米哈伊尔·彼得罗维奇毫不含糊地说："我交给你一项新的任务。你去哈萨克斯坦，在那里开始建造一个反导防御训练场。第2平台要在1957年2月交付，否则，有你受的！就是这样。"

就这样！至于什么是反导防御训练场，元帅什么也没有说。想搞清楚，可是，没有人知道。一位同事冷笑道："你算陷进去了。我们在秋拉塔姆待了已经一年多时间，一点希望都看不到。看来，你就更糟糕了，什么是反导防御，连个概念都没有。"

最后，他们建议："到列宁格勒公路和沃罗科拉姆公路的岔路口去，那里有家设计局。在那儿你会见到基苏尼科，他会告诉你的。"

谢天谢地！我去到了那里，走进神秘系统总设计师的办公室。他热情地迎接我。坐到椅子上，我们开始谈话。突然，我听到："整个方案，亚历山大·阿列克谢耶维奇，直到今天，我自己都还没有。让我们暂时只建第2平台吧。以后我把一切信息都提供给您。"

就这样，你去吧，暂时我也不知道去哪儿，你建吧，我也不知道建什么。

没什么可做的。我回到工程部队总司令那里。他们说："我们把最具战斗力的第 32 工程管理局划配给你。去敖德萨吧。将他们重新部署到哈萨克斯坦。其他一切都会有的。"

我来到敖德萨。迎接我的是伟大卫国战争期间的老熟人阿纳托利·米哈伊洛维奇·沙波瓦尔。

"工程管理局有 350 名雇佣职员。一听说沙漠的事，所有人都提交了离职申请。我对他们无能为力。而军官们每天都给我看医生证明，说因为健康原因不能去哈萨克斯坦。我们该怎么办？"

我问道："托利亚（译注：指阿纳托利·米哈伊洛维奇·沙波瓦尔），我们一起在前线待过，你会去吗？"

他沉默了。

"托利亚，跟我去吧，哪怕半年。之后我就会轻松点了。"

他同意了。整个工程管理局跟我在一起的还剩下 11 名军官和 1 名雇佣护士卡佳。他们还要求 3 个月后放了他们。

7 月 13 日 13 点，我们 13 名首批建设者到达了萨雷沙甘小站，找到了睡梦中的村苏维埃主任。我们并没有说来此地的真实目的，只是简要说了一下建设计划。听完我的话，他目瞪口呆地问道："你们莫斯科有哪怕一个聪明的人吗？"

"怎么讲？"

"即便是哈萨克人也不在那里生活，到处都是跳鼠。哎呀呀。"

听了这番话，我浑身起了鸡皮疙瘩，心想："真的，我们怎么会在这里生活？"查看了下车站，恐惧加剧了：单线轨道，没有备用路线，越想越害怕。不久后，我收到一封电报："接待莫斯科汽车制造厂的车队，200 辆汽车。"就这些。可是在哪里卸车呢？

不久，电报从四面八方传来："迎接车队……迎接车队……迎接车队……"在此之前，我做过很多项目，其中包括很多大型项目。但是没见过这样的事。好像整个国家都在给我们送汽车、拖拉机、设备、物资……

列车一批接一批。我意识到，如果我不想出点什么，灾难就会降临。我决定把装备和赶来的士兵用起来，把铁路路基上所有的备用铁轨"拉下来"，建造一条旁路，以便车辆卸载。

动用备用铁轨是坚决禁止的。得知我的独断专行后，铁路工人向检察院提起控诉。事情传到了阿拉木图。从那里来了一位检察官，决定将我"带走"，我向国防部报告了。国防部给谁打了电话，检察官一下子就安静下来，回家去了。

3个月内，约有5 000辆不同品牌的汽车抵达试验场。问题又出现了：去哪里找这么多司机？好在莫斯科那边也猜到了这一点，不久全国各地的军事委员会就向我们派来了来自全苏支援陆海空志愿协会汽车学校的数百名学员。

然而，这些司机没有经验，更不用说在如此困难的条件下工作了。很快我就被各种报告淹没了：一天之内出了多达一百起汽车运输事故。整个试验场没有一个修理厂。要带他们去哪儿呢？周围全是沙漠。

为此，我决定紧急建造一个汽车修理厂和一所学校，对到来的司机进行再培训。但一切都需要时间。施工期限很紧张。不是所有人都理解我的想法。他们问：人给你了，交通工具给你了，为什么还耽误时间？在电话里我根本无法跟他们解释什么是沙漠。

我下令建造一个修理厂和汽车学校，这并不在预先计划里。我来承担责任。修理厂和学校建造得很快，但再次出现了问题：去哪里找教员、设备和工具呢？

根据计划，首先建造的是2号平台，距离这里250km。它用来干嘛？谁也不知道。只知道，那边很早就投入了一批地质学家。他们为我派了一架U-2飞机，我请副手飞往未来的建筑地点。

他回来时浑身是灰尘，眼睛闪闪发光。他毫不迟疑地说："啊……这简直就是个坟墓！周围全是沙子！地质学家说找不到水！我会逃跑的！"

我问他："你怎么会逃走呢？"

他回答："逃走就完事了！"

好不容易才让他安静下来。我们组建了第一支考察队，任命格里高利·阿列克谢耶维奇·梅特连科为车队主任，阿尔卡季·德米特里耶维奇·扎多林为2号平台施工主任，我向他们宣读了任务，提供了一切必需品，给了水、食物、坦克拖车、推土机，然后把他们赶走了。

他们走了七天。地质学家在距场地40km处找到了水，钻了一口小井。饮用水有了，但从哪里取水供应建筑工地呢？很快，地质学家们修了好几口井，但是这里的水质很差，不适用于混凝土。他们找来工匠看怎么解决这个问题，很快混凝土的问题解决了，但需要很多建筑用水，所以我们又组建了取水队，他们每小时从这些井里取3桶水，运至工地。

刚解决了水的问题，面包没有了。有面粉，但没有炉子。我下令：把面粉撒在汤里煮，你们就有汤加面包了。就这样熬了好几个月，炉子才砌好。

到 1957 年，我有了 75 个建筑队。2 月，按照计划，完成了 2 号平台的建设。

我们用了两天给格里高利·瓦西里耶维奇·基苏尼科盖了个简陋的小屋。他很快就飞过来了。安顿在小屋后，他立即就着手雷达的事情了。了解情况后，他明白，问题太多了，雷达技术设备的安装期限可能要推迟。他给军事工业委员会的负责人打了电话，要求催促一下延迟交货的工厂。仅仅几天之后，他问我，能不能在 4 号平台（未来的普里奥泽尔斯克镇）给他建一个小房子，因为他要经常在这个训练场待很久。我很高兴，总设计师总是以事为先，总是在解决了主要问题之后，才会想到自己。我同意了，并下令建一座好房子。

房子建在半岛上，差不多是位于未来的普里奥泽尔斯克城的正中心。很快房子就建成了。然后，其他的总设计师和主任设计师都开始要求，甚至命令我也为他们建造这样的房子，就像基苏尼科的房子一样。我说，没有资金。然后 S. A. 拉沃奇金、A. A. 拉斯普列京、P. D. 格鲁申和 A. I. 米高扬的企业开始给我拨款建房。

怎么办？要知道我们是要建造训练场，而不是建造住宅。我找到国防部，那里一团混乱：一会儿让建，一会儿不让，然后又允许建，之后又不允许……

为了在力所能及的范围内帮我，基苏尼科为训练场求得 9 部无线电台。电台都运来并安装好了，但毫无用处，因为没有一部无线电台能够运到试验平台。我垂头丧气地说："格里利·瓦西里耶维奇，平台都分布在很远的地方，没有路。在这种条件下施工是很困难的。"基苏尼科沉思了一会儿，然后说："我理解您，他们给我安排了一架 U-2 型飞机，我自负全责，允许您每天使用两个小时"。

有飞机是件好事，但两个小时有点紧迫，但我别无选择。我们决定在飞机帮助下采用以下最原始的施工工艺。建筑工地调度员早上五点乘飞机飞到训练场上空，上升至天气允许能够看到整个或大部分平台的高度。上方有柱状尘土的平台在运转，上方一点尘土也没有的平台没有运行。也就是说，对于它们的管理，必须采取紧急行动。

不久后，根据 RE 雷达发射了第 1 枚导弹。格里高利·瓦西里耶维奇进行了测量，然后坐下来计算，想了想，然后带着非常满意的神情走向我："现在我知道了。我们能做出系统！"

我不明白他得知了什么，打算做什么，但是从他的话语和神情中产生了一种不可动摇的信心，我立即被其所感染，并高兴地确认："当然！我们能做成，格里高利·瓦西里耶维奇！"

在那个美丽的夏夜,我们在他的小屋里待了很久,交谈了很多,喝了很多,如果我没有记错的话,喝了不止一瓶伏特加。我终于了解了什么是反导防御系统,以及它对国家的意义。在我看来,生活是奇妙的,充满了宏伟的计划,而总设计师的魔力使我毫不怀疑这些计划一定会实现。

到1957年中期,已经有11万人在训练场工作,有建筑工人,有工业代表等。沙漠的各个平台上已经建造了很多设施。院士们、总设计师和主任设计师们已经开始来我们这里参观。索苏尔尼科夫的雷达站也建起来了。明茨犹豫了很久,要不要建自己的雷达站,但最终下定了决心。第8平台分给了他们研究所。基苏尼科不想听到关于明茨雷达站的情况,在整个试验过程中只采用了索苏尔尼科夫的数据。

很快,反弹道导弹运来了并开始发射。我非常想近距离看一下这些东西,但制度非常严格,而我又不想去麻烦问题缠身的格里高利·瓦西里耶维奇。我向训练场司令斯捷潘·德米特里耶维奇·多罗霍夫提出了参观的请求,他欣然同意了。

普里奥泽尔斯克反导城入口

发射阵地用铁丝网围住了。但是我知道哪里有洞,而斯捷潘·德米特里耶维奇也知道下一次发射的时间。我们小心翼翼地钻过洞,在小丘上勉强坐下。导弹发射,然后脱离发射器,朝天上飞去。突然导弹摇摆起来,开始下坠。已经有经验的多罗霍夫立即反应过来:"快跑!"

第 40 平台，巴尔哈什训练场科研试验指挥大楼

他飞快地冲向篱笆。我跟在他后面。我们很快地钻过"铁丝网"。身后是震耳欲聋的爆炸声。谢天谢地，我们没有受伤。回过神来，我们发现制服撕破了。这是什么参观啊！

斯捷潘·德米特里耶维奇·多罗霍夫是 1956 年 8 月来的训练场。他身体健壮，中等身材，银白的头发，灰白的眉毛，黑色的眼睛。他有经常眨眼的习惯，特别是在决定重要问题的时候。他年龄比我略微小一点，衣着整齐，性情友善，不记仇，但在需要的时候能够挺身而出，牢记肩负的国家责任。

他是一个人来的，没带妻子。和他一起的有十几个士兵和军官。不久后他要求为自己建一个指挥部。我回答他说，我作为建设主任，也没有指挥部——他在我这里过着漂泊的生活。因为根据国防部长的命令，除了 2 号平台外，不能建造任何设施。

多罗霍夫不再坚持。但是很快他的主任工程师 M. I. 特罗菲姆丘克来了。特罗菲姆丘克与训练场司令的性格不同。我们为设计人员建造了必需的营房，特罗菲姆丘克将目光放在了它上面，但是在多罗霍夫在场的情况下他并没有表现出积极性。有一天，多罗霍夫出差了，特罗菲姆丘克立即签署命令将这个营房交给他。我知道上级的要求，拒绝执行命令，但我也知道主任工程师的性格，就立即向营房派去了警卫，直至设计人员进来。

似乎，我预想对了。特罗菲姆丘克带着他的卫兵来争夺营房了。看到他的士兵后，英勇的建筑工人没有逃跑，他们过来向我报告了这件事情。我向他们转达了军事命令："必要时可以使用武器"。在下达命令时，特罗菲姆丘克和卫兵已经接近营房，但是我的斯大林格勒近卫军们没有退缩，坚守着不幸的SP-2活动板房。

多罗霍夫回来了，一切都平静了下来。设计人员进入营房。特罗菲姆丘克想了一会儿，走到我跟前，说："你的人不是士兵，而是土匪。"

我以适当的方式回答了他，冲突结束了。

1958年，灾难降临到训练场。医生跟我说是痢疾。病人数量急剧增加，很快就有1.5万建筑工人因这种病倒下了。军医院只能容纳一千人。怎么办？

我不断给莫斯科的各个部门打电话。直到现在我都无法忘记，一位官员如何语气平静地告知我："煮好茶，只给他们喝茶"。

让他滚开之后，我扔下电话。我将部分病人安置在了地质勘探人员留下的板棚里。最后，从莫斯科来了位聪明的医生，听完我的话后，说："除了你们自己，谁也帮不了你们。找一些碳酸饱和器。要很多碳酸饱和器……给他们喝苏打汽水。"

我给苏联后勤部长伊万·赫里斯托福罗维奇·巴格拉米杨元帅打了电话："请寄来饱和器。"巴格拉米杨说："你们应该在去年年底就提交申请。我现在到哪儿给你弄去？给突厥斯坦军区打电话吧，或许他们能帮忙。"

突厥斯坦军区得知我这里有1.5万病人后，愣住了，说他们投入全部的力量也不足以帮助我。我平静下来，理清了一下思绪，决定将指挥员召集起来，向每个人布置任务，挑选几个机灵的士兵，我给每个士兵放10天假和一些零钱。让他们去想去的地方，但10天后每个人都得带着饱和器回来。

机灵人很快就找到了。我给他们发了钱并给他们放假，可以在整个国家活动。很快，士兵们回来了，给我带来了一堆饱和器。他们从哪里找来的，我在兴头上并没有问。但欢乐来得过早，很快出现了一个新问题：去哪里找装气的罐呢？

我找到了一家葡萄酒酿造厂。工厂经理一下子就猜到了所有的事情："汽水我这里是足够的，我给您。为此，您给我500吨水泥。"

外售水泥是不允许的。但是我已经不怕任何的检察官了，就把要求的水泥给了经理。经理将汽水用罐装好，我们启动饱和器。两个星期后，大约一万名士兵康复了。

通信问题仍然是一个令人关切的问题，没有通信，在这种地方是不行的。

我已经受了很多次折磨：运送官兵和装备的车队走了，他们到达了没有，我并不知道。关于通信的问题，我已经跟管理总局报过很多次，建议他们向国防部长汇报，通过他找到通信部队。但总局的工作人员不敢去找部长。而至于那些被要求驻扎在沙漠中的建筑工地上的卫戍军，谁也不愿去想。

我请订购方接通有线通信，但他们毫不在意。当订购方代表出现在项目上时，他们为自己搞到了无线电台。我们想，要是我们现在有通信，日子也不会这样。9部电台应该同时运行，但设备很老旧，经常不是这台就是那一台失灵，还是无法通信。在此之后，订购方才同意铺设有线通信。

巴尔哈什的冬天非常寒冷艰苦，而沙漠中的深冬更加可怕。如果在路上的某个地方走失，要是还是在夜里，那么死的可能不止一个人，而是整支部队。我曾经驾车从一个偏远的试验平台出发，从这个平台到普里奥泽尔斯克有100多km。路上寒冷彻骨，我累得筋疲力尽。路过第22个试验平台时，我想：不管累不累，我都应该过去看看那里的人们。幸运的是，这个平台离我们只有半公里远。

我驶近一看：天啊，太可怕了！一个500人的营正在焚烧运来的营房。大家都围着篝火取暖，他们不明白，他们在午夜前就把住的营房烧掉了，之后可能会冻死的。发生什么事了？同志们来了，卸了货。他们应该趁天还没黑时把营房收拾好，但没来得及。严寒的冬天，在没有容身之处的沙漠，死亡是肯定的。营长惊慌失措，士兵们不再听从指挥。我的疲惫一下消失了，竭尽全力大喊："起立！"

所有人都站起来了。我看着那些距离篝火远一些的人：他们颤抖着，冻得牙齿打颤。我下令将营房剩下的预制板从篝火上收走，拿起铁锹，走过去准备铲燃料。沙漠中的燃料用的是一种30cm高的梭梭树。这种燃料易得，直接用工兵锹从地上挖出来就可以了。半小时后，四周的柴火就堆成小山似的了。我命令年纪大的到篝火旁，其余人到营房集合。冻僵的人在篝火旁休息了15分钟，然后就去工作。

所有人都跑起来了。我得知同志们从早上起来就什么都没吃后，下令将雪水烧开做饭，把一天的食物放入锅中。晚饭后，大家开心了很多。大家说起了俏皮话。快到早上的时候，营房收拾好了，但是大家已经累到极点。我下令让他们再次吃点东西，然后休息。营长走向我，请求我和他们一起待到早上。怎么办？我留下了，早上才离开。

规模空前的反导防御训练场及其分布在沙漠各处的设施已经在全面建设。或许，正是在那时格里高利·瓦西里耶维奇心里想出了这些诗句："我们使荒野便于居住/穿过重重障碍走向目的地/忧心忡忡，但决不抱怨/在那个年代最重要的是牢记使命。

3.6 巴尔哈什训练场及其测试者

叶甫根尼·瓦西里耶维奇·加夫里林

1956年7月30日，根据总参谋部的指令，开始组建03080部队。这一天被认为是训练场的生日，同天，炮兵少将斯捷潘·德米特里耶维奇·多罗霍夫被任命为训练场司令。阿列克谢·伊万诺维奇·伊萨耶夫被任命为参谋长，负责科研试验工作的副司令是米哈伊尔·伊格纳季耶维奇·特罗菲姆丘克上校。

多罗霍夫将军于8月27日抵达训练场后就立即着手组建部队和司令部。9月30日，从莫斯科州的库宾卡火车站（这里建立了未来训练场各部汇集点）向目的地发出了首批货物和人员专列。12月，训练场参谋部组建完成。

我认为，我们在"A"系统基础上组建了新式试验工程师学校。等过一段时间后，分析事件和系统测试大型专家团队的工作时，你就会明白，不论是我们——试验场的军官们，还是设备研发人员，除了走过的路，没有其他路可走。

当时，解决问题的水平是超越现实的。在此之前，不论是探测弹道导弹和拦截弹的任务，还是引导反弹道导弹射向弹道导弹的难题，都没有解决。此外，我们首次进行了远距离探测跟踪人造地球卫星及复杂分离目标要素、在人造目标中识别弹头的尝试。

当时研发人员和试验军官的储备库中有什么呢？真空管控制计算机。精确制导雷达上运用了大功率磁控管传感器，其寿命是……10个小时。

接收装置、处理和控制设备采用半导体单元形式，当时的半导体设备代表着什么？他们从莫斯科向1号平台寄来一个箱子，里面装着100个P-402型三极管。我们开始对其进行检查测试。如果能从100件中选出两三件符合要求的，就已经很不错了。根据目前的概念，系统中没有一个部件是可靠的！为了进行拦截弹道目标的实验，必须将3个精确制导雷达、1个远程探测站、1个装有反弹道导弹瞄准雷达和指令传输站的发射阵地、一个反弹道导弹和一个指挥计算中心组成一个系统。所有这些元素都通过无线电中继线路连接起来，并由作战程序控制在自动状态下运行。

我回想当时的情况,试图回答这样一个问题:我们是如何成功的?我得出结论:只有充满热爱、专业素养高、忠诚的专业人士才能做到这些。与此同时,一个新的职业——军事试验工程师产生了。他们是拥有无比的耐心、忍耐力,能够迅速分析形势并做出唯一正确决定的人。军事试验工程师的精英们正是在哈萨克斯坦的沙漠中出现的。

这是那些年的一个片段。当时我们正在为 V-1000 反弹道导弹对现实弹道目标的下一次发射做准备。根据 X 计划,要对分散在巴尔哈什周边的整套系统设备的联合运行情况进行检查。突然,在 15 分钟准备期间,我们 1 号平台传感器的调制器发生了故障。我们要延迟 5 分钟,试图检查并启动调制器。但没有用。防御被破坏,准备链没有形成。

高频机响了。我听到工作负责人彼得·克利门季耶维奇·格里察克激动而沮丧的声音:"加夫里林,发生了什么事?还要不要工作?导弹加好油了,现在要么发射,要么拆下导弹并排放燃料!"

我请求道:"彼得·克利门季耶维奇,请再给我 5 分钟。"

回答:"多 1 分钟也不行!"

我跑到传感室,看到:调制器的门完全敞开着,维克多·维克托罗维奇·格罗舍夫手里拿着一根电介质硬木棍,试图通过用棍棒轻敲击的方式"消除"调制器故障。我问:"我们要怎么办?"

作为回应,他用不动声色、平静的语气说道:"什么做什么?工作!"

我说不出话来,但过了一会儿,我清醒过来,大喊:"你这里都大敞开着,里面差点着起火来,怎么工作!"

他还是用不为所动地语气回答:"一切都会好起来的,门锁上了,火也会熄灭。去报告吧,就说我们已经准备好了。"

我冲向高频机。彼得·克利门季耶维奇已经打过来了:"怎么样?"

我回答说:"准备就绪!"

我感觉到格里察克有点犹豫,我补充说:"彼得·克利门季耶维奇,请宣布 5 分钟准备。一切都会正常的。"

而我心里其实也心乱如麻。宣布了倒数 5 分钟准备,然后是 1 分钟准备,最后发出了"发射!"的命令。接下来的作战流程:我们探测并跟踪弹道目标(也就是说,传感器运行正常!),然后探测跟踪已经发射了的反弹道导弹,跟踪两个信号直至弹着点。作战过程结束。工作顺利,我们完成了任务。

我走向传送装置室。迎面走来的是维克多·维克托罗维奇:"一切正常,但是你害怕了！只是放了一个烟雾弹。"

我看着我的朋友，心里既高兴，又悲伤。高兴的是，站在我面前的是一位专家，一级试验员。悲伤的是，这位能手在防护门打开的传感器上"施了魔法"，从门里发出强烈的 X 光。当然，这对他的健康无益。

这种情况并非个例。这是保障测试的常规做法。只是得益于研发人员和军事试验工程师们的不懈努力，"A"系统才通过测试，并取得特别的成绩。

1964 年 12 月，距离我们 1 号试验平台约 130 公里的普里奥泽尔斯克市配备了一辆 AP-4 公共汽车。公共汽车上有 10 男 2 女。他们早上六点半动身，正常情况下两个半小时后到达目的地。他们解决完所有问题后就开始返程。天上下起了暴风雪。两个小时后，他们抵达了第 86 公里的十字路口，在那里他们必须从水泥路开到刚推平的路上。

接下来是一场噩梦：47km 的路程耗费了十个小时。在这段时间里，我们 10 位男士推着汽车走。我们"推着"公共汽车，最终在夜里四点钟筋疲力尽地到达了目的地。而早上八时三十分我们又重新整队并为下一阶段的测试做准备。

很难记住所有专家。尽管如此，还是想提一下为 RTN-1 精确制导雷达工作的一些人：弗拉基米尔·戈尔杰耶夫、奥列格·季霍米罗夫、叶甫根尼·扎代科、拉夫·奥巴基罗夫、克多·特鲁欣、阿尔伯特·库利克、维克多·格罗舍夫、加里·阿尼西莫夫、弗拉基米尔·罗曼诺夫斯基、弗拉季连·西多尔丘克，还有很多很多人。

U.K. 楚科夫所画的"RTN-2 精确制导雷达"

一代杰出的军事测试员在训练场成长起来。他们是复杂自动化系统测试人员和研究人员的典范。我仅列举几个：奥布·谢尔盖耶维奇·沙拉克沙耐，彼得·克利门季耶维奇·格里察克，列昂尼德·阿纳托利耶维奇·别洛泽尔斯基，爱德华·瓦连京诺维奇·孔达科夫，弗拉基米尔·亚历山德罗维奇·佩尔菲利耶夫，尤里·加夫里洛维奇·叶罗欣，根纳季·谢尔盖耶维奇·巴特尔……

已经从巴尔哈什试验场毕业的和今天仍在那里工作的军官们都应得到最崇高的敬意和赞赏。他们对国家防御能力的贡献尚未得到充分认可。在酷暑和严寒中，他们开发出最复杂的技术，并进行了试验。

U. K. 楚科夫回忆录摘选

在我来训练场之前，2 号平台的板棚中已经装配了一台试验性 RE 雷达借助这台雷达，我们验证了探测和跟踪飞行中的弹道导弹的可能性。在 RTN-2 雷达试验前，我们要完成技术大楼的建设，安装、调配好设备。

约有 2000 名军事建筑工人参与了建设，施工进度很快。在将大楼交付订购方后，验收委员会发现了约 60 处缺陷，因此工人们又花了一个月时间整改。此后，新的委员会又发现了 110 处缺陷。他们把这些问题都整改了。很快，KT-50 电影经纬仪、"望远镜-M"雷达站和时统设备在平台上开始投入使用。

在这里我们也住在板棚里，两人一间。房间内有两张床，床之间放了一张小桌子和两把椅子，这就是房间的全部陈设。当风吹进我们的窗户，凌晨杯子里的水结冰，我们会说："祖什曼"，如果水没有结冰，就会说："塔什干"。睡觉时，我们会盖上被子、军大衣和短皮大衣。但是平台上的物资和保障设施整体上还是很紧张。

我们的上级敢把中尉放到中校职务上，所以我就成为了 RTN 雷达站动力跟踪驱动装置和天线馈线设备组的组长。

我们获得了大量的设备：RA-10 和 RS-11 天线、波导管、大功率电机放大器、电子部件、数字化设备、仿真设备、驱动控制台、电气设备。在战斗工作中，多吨位的天线必须以每秒 20°的速度旋转，与此同时，角度误差不得超过几度每分钟。

这种严格的要求是在非常困难的情况下完成的，而且不是立即完成——稳定和放大电路是在雷达站移交过程中完成的。

RTN 精确制导雷达以及"A"系统其他设备投入使用后，我们开始对目标跟踪和制导反弹道导弹目标的方案进行了实地测试。工作周期为两天。那两天，我们睡觉都是利用零碎时间在柜子后面的箱子上睡的。

有一次，在寒冷的一月的一个凌晨，我们结束了对弹道导弹的一次跟踪监测。我们的 RTN 精确制导雷达工作很顺利。我们进行了校准，并对结果进行分析。按照既定程序，报告如下：

"设备运行正常……记录材料有效……"

轮到我在罗斯托夫时的同窗 KT-50 电影经纬仪主任根纳季·久林斯基中尉做报告了。报告最后，他说：

"目标在预计时间被发现，跟踪稳定，记录材料不适合处理！"

部队指挥员皮萨列夫吃惊地扬起眉毛："为什么？"

"胶片上角度基准点看不清楚。"

"为什么？"

"测角器上的酒精冻住了！"

一秒钟的混乱后，爆发了一阵笑声。安静下来后，皮萨列夫清楚地说："久林斯基中尉！我要斥责你对下属行为的监督不够。"

我发现并排除了许多故障。有 3 个案例永远地刻入了记忆中。我要特别谈谈它们。设备有时会使我们陷入僵局，我们经常需要在时间紧迫的情况下解决这些问题。说到排除故障的专业人员的思维和行动，有一个人类在极端情况下行动的有趣例子。

击中弹道导弹的又一次考核性试验的筹备工作正紧张开展。我们的设备和其他设施中又出现了许多故障。我们的 RTN-2 模拟程序出故障了。飞行中的弹道导弹的坐标是借助 3 个雷达站获取的 3 个射程计算出来的，其中任何一个雷达站在导弹跟踪期间发生故障都会导致 M-40 中央计算机无法建立导弹运动的精确轨迹。

尽管由于作战程序故障而不断进行了多次重启，但设备在检查时运行正常。最终，一切准备就绪。弹道导弹发射了，驱动装置启动，天线展开至预定点。从扬声器中我们听到了期待已久的消息："发现目标了！……自动跟踪目标。"

几秒钟后：

"九号（这是我的呼号）！天线无法在第 1 轴上进行目标指示！"

你瞧瞧！在我的仪器柜里第 1 轴的角度指示器已经测量到位，其他参数正常。我全速飞奔到地下室，那里放置着电动助推器及其装有磁力起动器的电源柜。其中一个柜子冒着烟和火花。400kW 的电动助推器没有转动。真该死！电磁启动器的线圈烧掉了！

我盘算了一下：要换下它需要大约 10 分钟时间，而导弹已经在飞行了！怎么办？我环顾四周，像一只被囚禁的野兽，看见角落里有把拖布。脑子里有个念头闪过：如果用拖布把接触器接通会怎样？我卸下接触器外壳，抓起拖布，把三个相位压在接线柱上。一束火花向四周飞去。我闭上眼睛，全力按住。电动助推器的马达转响了——也就是说，天线应该旋转了。脑子里只有一个想法："来得及吗？"

大约过了 3 分钟，一切都结束了。根据指令，我断开第 2 轴的接触器，放下拖布。我用梳子梳了梳头发，然后去备件中找磁力起动器的备用线圈。

在这次导弹发射中，我们击中了弹道导弹的弹头。这次导弹发射被认为是成功的。让人惊讶的是，一把简单的拖布帮助节省了一枚弹道导弹。后来，在研究了记录材料后，我发现，如果迟到 12 秒，拖布也无济于事了。导弹飞得非常快！

故障总是突然发生。系统完好地工作，你会感到很舒服，而突然，什么东西开始出现问题。如果对指示器的外部检查没有产生任何结果，则应仔细嗅探（字面意思）电子组件。烧着的部件常常会发出一股味道。如果什么味道都没有，那就不应该嗅了，而是应该思考……首先，我联系管理人员："一号！九号请求延迟 10 分钟。驱动系统出现了故障。"

同意延迟。幸好我们在这期间完成了修复！哦，并不总是能够完成！转入就地控制后，我开始检查各种模式下的驱动器，试图确定故障原因。啊哈！似乎，天线上的一个继电器不运转了。按惯例，我找到仪器柜铺设接线柱的编号。检查显示 12V 电压进入了需要的接线柱。这意味着，应该检查继电器之前的整个电路。天线活动部分的安装通过 3 个电缆箱进行。我和技术人员们找到接线柱在箱中的编号，取下电路、电表，然后爬到天线上。技术人员对电缆进行试线：从第 1 个电箱端口至第 2 个电箱端口，响了，从第 2 个至第 3 个，响了，从第 3 个至继电器管脚，响了。非常好！从第 1 个电箱端口至继电器管脚，不响。你瞧瞧！欧姆定律如何？

我们再检查一遍：有响声，有响声，有响声，没有响声！这是什么鬼名堂？我感觉自己像个白痴。技术人员的脸上流露出茫然的表情和愚蠢的痴笑。我开始自己检查。仔细检查了所有的设备。原来，由于天线震动，接线柱的加固螺帽松了。接线柱弹起，导致接触不良。

当检测仪的探头贴在上面时，接触产生联通，就响了。当探头拿开，接触就断了。这种故障只能通过非常轻微的触探检测到。把接线柱的螺帽拧上，一切就正常了。

"一号！九号将故障排除了。系统准备完毕！"

"九号！你们耽搁了 22 分钟！"

天哪，时间过得飞快。我们要相信科学：不要质疑欧姆定律！

我们2号平台的一个棚板由于没有内部隔板，就改为俱乐部了。每逢星期天，那里会放电影每周一次，不过大部分是旧的苏联录像带。政治副长吉洪诺夫中校依照命令开始组织业余文艺活动。他是个没有坏心思的男人，但文化水平一般。我受命主持业余音乐会，创作讽刺诗歌。有一天，我给吉洪诺夫带来了新年音乐会的节目单。安德烈·杰尼索夫中尉精通手风琴，我说服他表演一些经典的东西。

吉洪诺夫拿起节目单，读了起来。同意节目的时候就大喊："很好！整吧！"当看到下一个节目时，他突然说："《土耳其进行曲》，莫扎特，表演者安德烈·杰尼索夫……这不行！"

"为什么，中校同志？"

"您不知道，我们和土耳其的关系吗？"

"可这是莫扎特啊！"

"关我什么事！节目单中的《土耳其进行曲》！接下来是什么呢？拉赫玛尼诺夫的《意大利波利卡舞曲》……这个……《意大利波利卡舞曲》是可以的，这就留下吧。意大利共产党很强大……"

3.7　亚历山大·利沃维奇·明茨的核心方案和 CSO-P 中央探测站

V. A. 舒马科夫

在得到建设区域反导防御系统远程探测雷达站的许可后，亚历山大·利沃维奇·明茨决定在阿拉尔斯克训练场设计远程探测雷达站。与此同时，1956年12月开始着手研究名为莫斯科反导防御中心方案的新项目。领导层已经认识到建造反导防御系统的复杂性，同意其替代方案。

与基苏尼科一样，明茨决定将两种基本类型的雷达纳入系统：CSO-P（中央探测站，初步定为米波段）和 CSS-30（30cm 波段的中央跟踪站）。其区别在于基苏尼科建造的是分米波段和厘米波段雷达系统，而明茨研制的是米波段和分米波段雷达。项目的总指导是研究所副所长 M. M. 维斯本，两种雷达站的直接研发工作由 V. S. 克里宗负责。我是 CSO-P 天线的研发负责人，V. F. 潘捷列耶夫是 CSS-30 的主管设计师。

两米波段的 CSO-P 中央探测站是作为"多瑙河"雷达站的替代方案开发的，主要用于探测远程目标。CSS-30 分米波探测站是 RTN 厘米波段雷达站的替代方案，用于目标的精确探测和跟踪，计划装配直径 30m 的全回转式抛物反射镜。CSO-P 雷达应该部署在防御设施中心，并在搜索模式下运行，以实现对沿弹道移动的目标点的初步探测，根据坐标测量确定轨迹参数并使其更加准确。

事实证明，CSS-30 中央跟踪雷达的寿命很短。天线制造商仅制作了模型，并在无线电技术研究所和试验场进行了测试。1960 年，该雷达站的研发工作暂停。CSO-P 中央探测站更加幸运，尽管也很艰难。

为 CSO-P 雷达站选择的米波段，亚历山大·利沃维奇·明茨一直坚信是正确的。那些年以及后来，他不止一次听到对自己的批评：谁需要这些体积庞大的米波雷达站啊，这些雷达站的精确度和抗干扰能力都很低。最激烈的批评者是格里高利·瓦西里耶维奇·基苏尼科。每次逮到机会，他就是会提到，敌人在北极上空某个地方的一次核爆炸就会让明茨所有的雷达站失灵。亚历山大·利沃维奇·明茨总是反驳说，他的雷达站与分米波雷达站不同，相对便宜，可靠且操作简单。A. N. 史楚金院士通常会维护他。他将后来在 CSO-P 雷达站基础上建造的早期探测系统称为"金公鸡"。史楚金说："铁公鸡，喔喔叫，警告国王危险来自何方，而其他的就是技术问题了。"

我认为，亚历山大·利沃维奇·明茨的选择是有意识的，不是偶然的。作为一个似乎因犯错误和破坏行为而痛苦的人，他承担了一项几乎不可能完成的任务：创造新的事物，避免发生代价很高的错误。

米波段使雷达站能够在发射机功率相对较小的情况下探测到远距离的小目标。传感器已经在列宁格勒开发，亚历山大·利沃维奇·明茨雷达站系统笨重的天线并没有扰乱工作。分米波段有许多未知之处，亚历山大·利沃维奇看到，被迫使用大功率传感器的这些雷达站的建造者遇到了一系列严重的困难。

1956 年，我们研究所的工作人员大概有 400 人。雷达的研发工作是在"A"处由 M. M. 维斯本指导进行的。助推器是在"U"处由 S. M. 鲁布钦斯基领导研发的。在"A"部门，S-25 系统雷达信息处理设备的研发和应用工作已经完成，该团队正在从事 CSO-P 试验性雷达站的研发工作。

雷达站采用一根长 250m、高 15m 的大型双信道喇叭形接收和发射天线，通过 2 根天线对目标方位角进行频率扫描，对目标仰角进行相位测量。相位法能够保证垂直面上天线方向图宽度约为 20° 时的测量精度。

1959 年，苏联决定在巴尔哈什训练场建造试验模型。CSO-P 中央探测站的所有主要系统均已完成开发，包括大口径收发天线、大功率传感器、低噪声

反导防御系统所需的单镜面天线试验雷达站,阿拉尔斯克,1956年

CSO-P 雷达站,巴尔哈什训练场

接收机、相位法精密仰角测向系统、主控振荡器设备……天线设备、信号接收处理设备由无线电工程学院研发制造,大功率脉冲传感器由列宁格勒工厂研发制造,电子计算机由 M. A. 卡尔采夫负责研制。

　　缩小至1/40 的 CSO-P 的天线电路在研究所和 Klinu 训练场进行了测试。完整组装的模型在 S-25 系统莫斯科近郊的一处作战设施上进行测试了。1957—1958 年,在制造天线前,航空工业工厂的情况一切正常。赫鲁晓夫做出关于导弹时代航空业没有任何前景的著名声明后，很多工厂就没有订单了。因此，我们在赫鲁尼切夫工厂生产天线的订单很容易地得到了批准。1958—1959年，天线已经完成生产，并被送往巴尔哈什试验场。1959年底，开始在8号平台上安装天线。

在忍受了哈萨克斯坦的严寒和刺骨的冷风之后，到了1960年4月，由"特种钢结构"托拉斯的工厂安装人员和专业人员组成的小组完成了安装工作。这时，接收指示设备和传感器也已经安装好了。V. M. 卢普洛夫部门设计的天线由 V. N. 尼古拉耶夫主管设计师负责安装。CSO-P 雷达站的主管工程师是 V. M. 伊万佐夫。1960—1961年，在 V. S. 克里宗的领导下，完成了 CSO-P 雷达站的工厂测试。

1960年10月17日，CSO-P 首次探测到目标———架正在飞行的飞机。1961年9月，雷达站成功对从卡普斯京亚尔训练场发射的弹道导弹进行了探测跟踪。1961年12月，雷达的独立测试成功完成。在此之前，"多瑙河"-2 雷达站已经满怀信心地探测跟踪弹道目标，索苏尔尼科夫也已经开始了用于反导防御作战系统的"多瑙河"-3 雷达站的研发工作。与前一个项目一样，中心反导防御系统项目没能让订购方满意，被迫中止。但是，CSO-P 雷达站找到了不用的用途。研发人员基于 CSO-P 雷达站为导弹来袭预警系统和太空监视系统开发了"德涅斯特""德涅斯特-M"和"第聂伯"雷达。

3.8 单级方案

亚历山大·利沃维奇·明茨花了25年研究雷达站。1946年他的命运发生了一个非常大的转折：拉夫连季·巴甫洛维奇·贝利亚让他转为研究制造原子弹。1950年，又是一个转折：亚历山大·利沃维奇·明茨的试验室开始着手研发莫斯科防空系统。20世纪50年代中期，主要研发工作完成，英斯科防空系统进入试验阶段。在杜布纳建立了一个稳相加速器，新的大功率相位耦合器也建造完毕。亚历山大·利沃维奇·明茨的小试验室已经发展为大型研究所，此时面临着一个问题，即下一步该做什么。

战后十年，苏联成立了通信系统研发人员合作社。在核工业领域，亚历山大·利沃维奇·明茨只能扮演次要角色。在防空问题上，第1设计局和亚历山大·安德烈耶维奇·拉斯普列京占据首要地位。或许，正因如此，亚历山大·利沃维奇·明茨才执着地向订购方提出一个又一个反导防御计划。

到 1958 年初，"A"系统的工作远落后于预定计划，由于活动和投资规模非常大，以至于越来越多的官员对基苏尼科想法能否实现产生了质疑。与此同时，不愿深入了解问题核心的尼基塔·谢尔盖耶维奇·赫鲁晓夫和苏共中央委员会主席团催促各部部长们。在这种情况下，亚历山大·利沃维奇·明茨努力拿到了研发另一个即第 3 个反导防御系统方案的决议。这一种反导防御系统方案被称为单级方案。根据无线电工程学院的建议方案，该系统的主要部分应该是一个将弹道目标探测和跟踪任务结合起来的 CSO-S 中心探测跟踪站。

CSO-S 中央探测跟踪站是一个采用方位角振幅定位和仰角光谱测量法的 30cm 波段的脉冲站。信号的二次处理和工艺设备的控制是在总工程师卡尔采夫设计的 M-4 电子计算机上实现的。与该站的所有设备一样，计算机基于电子真空仪器设计，无法达到可接受的正常运行时间。因此，在 CSO-S 中心探测跟踪雷达站综合调试之初，对航天目标和弹道导弹进行探测跟踪时的二次处理和自动控制是在专门设备上实现的。

M-4 电子计算机无法接收更高频的 CSO-S 中央探测跟踪雷达站的信息，无法在不进行预处理的情况下进行必要的实时计算。1961 年 1 月，明茨和布鲁克批准了研发信息初步处理装置的技术任务，并将其作为第二套 M-4 电子计算机系统的一部分，代码 M-4M。10 月，文件由卡尔采夫编制完成并提交给扎戈尔斯克电气机械厂。

订购方没有接收 CSO-S 中央探测雷达站。1960 年，工作暂停。1963 年，由于无线术工程学院参与到了弗拉基米尔·尼古拉耶维奇·切洛梅的"塔兰"项目中，CSO-S 中央探测跟踪雷达站项目得以重新启动。

"需要多少人？"

集体作者

1957 年 10 月 13 日 8:10，从临时发射阵地首次发射了 V-1000 反弹道导弹的全尺寸模型。导弹还没有标准加速器，用一个重量模拟器代替 2 级火箭。试验的主要目的是检查反弹道导弹与发射装置分离的情况、助推器与 2 级火箭分离的情况以及弹载设备的运行情况。

装备 4 个 PRD-18 型助推发动机组合体和 2 级重量模拟器的反弹道导弹于 1958 年 10 月 16 日完成首次发射。根据目击者表述，技术阵地的装配产品以 5km/h 的速度沿着难以通行的道路被运至 6 号平台的发射阵地。在这条路上花费了一天的时间。

发射前的 V-1000 反弹道导弹

发射引起了轰动。在 78°发射角下,反弹道导弹几乎是垂直地飞向天空。轰鸣声先是静下来,然后又开始增强,给人的印象像是反弹道导弹直接落到了发射阵地。许多观看发射的人急忙进入掩体,进入安全区域。但在远处的某个地方,我们听到了撞击地面的声音,这意味着危险已经过去了。

1959 年秋天,在对伊萨耶夫和卡尔图科夫发动机发射装置进行调试后,开始进入 V-1000 全套设备自动操纵试验阶段。部分发射是失败的。有几枚反弹道导弹由于第 1 级火箭分离时出现的未知情况而丢失。第 2 级火箭在此时完成了计划外机动,以大进攻角度射出并毁坏。

彼得·德米特里耶维奇·格鲁申的第 1 个推测是:炸药燃烧后的残留物对分离的加速器外壳产生了额外的冲力,导致外壳撞击第 2 级火箭并使其变形。因此,设计人员对加速器喷嘴进行了改造。但是对遥测记录进一步仔细分析发现,真正的原因出在第 2 级火箭的舵面定位器上。这个定位装置被安装在了过渡舱,舱体分离时该装置将舵面卡在了偏离位置,引起舵面剧烈旋转和第 2 级火箭的大进攻角度射出。在改变了舵面固定方式后,这一故障得以消除。

自动操纵阶段的后续一系列发射完成得非常好,1960 年 5 月,V-1000 导弹被认为可以用于"A"试验系统的综合试验。

1960年5月12日,在综合试验过程中,V-1000导弹对假定目标进行了首次发射。遗憾的是,错误指令导致发生了不容许的过载和产品故障。6月末,基苏尼科下令用"多瑙河"-2雷达站和其他3套精确制导雷达共同完成对弹道导弹的首次跟踪。10月,跟踪试验后,"多瑙河"-2雷达站和3座RTN精确制导雷达完全为弹道导弹做好了准备。

R-5导弹作为靶标的首次发射是在1960年11月5日进行的。试验失败了。为伟大十月革命纪念日而做的匆忙准备导致了一场事故:发射后不久R-5就坠落到了地面。第二次发射时,"多瑙河"-2雷达站发生故障停止运作。遥测导弹随后的发射成功了,但制导误差仍然很大。但是,在不断消除系统故障过程中,基苏尼科一步一步地向预定目标靠近。

1960年11月24日凌晨,在格里高利·瓦西里耶维奇·基苏尼科倡议下,首次也是唯一一次发射了装有沃罗诺夫设计的爆破弹头的V-1000反弹道导弹。R-5弹道导弹的弹头中装配了重量模型。反弹道导弹的制导精度在此次发射中接近于毁伤场半径(约50m),但是这一估计也可能过于乐观了。

第二天,一个军事小组前往弹头坠落点。弹头碎片找到了,但是没有任何杀伤体击中的证据。坠落点的地面是多石的,弹头可能在坠落时损坏。训练场设备也没有记录到在弹头在空中损坏的现象。

因此,此次发射被评定为试发射。不久后,设计师沃罗诺夫离开了训练场。V-1000之后的所有发射都只用了科佐列佐夫设计的爆破弹头。

应该说,军事订购方和基苏尼科都十分认真地对待R-5M和R-12导弹弹头毁坏或功能毁伤的记录任务。除了利用训练场光学和无线电设备进行外部轨道测量,还通过记录弹头和弹药内部过程变化来确定目标毁伤的事实。第聂伯罗彼得罗夫斯克第586特种设计局的设计师和中型机械制造部代表们解决了这些难题。

原子能专家们提出了所谓的控制引爆系统,这是一种在约3km的高度发出引爆核弹头指令的装置。如果这个指令没有通过,那么弹头就被认为已毁伤。如果该指令通过(当然是常规炸药爆炸),那么相应地,核弹头则视为未被毁伤。

1960年12月,使用科佐列佐夫弹头的反弹道导弹开始进行试验。12月8日、10日、17日、22日和23日进行的导弹发射都没有成功。RTN精确制导雷达、中央计算机和"多瑙河"-2雷达站均出现故障,反弹道导弹出了两次问题。M-40电子计算机只要有一个电子管故障就会导致整个系统失灵。这些问题给了系统反对者们终止试验的理由。而瓦列里·德米特里耶维奇·卡尔梅科夫部长公开将基苏尼科的团队称为"幼儿园"。局势变得极具戏剧性。

事实上，出现故障的主要原因是组件可靠性低。整个系统有十几万个接头，自行消除其中的故障带来了很多麻烦事。有一次，在集中作业前，整个训练场等了12个小时以消除RTN传感器的故障，而这一故障最后自行消除了。在停止弹道导弹发射后，基苏尼科又进行了4次装备弹头模型的反弹道导弹试验。

1960年年底，总设计师弗拉基米尔·尼古拉耶维奇·切洛梅和尼基塔·谢尔盖耶维奇·赫鲁晓夫的儿子来到了训练场。他们在平台上兜了一圈风，然后切洛梅见到基苏尼科，说："你的系统不会成功的。我现在正在研发'塔兰'项目。那边一切都是经过深思熟虑的，中央委员会的决议也马上要出台了。所以，训练场我们要从你这里拿走了。"

切洛梅走后，建设主任古边科来找基苏尼科。总设计师非常沮丧，非常担心。

"格里高利·瓦西里耶维奇（译注：指基苏尼科），这个'塔兰'项目是什么？"

他很伤心地看了看古边科，回答道："没有什么'塔兰'，而且永远也不会有。他们只不过是想'吃掉'我，抢走系统和训练场。他们背后的力量是巨大的。因此，除了在年底前击落这枚该死的导弹外，我别无选择！我一定能击中的，一定可以！"

他痛苦地握紧自己的拳头，而在说话的某个瞬间，他的谈话者仿佛觉得，一滴眼泪从他脸上滚了下来。或许，它真的出现了。这已经过去很久了。

关于切洛梅、拉斯普列京和明茨正在起草关闭"A"系统决议的传言使整个训练场变得不安。形势很危急。

基苏尼科暴躁易怒的性格招来不少敌对者，让局势更加紧张。他深知自己的性格特点，说道："我不能失算。绝不能！如果我失策了，我会被"吃掉"的。别人不会被"吃掉"，而我一定会。"

最后几个月失败的试验让格里高利·瓦西里耶维奇陷入了可怕的紧张状态。在进行了几次发射后，他坚定地决定于12月30日"拦截"一枚弹道导弹。

在邀请了所有主要设计师后，他要求将所有没直接参与到作战过程的人送去莫斯科，以便留在试验场上的人能够坐进一架飞机。他将这架飞机的起飞时间定在12月31日，并表示："我们能赶上过新年。"

考核性试验于12月31日清晨进行。这里有一个极具戏剧性的插曲。开始时，雷达运行状态很好：3座精确制导雷达站都发现了目标，并对其进行自动跟踪。反弹道导弹发射后，立即进入了自动跟踪状态。所有人都相信，目标会被击中。但在最关键的时刻，一个精确制导雷达的操作员没有崩住神经，按下了根本不需要碰触的"重新拦截"按钮。自动跟踪被中断，反弹道导弹没有击中目标。

心情简直不能再糟糕了。所有人都接到命令：飞往莫斯科。距离1961年大约只有20个小时了。两架飞机——伊尔-18和图104已经在普里奥泽尔斯克机场等着，因为一架飞机无法容纳所有在各个平台上工作的人。但是莫斯科下起了雪，飞机只能被迫飞往斯维尔德洛夫斯克。在斯维尔德洛夫斯克重复了同样的内容，还是无法飞往莫斯科，莫斯科领导层所有抵达的人在机场餐厅里迎接新年，之前也这样做过。

基苏尼科得以通过电话与莫斯科的高层领导会谈，机组人员终于得到起飞许可。在能见度很低的情况下，伊尔-18和图-104在莫斯科上空盘旋了很久，最后降落在完全空荡荡的伏努科沃机场。一辆班车都没有了，但幸运的是，试验者们设法与一个班车司机谈妥了。有些人在新年钟声敲响前10分钟赶回了家。

从训练场来的所有人在1961年1月初就返回工作了，他们看到，"A"系统周围的形势越发紧张了。基苏尼科的特种设计局中出现了来自第1设计局其他部门的新人，他们公开讨论着有必要停止"A"系统方面的工作。总设计师坚信自己是对的，于是重新召集了团队，飞往训练场。

3.9 1961年3月4日首次拦截弹道目标

М. А. 佩尔沃夫

除了要处理系统中的设备故障、失灵等问题，还要解决 R-12 最新型弹道导弹的拦截问题。R-12 导弹的最大射程足以从进行试验的卡普斯京亚尔训练场飞到巴尔哈什训练场。但是，为了减轻任务，我们决定沿着弯曲弹道发射导弹，这改善了探测条件，但是将导弹射程缩短到了 1500km。为了在距离古里耶夫市约 100km 的马卡特火车站附近进行发射，我们建造了一个 VSP-12 临时发射阵地。

R-2 导弹的射程为 600km，以略高于 2km/s 的速度进入大气层。R-5 的射程预计为1000km，在重返大气层前以3km/s的速度飞行。R-12导弹的射程为2000km，以大约4km/s的速度接近致密层。进行计算和拦截的平均时间平衡不得不缩短。R-5和R-12型导弹的弹头是长3.5~4m、直径约1.5m的圆锥体，有效反射面很小，增加了雷达的工作难度。在试验场设备调试期间，苏联和美国的洲际弹道导弹已经列装部队并投入战斗值班，这使建立反弹道导弹系统的任务更加复杂。

1月13日至3月2日，基苏尼科又进行了一系列不成功的发射。下一次试验定于3月4日星期六举行。考虑到在试验场测试的最新型装备的复杂性，以及不断消除故障和改进不可靠设备部件的必要性，格里高利·瓦西里耶维奇确定了以下工作流程。筹备工作在弹道导弹发射前48小时开始。在这段时间内，那些注定要烧坏或出故障的设备，都出故障然后修理好了。设备要"习惯于"在不断模拟循环状态下工作。测量设备的校准也在同时进行中。这两天试验人员只能轮班离开站点——只是去吃饭，同时解决个人需求。"A"系统的所有设施上都是这种情况。这个过程被称为X计划，是按分钟计算的。

P-12弹道导弹发射

对所有系统工作的总指导是从距离普里奥泽尔斯克不远的第40号平台的中央控制台发出的。基苏尼科不睡觉不休息，设备故障导致的延迟和停工使其

V-1000 反弹道导弹发射及飞行的前几秒

精疲力尽,他一直待在中央控制台旁边。为了节省从自己房子到 40 号平台的往返时间,他下令直接将木床放置在指挥计算台大厅的柜子后面,这里白天黑夜都可以用。但是,在半睡半醒中,他也在听着我们的工作谈话,不时地加入我们,甚至在大家都以为他睡着的时候还给出建议。

1961 年 3 月 2 日,在宣布 48 小时准备后,所有相关人员都投入到实际打击弹道目标的工作中。一切都按照预定的 X 计划进行:检查,修理,模拟循环……这不,到了 3 月 4 日清晨。

在得到许可后,导弹发射专家们向巴尔哈什训练场方向发射了 R-12 导弹。在巴尔哈什,发出了熟悉的指令,之后又发出了典型的声响,这表明整个计算系统在正常运行,突然……静下来了。程序停止了。躺在柜子后面木床上的基苏尼科立刻感觉到了不舒服,大喊道:"发生了什么?"

值班程序员斯捷潘诺夫挽回了局面。他没有张皇失措,重新启动了程序,而且这一过程完成地如此之快,以至于程序还没来得及"归零"。电子计算机继续工作。扩音喇叭里传来了期待已久的声音:"发现目标!……目标自动跟踪中!……反弹道导弹发射了!……反弹道导弹自动跟踪!"……下达主命令(反弹道导弹弹头爆破命令)。试验结束。

工作后,大家都聚集在基苏尼科的小屋里。桌上整整齐齐地放着小心送来的伏特加瓶子。尽管系统已经演练结束，但应当指出的是，还没有人知道弹道导弹是否被击中。

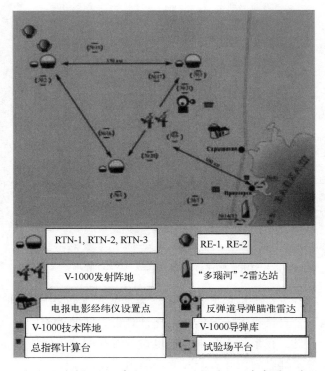

巴尔哈什训练场试验雷达和"A"试验系统设备部署示意图

"宴会"结束后，奥布·谢尔盖耶维奇·沙拉克沙耐——基苏尼科负责试验工作的副手，去了指挥所。这时，电影经纬仪上的胶片被送过来了。显影后，工作人员快速地查看了下，就兴奋地报告说："看来，击中了。"

同样粗略地检查了胶片后，沙拉克沙耐一把抓起电话，向基苏尼科报告："格里高利·瓦西里耶维奇，看来是击中了。"

基苏尼科认为不要高兴得太早："我们现在的主要任务是找到残骸。"

第二天，士兵们找到了弹道导弹弹头的残骸。星期一，3月6日，消息传遍了整个训练场。试验者们开心到了极点。很快，弹头残骸被运到了莫斯科。基苏尼科通过电报向国家领导人尼基塔·谢尔盖耶维奇·赫鲁晓夫汇报了以下内容：

"报告，1961年3月4日……从国防部训练场向'A'训练场区域发射了一枚R-12导弹，该导弹装备有500kg重的钢板模型，以代替常规弹头。发射

第三章 "A"试验系统

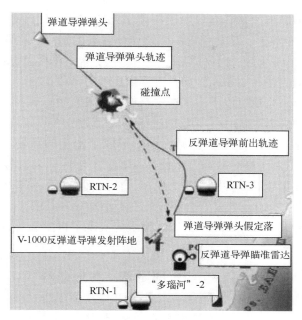

1961年3月4日巴尔哈什训练场上"A"系统设备拦截时的作用示意图

目的是检查反导防御试验系统（"A"系统）的功能。目标发射后，'A'系统设备探测到了1500km距离内的目标。根据"多瑙河"-2雷达数据，中央计算机生成并完善了目标轨迹，并向精确制导雷达发送了目标指示，计算并向发射装置发送发射前转弯角，计算了启动力矩。根据电子计算机的指令，V-1000反弹道导弹从1号平台的发射装置上完成发射。反弹道导弹的飞行和目标制导进行正常，符合作战算法。在25km高度上，根据地面电子计算机指令，反弹道导弹的杀伤爆破弹头被引爆。之后，根据摄影记录数据，弹道导弹弹头开始碎裂。训练场执勤部门对散落在地面的R-12导弹弹头残骸进行了搜索。如此，在国内和国际实践中首次证明了反导防御武器能够在弹道导弹飞行弹道上将其击中的事实。"A"系统的测试将继续按既定计划进行。

弹道目标的拦截过程如下。"多瑙河"-2雷达站发现目标，此时目标以大约4公里每秒的速度飞行，此时目标距离其落点975km，高度超450km。雷达站捕获自动跟踪目标。接收到"多瑙河"-2雷达站的数据后，中央计算站在计算的反弹道导弹与目标遭遇时间前145秒时开始展开计算，此时目标距离其落点460km。RTN-1、RTN-2和RTN-3精确制导雷达先后捕获目标并对其进行自动跟踪。在弹道导弹和目标的计算遭遇时间前43.7秒内下达反弹道导弹发

113

射指令。反弹道导弹的精确制导阶段持续 14 秒。在距离反弹道导弹弹头假定落点 26.1km 的距离上,下达引爆反弹道导弹弹头的指令。在距离发射阵地约 60km、高度为 25km 时进行目标拦截,误差为 32 米。击中目标前,R-12 弹道导弹弹头的速度为每秒 2.5km,反弹道导弹速度为每秒 1km。

弹道导弹弹头是通过以下方式击中目标。在飞近目标时,反弹道导弹接到从地面发出的"爆破"指令。导爆线冲破弹壳,为杀伤体定向发射提供空间。中心发射装药起爆后,杀伤体开始飞散,形成了密实的圆场。进入圆场后,R-12 导弹弹头遇到了一个或两个杀伤体。杀伤体与目标表面接触时,会发生自爆。爆炸的能量导致导弹弹头受力结构发生局部损坏。弹头中形成了直径为 50 至 70 毫米的孔,由高强度合金制成的中心小球穿入其中。

于是,1961 年 3 月 4 日,"A"试验系统实现了世界上首次对弹道导弹弹头的拦截。

尤里·瓦西里耶维奇·鲁巴年科

3 月 4 日这一天

建立第一个试验性反导防御系统"A"的难度是相当大的。已知的传统无线电定位方法无法以所需的超高精度确定目标的三个坐标(距离,方位角和仰角)。弹头尺寸小,在要求的探测距离上难以被观测到。这需要大功率的,也因此非常昂贵的雷达站。发射过程极快,可支配时间的平衡性非常低,这对反弹道导弹的飞行速度和机动性提出了极高的要求。

借助部署在地面上的 3 台雷达,利用三角测量高精度确定弹道目标坐标。借助具有相应程序算法软件的高效电子计算机克服了对高速飞行目标进行实时三角测量的问题。同时,雷达和电子计算机通过宽带通信线路连接。计划利用高速目标和反弹道导弹弹头碎片撞击的动能来打击坚固的弹头。

"A"系统综合测试前进行了大量准备工作。在辅助雷达设备(RE-1 和 RE-2 雷达)帮助下,首次接收到从卡普斯京亚尔训练场发射的弹道导弹的反射信号。系统设备进行了自主测试,并完成对接。在签署关于设备完成综合测试准备的决定后,系统所有设施上都组建了由训练场试验员、设计师代表和工业企业代表组成的作战班组。

有着 3 年对 3 台雷达中的 1 台进行试运行和测试经验的我,作为训练场分析处代表,参与了"A"系统综合测试的筹备和实施工作。

1960 年下半年,综合作业的强度尤其高。这还仅仅是弹道目标布设,将

第三章 "A"试验系统

发射阵地上的 V-1000 反弹道导弹

假定反弹道导弹引导向实际目标,将实际反弹道导弹引导向假定目标,以及最后将实际反弹道导弹引向实际目标的工作。在每一项作业前,训练场分析处会参与制定并协调作业的技术任务。

设备的准备工作是按照事先制定和批准的"X"计划进行的,其中时间是从弹道导弹预定的发射时间开始计算的。作战班组完成的工作都符合"××小时(分钟)准备"的指令。在系统定期功能监督过程中,所有设备都处于集中控制状态,设备状态将根据其工作能力来确定。在弹道导弹发射前 1mm,训练场测量点记录装置的磁带驱动设备启动。

在"发射-1"信号指令发出后,系统转入作战模式。指示板开始显示系统设备运行情况的反馈信号。关于设备工作情况的输入和输出信息记录在了磁带上。谁也不能干扰反弹道导弹的制导过程。

作战运行周期时间不超过 15min。但是由于设备缺乏可靠性,以及为防止外国技术侦察而下令禁止广播,实际上筹备和实施花费的时间要比这多了数十倍。

战斗作业结束后,根据 M-40 电子计算机输出的纸带解密信息,对作业结果进行了初步分析。为了对战斗作业的过程进行详细分析,布置了一项信息处理任务,对处理的类型和时间间隔进行详细说明。在短短几天内,专家们就研究和分析了数百米长的纸带和胶卷。随着材料不断送达,专家们编写了关于系统设备运行情况的分析报告。分析结果在研发代表和训练场代表出席的联席会议上进行了讨论。采取了改进设备和优化战勤班组工作的措施。这些措施实际上是根据每一项综合作业的结果制定实施的。试验场设备分析小组与牵头开发代表（阿道夫·格奥尔吉耶维奇·托尔卡切夫，纳里曼·阿本诺维奇·艾特霍任）进行了密切合作。分析工作也有训练场设备试验员参加。

综合（作战）作业由总指挥计算中心指挥，总指挥计算中心包括中央指示系统和 M-40 电子计算机计算站。指示器面板上有控制按钮以及指令和信号指示器。屏幕上清楚显示出系统各设备的测站点、弹道目标飞行和反弹道导弹瞄准的标记，以及反弹道导弹偏离计算制导轨道的信息。

反弹道导弹瞄准雷达向反弹道导弹传输指令

战勤班组由系统总设计师（或负责人）和作为训练场代表的训练场负责科研工作的副主任指挥。参与作业的还有训练场相关设备分析处的工作人员。至于 RTN 精确制导雷达，除了处长（米哈伊尔·亚历山德罗维奇·沃斯科博伊尼克）和副处长（A. G. 梅利尼科夫）外，该处全体工作人员（L. A. 别洛泽尔斯基，V. N. 瓦谢涅夫，E. V. 孔达科夫，U. V. 鲁巴年科）都先后参加了相关工作。

如上所述，1960 年下半年综合作业的强度非常高。12 月 8 日至 12 日，我们开展了 5 项工作。在所有这些工作中并没有取得预期的最终结果，原因是系统个别设备（精确制导雷达、反弹道导弹、电子计算机、远程探测站）出现故障。这些设备的国产部件表现出了很低的可靠性。于是我们决定在战斗值班状态下对系统进行预先"检测",对设备运作情况进行定期集中监察。这带来了积极的结果。12月底前,故障数量减少了。但是在12月31日的作业中,反弹道导弹再次未击中目标。

1961年1月11日至3月2日,系统进行了11次综合作业。在这些作业中,个别设备再次出现故障。

在计划于3月4日进行的综合测试前,我们决定进行48小时的设备检测,即直接从1961年3月2日起展开作业筹备。

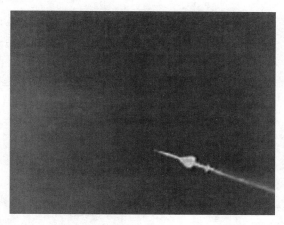

精确制导阶段的V-1000反弹道导弹。镜头取自纪录片《"A"试验系统》。

V-1000反弹道导弹弹头被引爆后,杀伤体在击中后形成密实圆盘场。
镜头取自纪录片《"A"试验系统》。

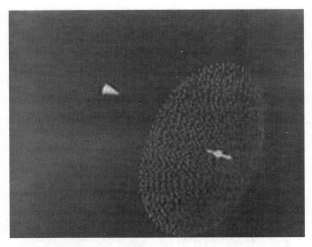

R-12弹道导弹弹头进入密实毁伤场。镜头取自纪录片《"A"试验系统》。

落地后R-12弹道导弹弹头外壳。镜头取自纪录片《"A"试验系统》。

3月4日凌晨,我检查了各部门准备情况,向总设计师格里高利·瓦西里耶维奇·基苏尼科报告了准备情况后取得了允许弹道导弹发射的命令。宣布"1分钟准备",随后分别执行"准备-1"和"发射-1"指令。依次传来熟悉的信号。远程探测站发现目标,并在距离长期落点975km时转为对其自动跟踪。根据远程探测站的目标指示,RTN-1精确制导雷达最先捕获目标并进行自动跟踪,接下来是RTN-2和RTN-3精确制导雷达依次捕获目标。扬声器发出典型声响,证明系统各设备运行正常。

第三章 "A"试验系统

突然……静下来了！目标标记开始在屏幕上无序快速闪烁，随后消失了。扬声器传来的声响也没有了。所有指示牌都灭了。精确制导雷达也失去了目标……

总设计师大喊："发生了什么？重新启动程序！"值班程序员则提前开始了这项工作，在更换了失灵的电子计算机内存储器控制设备强放管后，在几秒钟时间内迅速对电子计算机控制台进行了一系列操作，同时重新启动了程序，并通过扬声系统通报了这一情况。扬声器内的熟悉声响再次出现。

程序还没瘫痪。电子计算机继续工作。RTN-3精确制导雷达在计算的遭遇时间前125s内捕获目标并自动跟踪目标，RTN-2精确制导雷达在计算的遭遇时间前115s内捕获目标对其进行自动跟踪，RTN-3精确制导雷达在计算遭遇时间前95s内捕获目标（与目标假定落点的距离分别是417km、394km和337km）。反弹道导弹轨迹构建程序开始启动。发出反弹道导弹发射指令。在此前14s，3台精确制导雷达的反弹道导弹信道转入精确制导阶段。在距离R-12弹道导弹弹头假定落点26.1km时，发出引爆反弹道导弹弹头指令。

战斗周期结束时，我们进行了必要的校准工作，并对工作进行了初步审查。从重新启动程序到反弹道导弹与目标交会点的整个作战周期共耗时145s。交会发生在25km的高度上。误差是向左31.8m，向上2.2m。还没有人知道弹道导弹是否被击中。需要迅速将拍摄的目标和反弹道导弹在交会区域的胶卷送过来。

星期天，3月5日，录像带放映后，出现的第一个信息是：反弹道导弹弹头爆炸后，出现了一些碎片。需要在落点区域加快寻找弹头。由士兵和克格勃代表组成的一个训练场搜索小组被派往Li-2型飞机飞越后确定的坠落地点。他们很快就发现了被击落的弹头残骸。

星期一，3月6日，关乎试验成功的消息传遍了整个试验场。"A"系统总设计师格里高利·瓦西里耶维奇·基苏尼科的坚持、系统及设备整个研发试验团队的多年努力获得了成功。这是世界上首次成功拦截弹道导弹弹头，但当时还没有人意识到这一点。

在仔细分析了补充的解密测试材料（其中包括从3个精确制导雷达处获取的材料）后得出了最终的结果。为了准备工作报告材料，我们需要在训练场摄影试验室度过一个不眠之夜。

对所有材料的分析表明，在接到"引爆"命令时，导爆索撕裂了反弹道导弹弹头的外壳，为定向发射16000个杀伤体创造了条件。中心推进剂启动后，形成密实圆盘场的杀伤体开始飞散。R-12型导弹弹头在进入时遇到反弹道导弹的燃料药柱。在杀伤体碰到目标表面时发生了自爆。爆炸的能量导致导弹弹头的动力结构局部破坏。

R-12型导弹弹头碎片落到了距离其预计弹着点6~9km的地方。弹头被击中前，其速度为2.5km/s，而反弹道导弹的速度为 km/s。

在"A"系统后来的测试过程中，11次发射的反弹道导弹进入了预定的杀伤范围，其中6次实现了对弹道导弹弹头的直接杀伤（破坏）。

拦截和摧毁携带核装药的弹道导弹弹头具有重大的历史意义。保护国家最重要目标免受核破坏已经成为现实。弹道导弹在此之前被认为是一种绝对武器，而现在已经证实其可以被摧毁。1961年在实现反导防御系统建造原则方面取得的成绩，在弹道导弹无线电探测、反弹道导弹制导和使用爆破弹摧毁弹头方面的大量试验成为了进一步开展反导防御工作的切实基础。

M-40电子计算机在巴尔哈什训练场的运行

尤里·里亚布采夫

为了说明我们精密机械和计算技术研究所在联合工作中的参与程度和工作的紧张程度，请参阅格里高利·瓦西里耶维奇·基苏尼科的著作《秘密区域》（Секретная зона）（副标题《残酷的世纪》）。作者写道：

"由于系统所有设备运行可靠，因此没有理由推迟'A'系统对R-12导弹的下一次运作。根据X计划进行发射前检查时，还是没能避免延误，系统转入准备状态，比预定时间延迟了几个小时，但是安全部门突然宣布停止所有类型的辐射。原来，不远处驶过一辆火车，上面有前往阿拉木图的外国人，安全部门推测他可能会进行无线电侦察。

因此，"A"系统和R-12导弹被调整为等待状态，并允许人员轮换去吃午餐。解除禁止后，再次进行了发射前检查，最终，一分钟准备到来了，之后是熟悉的指令："准备-1"和"发射-1"，也就是说，R-12导弹向我们发射来了。"远程探测站捕获""RTN雷达站捕获"出现在数字集成电路显示板上。R-12落点出现在屏幕上。电子计算机的扬声器中传来温和的声音，就像是抚慰人心的低语。突然……目标标记开始在屏幕上无序快速闪烁，随后就完全消失了。所有指示牌都灭了。连接电子计算机的扬声器传来的声响也消失了。扬声器里的传来的声音打破了这可怕的寂静。这是我的声音，但我感觉这像是别人的：

——"第聂伯"，怎么回事？

——程序停止了。——值班程序员安德烈·斯捷潘诺夫（未来的物理数学科学副博士，斯捷潘诺夫国家奖获得者，精密机械和计算机技术研究所工作人员）回答道。

——重新启动程序！

作为回应，先是听到了电子计算机扩音器的熟悉的哔哔声，之后扬声器传来程序员的声音：程序启动了！

控制台上的一切本该再次开始，但现在匆忙中一个接一个的信号板亮标突然冒了出来，屏幕上是目标及其落点的标记……电子计算机扩音器里一次接一次地传来 30 次类似咆哮的提醒音。这是"波德希瓦洛夫"（程序员——未来的物理数学博士波德希瓦洛夫的姓氏，他也是精密机械和计算机技术研究所的工作人员）程序迭代的"咆哮声"。这个程序是用来确定拦截点和发出反弹道导弹"发射"指令的……最终，电子计算机发出了反弹道导弹弹头"爆破"指令，之后发出系统所有设备"原始位置"信号。就这样，整个作战周期，从再次启动程序到击中目标，用时 145s！可以说，这是令人神经高度紧张的 145s！"

必须要补充一下总设计师的精彩讲述。那就是，他没看到，但却记得一代代经验丰富的专业人员。在指挥拦截飞行中的导弹过程中，铁氧体操作存储器的电流形成器爆炸了（形成器供电电压为 $-300 \sim +400\text{V}$）。磁操作存储器柜机旁还有一个柜机，里面是备用预热组件（在没有加热灯丝的情况下，$5 \sim 10\text{min}$ 后无线电灯开始工作）。值班工程师是斯拉瓦·卡赞斯基（也是精密机械与计算机研究所的一名工作人员）根据爆炸痕迹确定了故障部件，并在几秒内快速换上了备用的。安德烈·斯捷潘诺夫通过了最小测试，启动了作战程序。特种计算机开发团队的最强大的工程师们保障了数十次成功和不成功的作战作业，其中包括 5 项与拦截受核弹在空中提前爆炸掩护的导弹有关工作。"A"系统的主要设备，包括我们的 M-40 电子计算机成功运行。因此，可以说，精密机械与计算机研究所的一台机器成功通过了核爆炸电磁辐射的实物测试。

"A"系统由一系列分散在数百千米内的由无线电中继通信线路连接的设施（雷达、发射装置、指挥所）组成。它是世界上第一个带有数字控制回路电子计算机的自动系统。在其创建过程中，解决了电子计算机硬件和软件方面的很多根本性新问题。

关于巴尔哈什训练场的回忆

叶甫根尼·弗拉基米罗维奇·扎杰依科

  1958 年来到巴尔哈什训练场 1 号平台后，我们，基辅无线电技术高等工程学院的毕业生们，遇到了刚运来的还用玻璃纸等脆质材料包装的新组装的"生的"设备。我们开始对这些设备进行自动连接和检查，随后在信息线路上对各个部分进行了对接：天线、接收器、测距仪、控制系统、传送器、监测系统、数据传输系统、RSF-60 系统功能控制设备等。精确制导雷达站台检查和功能控制系统之后要求进一步完善，消除故障，更换电池中的大量晶体管。

  在命运的支配下，我有幸领导军人们开展 RSF-60 设备相关工作，RSF-60 设备是一种智能、小巧但别出心裁的电子机器，一种用于检查 RTN-1 信息线路的专用计算机。格里高利·瓦西里耶维奇，由衷感谢您引用了关于"小天地"的句子，其中包括"我全部的身心"，我们曾经为了这些"小天地"一直工作，从黎明到黎明。它们是如此熟悉，以至于处在距离平台 150km 远的城里，通过与"1 号"的通话，我可以不看任何线路图，只是凭声音特征就能确定在哪里能找到故障，在哪个单元里可以找到故障，可以精确到发生故障的晶体管。

  在这些年，应高层要求，在模拟弹头与主级发动机分离信号及其与弹道导弹分离后不同组合运动的第二级方面，我提出了技术改进。技术改进被批准并应用在了所有 3 台雷达（RTN-1，RTN-2，RTN-3）上面。我们热爱技术，认为它是互惠互利的，而且我们应该思考如何让它在战斗中发挥作用。

  在对整个系统进行紧张工作的过程中，我有幸结识了来自第 1 设计局负责指导综合作业和测试的奥斯塔片科·尼古拉·库兹米奇。他是格里高利·瓦西里耶维奇的得力助手，是"A"系统的"耕拓者和骑士"。他将自己的知识，更确切地说，是自己的生命和健康贡献在解决开创国家反导防御系统难题的祭坛上。

  正如有一天尼古拉·库兹米奇所说的，许多人认为，回忆通常是那些已经离开工作岗位的老年人，或者是那些希望宣传自己在过去活动中所取得成就的人所做的。回想过去，我微微畏缩，因为我觉得可以加入其中一个群体，甚至同时加入两个。与此同时，我深信，后人（读者）对狭义上的回忆目的漠不关心：于他们而言，最重要的是回忆的结果，即这些历史事件的细节能够尽可能多地保留在人们的记忆中，回忆录的作者是历史事件的参与者、见证者。

尼古拉·库兹米奇·奥斯塔片科是一位真正的系统工程师。他认为，主要任务是制定特种系统、综合体的建造原则，研究其战术和技术性能，制定试验方案和方法以及系统运作算法，组织并实施系统实战模式下对实际目标的设计和验收测试。尼古拉·库兹米奇发挥了总设计师指派的综合作业和测试的技术指导作用：据他回忆，3411个昼夜！19年献给了训练场！

在《给儿子的信，浅谈反导防御我微不足道生命中的一部分》一书中，尼古拉·库兹米奇以俄罗斯将军特有的直率，列举了天才科学家、研究工程师、无线电和电子技术设计师、导弹技术员、系统技术员的名单，他们是起决定作用的"A"系统创建初期技术精英的代表，主要来自工业界，换言之，据其描述，他们是进入其"记忆黄金名单"中的专家们。我想在其中再增加一些名字，毫无疑问，有伊戈尔·格里高利耶维奇·热列兹诺夫，他为反弹道导弹控制电路的研发与改进做出了巨大的实际贡献。

1959—1960年的某一天，我们在基辅高等无线电技术工程学校的同学尤拉·克柳莫夫竟然来到了我们1号平台出差。毕业后，他成功分配到了加里宁（现在的特维尔市）。现在，他从他自认为的令人羡慕的高位来看"十二月党人们"，他是这样说的。

他在最新的站台走来走去，这里，他十几个同学都在"自己的"设备上工作着——这些设备很复杂，新颖，甚至因自己的秘密性而令人敬佩。尤拉弹舌作响，昔日基辅高等无线电技术工程学校最特别优待的同学现在被囚禁在荒漠中，他同时将此与自己"最重要"事业做着比较。他满怀着对自己优越性的喜悦，对自己与迷失在荒漠中的"这里的存在"的鲜明对比的喜悦。

在告别时，我送了尤拉一个转换器，这是我自己用晶体三极管组装成的。该转换器可以将任何中波段接收器做成超级接收器，后者能够在当时在售接收器（11，13，16，19，21m）不允许的波段上运行。只需要在转换器的输入端接入天线和接地线，将输入信号从转换器送到被广泛需求的接收器的输入端，你就能成为流行爵士乐和自己无法接触到的最有趣信息节目的听众或观众。这简直是童话故事，而不是礼物！

同时，这种纪念品也说明我们毕业生们在一年时间里好像已经进步了好多年，技艺也在不断精进。尤拉离开了这个"天堂"，因为没有落入一个被上帝和人们遗忘的"矿区"而满是幸福。40年后，我们再次见面，交流关于生活和事业成就时，也有了对"十二月党人"有利的鲜明对比。"十二月党人"中几乎所有人都经过了在当时来说独一无二的精确制导雷达组建和测试的历练，而出人头地，成为了科学家和军事将领。我们被认为是自己领域的专家，是"闻过火药味"的人，是久经服役、友谊、能力考验——就像在《章程》中所说的，是"克服兵役困苦的人们"。

最后是尤拉给会面结了尾：当我问他送给他的转换器的命运时，他（神圣淳朴地）回答说，不知道怎么连接转换器（！！！），就随手放在了某个地方……

关于那个年代的书籍写了不少，出版了不少。但遗憾的是，就像在列宁安息日弗拉基米尔·伊利奇和一群同伴扛原木的轶事般，关于第一次拦截的基苏尼科的这种同伴的数量随着时间的推移竟然有……300多个！

考虑到前面所述的回忆目的及结果，我认为，有3本书及其作者是本国反导防御创建第一阶段（1956—1961年）主要事件的真正讲述者、参与者和见证人。它们分别是格里高利·瓦西里耶维奇·基苏尼科的《秘密区域：总设计师的自白》（1996年），尼古拉·库兹米奇·奥斯塔片科的《给儿子的信，浅谈反导防御我微不足道生命中的一部分》（1998年），阿纳托利·费多罗维奇·库拉科夫的《巴尔哈什训练场》（2006年）。当然，还有米哈伊尔·安德烈耶维奇·佩尔沃大的《俄罗斯的导弹防御系统是这样建成的》（2003年），以及G. I. 特罗申的《格里高利·瓦西里耶维奇·基苏尼科 苏联反导防御的奠基人，20世纪杰出的无线电物理学家，作家，诗人》，这些书极大扩展了我们在这一领域的知识范畴，并提供了关于训练场及其所解决问题的有意思有意义的发展阶段、在反导防御领域新的测试和研究，以及本国防御武器的新系统等。我们熟知的最有意思的作品有：

（1）尤里·康斯坦丁诺维奇·楚科夫《训练场的热空气》2006年；

（2）E. 阿普西特《名为"训练场"东西的命运，一个试验者的自白》2013年；

（3）M. 沃斯科博伊尼克《生命的教训》回忆录，2014年；

（4）《俄罗斯军用激光器（编者：尤里·瓦西里耶维奇·鲁巴年科）》2013年；

（5）E. 加夫里林《一号平台，训练场素描》2013年；

（6）米哈伊尔·安德烈耶维奇·佩尔沃夫《安型机——莫斯科的哨兵》2011年。

尽管如此，如果我们珍惜开拓者们的传记描述，关于"A"系统创建第一阶段的艰苦劳动和伟大事业，在我看来，最全面的介绍属于三位作者：基苏尼科、奥斯塔片科，库拉科夫，他们完成了真正的、深沉的、深刻的《往年纪事》。正如涅斯托尔的编年史不能被称为纯粹的历史或艺术体裁（因为其中包含了这两种元素），这3位作者的纪事是训练场的现实写照，是始于"A"系统建造、研究和试验时刻，本国反导防御研发获得新的积极成就时刻的现实写照。

我想回想一下，在军官们居住的冰冻的营房里，工作结束后，人们常常会自发地进行一些关于生活、关于我们国家的大型讨论，人们还会唱歌，吟诵喜欢的诗人的诗句。人们组织学习英语的活动（其中一名军官的妻子毕业于莫斯科的莫里斯·特蕾莎学院），人们读莎士比亚作品中的片段，以及谢尔盖·叶赛宁的诗，用作者的语言唱歌，等等。

当时，我听说会在海明威居住和出海的地方定期举行纪念海明威的竞赛。我从他的英雄传记中学到了一些东西，特别是当我像"思想家"一般坐在巴尔哈什的岸边，或是在距离基苏尼科小屋不远处的海滩上一块熟悉的岩石上进行晚间值守时，他的作品《老人与海》经常给我带来震撼的故事。

我的好朋友沃洛佳·博恰罗夫是个强壮严谨的军官，他心地善良，有一双蓝色的眼睛，留着短发，有着来自彼得堡的"贵族骨头"，尽管他自己也没见过，但却用自己的生活和习惯帮我塑造了海明威的形象。后来，我的另一位同志，瓦列拉·辛涅尔希科夫，他是个非常聪明的人，喜欢在整个俄罗斯大地上旅行，从勘察加到西部，无论是高加索还是原始森林。他在我对海明威的幻想中做出了自己的努力：音乐和简单真诚的话语出现了。一首关于海明威的歌诞生了。我想了很久，要派他去古巴参加比赛，在那里每年都会纪念海明威，但是由于找不到确切的地址，就放弃了这个计划。

在庆祝巴尔哈什训练场60周年的日子里（我们中的一些人参加了在普里奥泽尔斯克举行的庆祝活动，一些人参加了"莫斯科选修课"），我们都听到了许多回忆，见了那些在遥远的年轻岁月里创造了"格拉克功绩"的人们。有的人已经无法来到以社会主义劳动英雄格里高利·瓦西里耶维奇·基苏尼科命名的莫斯科第1430学校，但是，他们的灵魂和心灵一直与我们在一起，与训练场将国家如此需要的产品送出去的那些岁月在一起。

下面的照片来自我的家庭收集，还附有一些评论，意在说明这些真实记忆中的一些细节。

3.10 继续测试"A"系统

U. N. 拉津采夫

专家们决定在 A-135 作战系统中使用核拦截。然而,核拦截问题蕴藏着太多的未知和危险。因此,他们决定继续进行反弹道导弹常规弹头方面的研究。

1962 年,科佐列佐夫离开了第 47 国家特种设计局,开始从事科学活动,这项工作对他来说更有吸引力。就这样,我们第 6 研究所的主要竞争者"放弃了职责"。自 1960 年起,我开始在第 6 研究所亚历山大·瓦西里耶维奇·沃罗诺夫的部门工作,这里正在研发反弹道导弹的弹头。当时,该部门有 3 个实验室。其中,由亚历山大·瓦西里耶维奇·沃罗诺夫的助手维克多·伊万诺维奇·科姆科夫领导的第一实验室负责研发弹头本身的结构。科姆科夫还负责协调格鲁申和基苏尼科设计团队的活动。我就在这个实验室,1967 年科姆科夫去世后,我被任命为该实验室的负责人。

由鲍里斯·米哈伊洛维奇·博格丹诺夫领导的第二实验室内正在研究目标及其摧毁方式。第三实验室由尼古拉·伊万诺维奇·波波夫领导,在其领导下正在研发一种气炮,能够在试验时将杀伤体加速到必需的速度。

科佐列佐夫的弹头成功击中了巴尔哈什训练场的目标。但是,我们所有的专家都知道,它的结构效率非常低。为了建造一个圆盘形的毁伤场,科佐列佐夫的弹头在必需的时候"抛出"了 1.5 至 1.6 万个杀伤体,而却只有其中的几个击中目标。99.9% 的碎片击不中。第 2 个缺点是,击中目标的几个杀伤体能够引爆模拟核弹药的黑索金炸药,但也可能不引爆。打穿弹头外壳并不意味着击中目标。

在权衡了利弊之后,沃罗诺夫决定研制一个新的弹头,能够将杀伤体最大程度地集中在目标附近。首先要研发所谓的单元战斗部。

其运行原理是这样的。在需要时弹头控制系统向相应的电起爆管发出信号,起爆管引爆推进剂装药,其爆裂使得部件定向飞散。所有部件(弹头中有超过 18 个)迅速散开,但同时保证了大部分部件能够集中在与目标的预计汇合点上。

这些部件以 100m/s 的速度飞向目标。在一定距离上,部件的雷管会引爆炸药，杀伤体开始四散。在这种情况下，大量的杀伤体击中目标。这就是所谓的部分定向运动弹头。1963 年，该弹头作为 V-1000 反弹道导弹的一部分在巴尔哈什通过了测试。

下一个阶段是研制集束装药弹头。1963 年以来，这项工作一直是在我的领导下进行的。如前所述，单元弹头的部分部件方面的工作一直没有进展。我们决定设计一种能够让所有单元都瞄向目标的结构。于是"集装箱"式容器就出现了。

在特定时刻，起爆装置会引爆发射装药释放容器。这是，最主要的是不要破坏"装满"爆炸物的容器本身。为此，在结构中引入了一种能够降低装药爆破力的减震器。这个容器以 100~200m/s 的速度从反弹道导弹弹头中飞出，飞向目标。在飞近目标时，中心炸药包的引信会触发，然后杀伤体飞散。这一方案保障了杀伤体能够在目标位置最大程度地集中。

测试在红军城、恰帕耶夫斯克和下塔吉尔的训练场进行，但是没有在巴尔哈什对集束弹头进行测试。在下塔吉尔和恰帕耶夫斯克训练场放置了高 50m，长 250m 的大型硬铝靶板（这些靶板的成本很高，但是当时政府并不吝啬为反导防御拨款）。弹头放置在一辆轨道车上。大功率的航空喷气式发动机将小车推动到一定速度，在距离靶板一定距离上引爆。之后，我们清点每平方米靶板被击穿的次数。由于大部分碎片击中了靶板的中心，我们明白，这次测试达到了预想效果。

1969 年，集束弹头的研发工作停止了，我们的主要任务是在其基础上研发具有特殊微型装药的集束弹头。这就是所谓的组合型弹头。特殊微型装药的爆炸应该确保常规杀伤体飞散。

1970 年，我们在 V. D. 克尔梅科部长那里举行的部门间委员会上对该项目进行了答辩。出席会议的有明茨、拜杜科夫、兹维列夫、尤里·鲍里索维奇·哈里顿。会上通过了与中型机械制造部联合研发弹头的决定。中型机械制造部的专家团队由哈里顿领导。尤里·鲍里索维奇直接在会上说，测试可以在下一次地下核爆炸时进行。

我加入了机械制造部的工作组。但是很快我被调到了另一个岗位。研发组合型弹头的工作自 1971 年起在阿夫里坎·安德里阿诺维奇·罗斯托夫采夫的领导下继续进行。

3.11 "K"行动

尤里·康斯坦丁诺维奇·楚科夫

1961年5月1日前,"A"试验系统的主要测试阶段结束。由此得出主要结论:拦截弹道导弹弹头是可行的,但是制导精度和爆破弹头的效率很低。车里雅宾斯克-70的科学家和设计师早在1959年就开始了反弹道导弹特殊装药的研发。自动装置试验于1961年夏天在巴尔哈什训练场进行。专家试验小组是由海军中将帕霍莫夫领导的。为了演练装药自动装置,在不引爆特殊弹头的情况下发射了几次V-1000导弹。随后决定开始为作战系统研制特殊弹头。

与此同时,还有一个重要问题亟待解决,即反导防御雷达设备能否在已方反弹道导弹特殊装药爆炸,以及潜在敌人攻击前可能直接实施的弹道导弹特殊弹头"致盲"爆炸的条件下工作?科学家和设计人员认为,为此需要在"A"系统设施正上方实施一系列特殊弹头的高空爆炸。只有通过试验,才能确定雷达站、通信系统和数据传输系统在特殊条件下的工作能力。这项试验被命名为"K"行动。

专家试验小组决定在"K"行动的每次试验过程中向"A"系统防御中心发射2枚R-12弹道导弹。首批发射的导弹要装有1200t当量的特殊装药,在300km、150km和80km的高度引爆。第2批发射的弹道导弹要装备核爆炸杀伤因素评估传感器,并稍微晚于第1批发射。需要弄清楚,当第1枚弹道导弹在训练场上方进行高空核爆炸后,"A"系统雷达设备能否发现并跟踪第2枚弹道导弹,并对其进行假定拦截。训练场试验期间,所有无线电设备、电离层探测站都要同步工作,要发射反弹道导弹、气象探测器和测地导弹。

1961年10月27日,进行了代号为K-1的首次试验,在300km的高度引爆了R-12弹道导弹的特殊弹头,并发射了V-1000遥测反弹道导弹,以拦截第2枚弹道导弹。这一天,我们在150km的高度进行了带爆炸的K-2试验。

试验小组不打算投掷原子弹,但是为了试验精度,上级认为,有必要在训练场设备上空引爆特殊装药。最接近"热"点的是我们的2号平台。妻子们、孩子们以及所有无关人员都被送到了普里奥泽尔斯克的旅馆和营房。平台上建了几个防空洞,安装了地震传感器,发放了用来封住站台窗口的厚厚的黑纸,以及专用防毒面具。

第三章 "A"试验系统

我办公室的窗户在特殊弹头爆炸位置的对面,我冒险将黑纸留了缝,猜想这再次反射的狭窄光束不见得能让我们目眩。经过几次彩排,实际工作才正式开始。雷达探测到了目标,进行了自动跟踪。扬声器中传来了主操作员的声音:"距离引爆点还剩10秒……5秒……引爆!"

一道炫目的闪电击中我留下来的窗户缝隙。眼睛甚至都没来得及皱起。显示屏受到了干扰,但几秒钟后,站台工作恢复正常,天线被放置在等候点,我们为下一枚弹道导弹做着准备。

这几秒钟拖得很折磨人……发现目标的预计时间已经过了。最后,从扬声器中传来了我们站台主操作员切尔卡申中尉的声音:

"发现目标!对目标进行自动跟踪!目标坐标传送到了中心计算站!"

在计算的时间发射了反弹道导弹,后来从记录和拍摄的材料分析得出,目标被击中。工作结束后,我们离开了雷达站,抬头看一看。蓝天上,在西北方,我们看到一大片有毒的绿色的薄云片。所有人都感到不自在起来。到家里我打开收音机——所有频道都是噼啪声。看来,我们在一个强大的电子穹顶下。我们平台摆了不太丰盛的宴席庆祝了成功,之后陷入了不安的沉睡中。

早上,天空再次变得干净晴朗。我们开始筹备接下来的工作。试验非常成功。但是,后来在草原上有好几个月的时间总会遇到失明的赛加羚羊。

1962年10月22日、10月28日和11月1日,又进行了一系列K行动的试验,在300km、150km和80km的高度上引爆了特殊装药。

导弹袭击预警系统的总设计师V. G. 列宾是这样描述这些试验的:

"特种弹头的高空爆炸本应在引爆点周围产生广阔的电离物,而在100多km的高度上对弹道导弹进行远程拦截时,电离作用具有了全球性质。在这种情况下,强大的电离作用会屏蔽目标,使其不被雷达发现,弱电离会导致无线电信号削弱,降低雷达的作用距离和精度。

到20世纪60年代初,这些作用被知晓,但是还没有理论方法来量化和确定其临界性。意见范围非常广。一种极端的观点认为,特殊弹头爆炸不会造成任何重大影响。而另一种极端观点的代表认为,特殊弹头的高空爆炸会在数分钟,甚至数小时内使雷达完全失效,因此在反导防御系统中对一个以上目标进行远程拦截完全是不可能的。

K行动的总科学指导是军事工业委员会科技委员会的主席史楚金。特种设计局的基苏尼科负责提出研究方法、分析试验结果、建立相应模型方面的牵头组织工作。最后明确,上述极端观点没有一种是正确的,但是由于其基本物理特性,基于特殊弹头的反导防御系统在攻击导弹数量和打击的时空组织方面都存在相当大的限制。限制主要在于不可能对密集大集群导弹打击实施防御。甚至为了反击有限的打击，需要组织非常复杂、难以实现且并不总是可靠的拦截。"

3.12 反导防御突防设备：第一次预警

米哈伊尔·安德烈耶维奇·佩尔沃夫

弹道导弹在飞行主动阶段——发射和加速时最容易受到攻击。这时，导弹是一个大型目标，各级导弹尚未分离，飞行速度相对较低，并受到运转发动机火舌的辐射。现代三级的洲际弹道导弹的有效反射表面使其"毫不费力"地被现代雷达探测到。主动段的高度达150km，长度超过300km，穿越时长达5min。很明显，在主动段打击洲际弹道导弹是最合适的，但是对此需要建立一个在研发、生产和应用方面都超级昂贵的航天拦截梯队，拥有相当数量的数据传输、通信和打击设备。除了航天梯队长时间运作时的可靠性和有效性问题，还出现了脆弱性问题。为了摧毁整个梯队，敌人只需要"击中"其中一个或者几个关键环，比如中继卫星就足够了。

20世纪下半叶，苏联和美国主要研发了被动段战斗单元拦截系统。这更加现实，负担更轻，能够将装备更加繁重、需要不断更新设备的反导防御系统部署在本国领土上。然而，在被动段，核弹药弹头没有那么脆弱，很难拦截。主级发动机完成工作后被丢弃。作战单元有效反射面小，但速度却很快（最后一级火箭分离时作战单元在太空中的速度能够超过7km/s）。如果给弹头装备反导防御突防设备，那么拦截问题将成为最复杂的问题之一。

流传着这样的观点，在我们国家建立反导防御突防设备的想法是由帕维尔·尼古拉耶维奇·库克先科教授提出的。同时，他与谢尔戈·贝利亚都是"彗星""金雕"系统的主要设计师。在拉夫连季·帕夫洛维奇·贝利亚被捕后，他被解除了职务，但考虑到其过去的贡献，将其留在了第1设计局，并被任命为科学技术委员会的科学秘书。库克先科精通几门外语，阅读了很多外国科技期刊，研究并分析了这些期刊上发布的信息。1957年，他收集和总结了美国新材料密集开发和生产的公开资料，并得出结论，认为这些材料很可能会被用于研制弹道导弹弹头防护装置。后来证明，库克先科教授是对的。

他提出的问题被提交到了政府最高层，1958 年，由阿克塞尔·伊万诺维奇·贝格院士领导的团队考虑着手研制国内首批导弹弹头防护装置。同年，贝格辞去了研究所所长的职务。接替他的是年轻而充满活力的新所长彼得·斯捷潘诺维奇·普列沙科夫，很快普列沙科夫就全身心沉浸到了这个有趣的课题中了。由鲍里斯·阿列克谢耶维奇·维金斯基院士和米哈伊尔·亚历山德罗维奇·列昂托维奇领导的第 108 研究所实验室成立了第三科。该科由尼古拉·尼古拉耶维奇·阿列克谢耶夫领导。在其领导下，第三科已经主动发起了第一批研究。

很快就出现了一个问题：一些持怀疑态度的专家得出结论称，弹道导弹弹头是雷达看不到的，无法进行拦截，更不需要任何防护装置。尽管如此，研究仍在继续。彼得·斯捷潘诺维奇·普列沙科夫终于取得了一些成果。在对弹道导弹弹头进行首次拦截后，苏共中央委员会和部长会议发布了关于展开对"韦尔巴"、"仙人掌"和"鼹鼠"课题的试验设计工作的决议。首批防护装置是试验性的，尚未装备作战导弹。对于它们的飞行测试，科学家和设计人员决定使用米哈伊尔·库兹米奇·杨格利的 R-12 导弹。

"韦尔巴"课题是由第 108 研究所试验室主任帕维尔·亚历山德罗维奇·波戈列尔科领导的。他使用了充气式和偶极子雷达信号反射器。充气反射器被戏称为枕头或气泡，是一种上面涂有最薄金属层的薄膜。反射器采用与弹道导弹锥形弹头相似的形状。导弹可以携带多达数千个这样的锥体。在 100km 范围内飞散时，它们能够保护弹头。

偶极子反射器（偶极子）是不大的金属丝块，它们能在弹头周围约 20km 的范围内大量飞抛出。在飞行时，导弹能够"抛出"多达 50 万个偶极子。通过反射漆面的雷达站信号，它们遮住弹头，在敌人反导防御雷达的显示屏上清晰可见。波戈列尔科最关心的问题是，能否形成一片偶极子云，同时，它们能否出于某种原因向着一侧飞去，使弹头失去防护。

充气反射器在 150~120km 的高度上开始落后于弹头。偶极子作为更可靠的卫星，跟踪其保护对象到达了约 80km 的高度。但是，两者都无法进入低大气层。它们太轻，燃烧得很快。

在第 108 研究所维克多·谢尔盖耶维奇·什科利尼科夫处长领导下，"仙人掌"课题相关工作已经启动。在什科利尼科夫去世后，阿列克谢·弗拉基米洛维奇·丹尼洛夫接手了这一工作。为了降低弹头的能见度，他们建议使用辐射吸收装置——弹头表面的涂层，吸收无线电波并将其转换为热能。这样，有效透射表面大大减少，弹头变得不易被发现，其探测距离也大大缩短。设计师们设法在战斗单元上贴上具有吸收性能的"外壳"。但是它也只能在大气层外活动，在大气层内就燃烧了。

"鼹鼠"课题的负责人是维塔利·马克西莫维奇·格拉西缅科，项目的技术指导是尤里·阿列克谢耶维奇·斯皮里多诺夫。他们解决了建造小型空间站的难题。有人质疑，建立这样一个空间站是不可能的：它肯定会在太空中过热燃烧。但设计人员努力克服了这些困难。预计，在适当的时刻，空间站会与导弹分离，制造干扰的同时远离弹头飞行。在这些干扰下，敌人的雷达一定会"放过"弹头。

最后，为了在轨道的大气层段对弹头形成防护，设计人员研制出了重型假目标——15B26 仪器。它的外表像炮弹，具有很强大的热防护层，不会在稠密的大气层中燃烧，并且几乎能够将弹头护送至地面。

1961 年至 1962 年，K 行动开展的同时，在巴尔哈什训练场上首次组织了反导防御突防设备试验样品的飞行测试。当时部门间委员会的主席是安德烈·阿夫克先季耶维奇·维特鲁克将军。

在"韦尔巴"行动期间，从弹道导弹外壳中射出了假目标。但是这些假目标很容易被 RTN 精确制导雷达操作员辨别出，因为它们的信号特征与导弹弹头和外壳的特征大不相同。

在"鼹鼠"行动中，作为对探测器探测脉冲的回应，飞行中的振荡器在 RTN 精确制导雷达频段内发出噪声干扰。为了消除干扰，在 RTN 精确制导雷达内引入了短脉冲辐射。对此，飞行振荡器在远离目标反射信号的一侧制造了干扰，而 RTN 精确制导雷达操作员"看到了"目标。在之后的工作中，设计师们增加了短脉冲辐射的频率，之后干扰振荡器过载失效。格里高利·瓦西里耶维奇与彼得·斯捷潘诺维奇的第一次"交锋"以格里高利·瓦西里耶维奇的胜利告终。

彼得·斯捷潘诺维奇·普列沙科夫只同意告诉格里高利·瓦西里耶维奇·基苏尼科设备建造的总体想法，而坚决拒绝提供技术材料，理由是这些是绝密材料。这样一来，基苏尼科只能"盲目地"进行试验。

很明显，这不是一个保密的问题，因为，基苏尼科本人的所有工作都具有很高的保密等级，而是某种力量想要压制"A"系统，因为"A"系统能够打击这些设备，从而也能证明这些设备无效。但是相对于"A"系统而言，普列沙科夫的设备试验相当顺利。同时也很明显，在不久的将来，弹道导弹将从简单的双目标（外壳和弹头）转变为复杂目标（外壳、弹头和假目标）。

第一批反导防御突防设备还是很"原始"的，没有很完善。其中一枚装有该设备的弹道导弹被击中了。试验结果让反导工作者的心里产生一种希望，即"魔鬼并不像描述的那样可怕"。试验后，乐观主义者们议论纷纷：

"我们不惧怕任何'普列沙科夫'的东西！"

悲观主义者们忧郁地摆出自己的观点：

"你们别高兴得太早！普列沙科夫才刚刚开始。下一次他会给出一颗让你们害怕的'药丸'。"

事实证明，最有远见的是悲观主义者们。1963 年，试验和训练场工作的结果被汇总为"穹顶"科学研究工作。该工作是由第 108 研究所的阿列克谢耶夫领导的。正是他首次得出建立反导防御突防设备并将其放置在导弹弹头内是可行的这一结论。同年，第 108 研究所（以贝格名字命名的中央无线电技术科学研究所）开始着手为作战弹道导弹研发反导防御突防设备。众所周知，美国也正在研制这样的突防装置。

3.13 "A"系统试验总结

1961 年，"A"试验系统的设备测试工作结束。更确切地说，在这个时候，对试验系统设备的试验结束了，因为早在 1961 年 8 月苏共中央委员会决议中就确定了完成"A"系统相关任务的事实。

1959 年至 1964 年，V-1000 反弹道导弹总计进行了 100 多次发射。根据格里高利·瓦西里耶维奇·基苏尼科在《秘密区域》一书中的数据，在测试期间，共 11 次成功拦截了 R-5 和 R-12 弹道导弹，并摧毁其弹头。在 5 次发射中直接毁伤了弹头：2 次是 R-5 导弹，3 次是 R-12 导弹。在包括 3 月 4 日发射在内的 3 次发射中，弹道导弹的弹头装配了重模型，而 8 次发射使用了 500kg 爆破药的常规弹头或用中性元素代替易裂变材料的核弹头。

从这些数据中，尚不清楚基苏尼科所说的"成功拦截"和"直接毁伤弹头"是什么意思。根据尼古拉·库兹米奇·奥斯塔片科的回忆，技术任务书设想建造一个可靠性达 0.99 的系统。但是实际并没能达到这么高的指数。因此，在编写"A"系统测试结果报告时，选择了较好的拦截结果，并记录了 0.97 这一数字。

尤里·亚力山德罗维奇·卡缅斯基回忆录摘选

在 1961 年 3 月 4 日拦截之后，格里高利·瓦西里耶维奇·基苏尼科立即提出了启动发射（特别是成功发射）结果文件记录程序。这些文件包括击毁目标决议（其中包括军方签署的），以及载有插图和发射说明的相册。组织进行了电影拍摄，该项工作是由在核武器测试期间负责拍摄的操作员进行的。

在后来的发射中又收获了几次成功的射击结果。如果从击中弹头角度说反弹道导弹成功发射次数的话，那么这里我认为基苏尼科在他的书中提到的"11次击毁弹道导弹弹头的发射"是可信的。我会将"击毁"一词换为"击中"。

同时，我根据存放在我们研究所（无线电仪表制造研究所）内的文件（《关于击中目标的报告》）对"A"系统射击的平均有效率进行了评估。我得到了约0.7的目标击中率的评估。遗憾的是，很多文件丢失了，但是如果接受这一评估，那么带有科佐列佐夫弹头的V-1000反弹道导弹进行的发射总数应该是16枚，这与分配给我们的这些弹头的数量——20枚之间是相互关联的。

约0.7的目标命中率的评估是对反导防御试验系统工作的一个不错的评估。但是总体的成功"次数"与反导防御作战系统的任务完全不符。

V-1000反弹道导弹雕像，普里奥泽尔斯克市

1961年8月，苏共中央委员会关于完成"A"系统任务的决议出台后，亚历山大·安德烈耶维奇·拉斯普列京、瓦西里·巴霍莫维奇·奇若夫和格里高利·瓦西里耶维奇·基苏尼科立即签署了将基苏尼科的第30特种设计局从第

第三章 "A"试验系统

"A"反导防御试验系统的雕塑，V-1000反弹道导弹为模型，该雕塑被放置于以社会主义劳动英雄格里高利·瓦西里耶维奇·基苏尼科命名的莫斯科第1430学校的主入口处

1设计局中分离出来的文件。看来，这是乘着成功的浪潮做出的决定，因为很快拉斯普列京和奇若夫就将这一决定称为错误决定了。基苏尼科坚持要分出来。他明白无线电工业部不合适，所以设法让苏共中央委员会和部长会议于1961年12月30日作出了关于组建独立牵头单位——第30特种设计局的决议。

随着第30特种设计局的独立，不怀好意的人也增加了。尽管官方发布了"A"系统成功完成任务并停止试验的决定，但是研发人员并没有得到奖励。直到1966年7月15日，在德米特里·费多罗维奇·乌斯季诺夫倡议下，为鼓励A-35系统研发人员的劳动，苏联最高苏维埃主席团才颁布了因为"A"系统而颁授列宁奖的命令。获奖者名单中有团队领导、系统总设计师格里高利·瓦西里耶维奇·基苏尼科、计算设备的总设计师谢尔盖·阿列克谢耶维奇·列别杰夫、M-40计算机研发人员弗谢沃洛德·谢尔盖耶维奇·布尔采夫、"多瑙河"-2雷达站的总设计师弗拉基米尔·潘捷列伊莫诺维奇·索苏利尼科夫、高尔基机械制造厂设计局总设计师和天线系统研发人员阿列克谢·叶菲莫维奇·索科洛夫、数据传输系统总设计师弗罗尔·彼得罗维奇·利普斯曼、V-1000反弹道导弹空气动力计算组组长维塔利·格奥尔吉耶维奇·瓦塞特琴科夫、"A"系统副总设计师伊万·德米特里耶维奇·奥梅利琴科、尼古拉·安德烈耶维奇·西多罗夫、雅科夫·阿尔捷米耶维奇·叶利扎连科、尤里·德米特里耶维奇·沙弗罗夫、奥列格·瓦西里耶维奇·戈卢别夫、"多瑙河"-2雷达站副总设计师弗拉基米尔·波尔菲耶维奇·瓦修科夫、巴尔哈什训练场主任米哈伊尔·伊格纳季耶维奇·特罗菲姆丘克、国防部第4总局负责试验设计工作的副局长康斯坦丁·亚历山德罗维奇·特鲁索夫。

第四章
莫斯科"A-35（A-35M）"导弹防御系统

A-35 导弹防御系统的研发，格·瓦·基苏尼科的贡献
A-350 反导拦截导弹，彼·德·格鲁申的贡献
AO-35 远程预警系统及"多瑙河"-3 雷达站
"多瑙河"-3 及"多瑙河"-3U 雷达天线的研发
"土星" 导弹防御系统项目
S-225 系统
"亚速" 引导雷达天线
"亚速" 雷达系统的测试
V-825 反导拦截导弹
5Ya26 高速反导拦截导弹
"攻城杵" 项目
"阿尔丹" 靶场发射单元
防天反导部队的组建
A-35 系统的现代化改造，伊·德·奥梅利琴科的贡献
A-350R 反导拦截导弹
"多瑙河"-3U 远程预警雷达
"多瑙河 3M" 改进型雷达
A-35M 系统担负战备值班
"阿芙乐尔" 项目
"额尔古纳河" 发射单元，"伊斯特拉河" 雷达
"鲁扎河" 雷达的研发
"涅曼河" 雷达的研发
格·瓦·基苏尼科被撤职

4.1 从试验系统到作战系统

奥·瓦·戈卢别夫，尼·孔·奥斯塔片科

试验系统仅是构建作战系统道路上的一小步。早在靶场设施建设时期，格·瓦·基苏尼科在获取最早的 RE 雷达探测、追踪弹道目标性能数据后，立即就开始着手莫斯科未来的导弹防御项目研究。亟待解决的难题主要有以下三个：

（1）回击突袭行政工业区的目标群，同时使用大量的反弹道导弹摧毁弹道导弹战斗部；

（2）为反弹道导弹配备特殊的弹头；

（3）实现超高空和远程拦截。

作战系统与试验系统不同，它不能只考虑拦截单个目标。采用特殊战斗部，是出于弥补远程、高空导引精度不足的需要。高空、远程毁伤，则是防卫目标免受核爆拦截所必须遵守的安全条件。

远程预警雷达的终选方案始终悬而未决。弗·潘·索苏利尼科夫和亚·利·明茨的方案都有各自优缺点，且争论也始终未停息。问题的复杂性还在于，根据 20 世纪 50 年代末专家们的主流观点，需要建设 2 套而非 1 套导弹防御系统：1 套直接承担目标防护任务的导弹防御系统，1 套远程弹道目标预警系统。随后各类观点乃至建设原则本身都发生了很大改变，但当时许多持有上述观点的专家仍在位掌权，他们纷纷对基于索苏利尼科夫研发的复杂且昂贵的分米波雷达建设全域远程预警系统这一项目的合理性提出质疑。亚·利·明茨认为自己站在正确的一边，而格·瓦·基苏尼科则同样认为弗·潘·索苏利尼科夫才是正确的一方，双方互不相让。一天，两人又一次在例会上各抒己见，德·费·乌斯季诺夫听完各自发言后生气地高喊：

"你们的话有多少是可信的？每个人都只想着自己，而不是国家！"

索苏利尼科夫的团队正在忙于"多瑙河"-2 雷达的建设工作，无线电工业部就向无线电所及第 244 研究院下达了为反导作战系统研制远程预警雷达项目的任务。1958 年，无线电工业部审议了上述两家单位提交的亚·利·明茨"中央预警雷达-靶场"远程预警雷达方案和尤·格·布尔拉科夫"程序"方案。最终认为无线电所的方案略占优势，但同时建议第 244 研究院继续开展研究。出于减轻难题的考虑，在索苏利尼科夫和明茨两位竞争者之间加入了第 3 名竞争者——布尔拉科夫。

1958 年 4 月，苏联共产党中央委员会主席团通过了《导弹防御有关问题的决议》，根据该决议，计划建设 A-35 导弹防御作战系统。国防部第 4 研究院受领了拟制未来导弹防御系统技战术性能要求的任务，基苏尼科总设计师的任务是依据技战术性能开发莫斯科工业区反导系统的初步方案，明茨负责开发"中央预警雷达-靶场"的靶场实验样机，以解决反导防御系统远程探测和目标指示雷达站的方案选择问题。同时指出，仍根据先前所明确的计划推进"多瑙河"-2 雷达的研制工作。

根据导弹防御有关问题的决议，第 4 研究院与国防部第 4 总局签订合同，在尼·瓦·叶吉阿扎罗夫的带领下开始系统地开展"导弹防御系统目标防御技战术性能要求"项目的研究。技战术性能要求的依据是确保 125km 直径内的防御目标免受射程不超过 8000km 的洲际弹道导弹打击。

苏共中央委员会主席团催促国防部，国防部转而催促第 4 研究所。于是，第 4 研究院在尚未完成技战术性能要求论证的情况下，就向第 1 设计局下达了"任务计划"。根据该任务计划，格·瓦·基苏尼科需要开发出一套多通道反导拦截导弹系统，具体为：使用特殊战斗部，可毁伤数枚同时多向来袭的多弹头式"泰坦-2""民兵-2"洲际弹道导弹，拦截高度、拦截距离均为 350km，且系统的可靠性系数为 0.995。

反导拦截导弹的主要毁伤手段是小当量的特种弹药（译注："核装药"），因为大当量爆炸可能会"致盲"己方雷达。考虑到第 11 设计局（"阿尔扎马斯-16"设计局）的工作负荷，最终决定由 1011 研究院（"车里雅宾斯克-70"研究所）的设计师们来着手特种装药的研制工作。

不时有人在文章中对苏联导弹防御系统使用核战斗部提出批评，认为这违背了基苏尼科的观点，然而这些批评都是无稽之谈。A-35 系统从未考虑使用爆破弹头，基苏尼科在设计工作之初就对此十分清楚。此外，当时正是基苏尼科主张为 V-1000 反导拦截导弹搭载特殊弹头，并在完成相应的准备程序后即可进行发射。

基苏尼科历来被视为苏联核反导拦截导弹之父，这也是他的功绩。但是苏联的导弹防御系统防护的目标是城市，而非军事设施，这就要求该系统应能够"干净"地毁伤来袭弹道导弹战斗部，也就是说，应避免弹道导弹战斗部在有效毁伤高度爆炸，或由于弹头受损而引发放射性物质泄漏。在当时，只有搭载核弹头的反导拦截弹才能保证类似的毁伤效果。

国防部科学技术委员会在审议完明茨和索苏利尼科夫的各自方案之后，选择了索苏利尼科夫的方案，即基于"多瑙河"-3雷达建设A-35系统的AO-35远程预警系统。同时，建议明茨在巴尔哈什靶场建设一个"中央预警雷达-靶场"的试验模型。

1959年11月，基苏尼科完成了A-35系统预先方案的首稿设计。同试验系统类似，这一系统也采用三距雷达引导法，但总设计师决定增加1部精确引导雷达。基苏尼科比任何人都清楚，哪怕是在大气层内或较近距离内实施拦截，A-35系统各制导雷达的精度也依然处于临界值。此外，试验还证明，某一部精确制导雷达出现问题就将导致整个系统失灵。为提高系统可靠性，他决定增加雷达数量，系统也因此而得名三点（四点）测距系统。若某一部精确制导雷达出现故障，系统仍可按三点法正常运行；若4部雷达都能正常工作，则将提高目标跟踪能力。

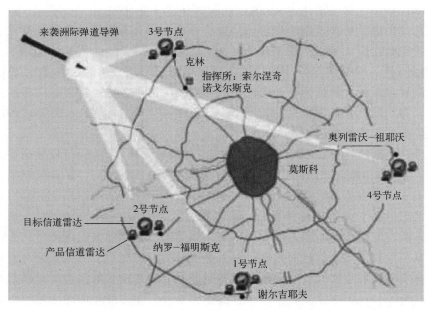

采用三点（四点）测距法的A-35系统发射单元示意图
基苏尼科1959年方案

我们就在格里高利·瓦西里耶维奇办公室的地板上开始了方案标绘，同时还决定准备开展全境导弹防御系统的方案设计。最初，我们选择了苏联最大的14座城市，围绕各座城市布设了未来的A-35系统相关设备，并通过数据传输系统将其联通。格·瓦·基苏尼科考虑到提高系统效率和可靠性的需要，做出了为系统配备 4 部精确制导雷达这个艰难的决定。当时已经有人批评他使"A"系统充斥着各类设备，但他也别无他法。

纸总是包不住火。很快，第 1 设计局的某些出于某种需要而经常出入格里高利·瓦西里耶维奇办公室的同事就得知了我们的方案，随后全厂都在传言，人们都说："他们全都疯了！竟然想要造 4 部，而不是 3 部精确制导雷达！"

食堂里，也有人取笑我们：

——"你们连三角测距也搞不明白，竟然还建议使用 4 台测距仪。"

根据基苏尼科的建议，该作战系统包括主指挥-运算中心、备用指挥-运算中心以及数套环绕莫斯科布设的发射单元。根据建议，摧毁 1 枚来袭弹道导弹要使用 4 枚反导拦截导弹，2 枚拦截来袭导弹弹头，剩余 2 枚拦截末级弹体。此外，还应有 4 枚拦截导弹处于"热待机"状态。这样，基于现有条件建设的导弹防御系统才能达到规定的可靠系数。预先方案还设想逐步扩充系统设施，从而最终实现提供全国境防御。

每套发射单元都包括环莫斯科分散部署于 4 个不同地点的 4 部 RKZ-35 目标信道雷达，出于引导 2 枚反导拦截导弹的需要，还在每部 РКЦ-35 目标信道雷达附近部署有 2 部 RKE-35 产品信道雷达。每套发射单元的 4 部目标信道雷达、8 部产品信道雷达按照三点（四点）法配置，确保在单次作战轮回中毁伤 1 枚来袭弹道导弹。

1959—1963 年间，完成了大量初步方案、系统图纸的制作。基苏尼科的同事们现在还能记起包括 16 到 48 套发射单元不等的各稿方案，但他们对"发射单元"概念的解读都各不相同，经常将记忆更深刻的 1964 年版方案中的内容混入这一概念。A-35 作战系统的各项设施正是根据 1964 年版方案所建。令人遗憾的是，人们未能根据文献资料再现格·瓦·基苏尼科早期各种方案迅速发展的过程。发射单元的数量由应当摧毁的目标数量决定。经过长期、激烈的争论，军方和工业部门终于达成一致：该系统的设计拦截导弹数量为 18 枚弹道导弹。

在国防部第 4 总局就预先方案开展讨论前，格·瓦·基苏尼科准备了 1 幅巨大的首都地区导弹防御系统示意图，并提交给了诸位与会人员。图上标示出了大量的雷达、发射装置及其他设施。整个莫斯科近郊的天空都被穿插交错的雷达波束所覆盖。1 位订购局的工作人员在仔细看完示意图后，轻声对站在身旁的同事说道：

——多么神奇的无线电城市！这种奇幻，简直是绝无仅有！

他的同事也随声附和道：

——除了拉夫连季·帕雷奇，怕是谁也无法打败这个庞然大物！不论如何都无法战胜！

国防部第4总局否决了4部雷达的系统方案。基苏尼科随后对方案进行了完善，建议使用所谓的"机动式"精确制导雷达。根据目标不同的来袭方向决定对其采用单雷达、三雷达亦或是四雷达指示。这样，用于指示弹道目标的精确引导雷达总数得以减少，但基本上还是使用原来的三点（四点）测距法。

完善后的方案提交防空兵军事委员会讨论。军事委员会给出的评定中指出"该系统建设使用复杂，所需资金极为庞大"。当时基苏尼科转而求助享有巨大威望的莫斯科防空军区司令帕·费·巴季茨基，该系统也正是为其研制。巴季茨基看完材料后说：

——"总设计师同志，请听我说。你为什么非要太岁头上动土？你的3部雷达的方案就已经激怒了所有人，现在却要使用4部雷达……你把雷达都删掉，所有问题就都解决啦！"

恰巧在"A"系统测试期间，格里高利·瓦西里耶维奇给身处靶场的我们打电话，他不满地问道：

——"你们在那干什么？请你们计算一下，使用1部精确制导雷达能不能拦下导弹？"

我们随即开始计算，建立了总作战算法，并将其命名为16号总作战算法。数字16并非是序数词，其得来原因如下：数字1代表1号精确制导雷达，数字6是指靶场的6号场地。我们根据16号作战算法编制了16号作战算法程序，将该程序输入弗·谢·布尔采夫计算机，最后得出的数据几乎与三距法的数据完全一致。

我们马上就给基苏尼科去了电话。他不相信这一结果，并于1961年2月亲自飞赴靶场。我们总共耗时3个月来进行计算。格里高利·瓦西里耶维奇亲自反复核对数据，最终确信我们的计算完全无误，他也认可了这一程序。我们也借某次发射之机检验了"A"系统的单部雷达方案。

1961年5月，基苏尼科完善了A-35系统的单雷达方案，并将包含弗·潘·索苏利尼科夫"多瑙河"-3雷达的AO-35远程预警系统纳入该方案。6月，订购方最终认可了这一方案，并决定由本国的各家工厂开始导弹防御系统设备的批量生产。

1961年11月29日，军事订购总局（国防部第4总局）开始组建该总局下属的第81无线电技术中心局，专门负责监督A-35项目的建设、装配工作，并任命伊万·叶菲莫维奇·巴雷什波列茨炮兵少将为该局局长。1962年1月22日,第81无线电技术中心局正式组建,这一天也被定为导弹防御系统的"诞辰"。1962年10月,莫斯科地区的项目建设依次推进,但对A-35系统而言,艰苦岁月仍未结束。

当时,弗·尼·切洛梅提议使用明茨雷达建设的"攻城杵"全国导弹防御系统。国防部认为基苏尼科能够完成方案设计并满足订购方的基本要求,因此并不认为有必要建设第二套系统。无线电工业部的领导却表示支持切洛梅和明茨,并坚持组建了一个由费·维·卢金任主任领导的部际委员会。

格·瓦·基苏尼科《秘密地带》一书摘选:

时任无线电工业部部长的瓦·德·卡尔梅科夫出于"攻城杵"系统的考虑,坚持要求委员会反对A-35系统。他的理由为:

——按照任务书的要求,A-35系统计划用于摧毁数枚不搭载无线电伪装设备的弹道导弹,而"攻城杵"系统则能够有效应对弹道导弹的大规模攻击,还能与假目标作战。

费·维·卢金却对此表示反对:

——我们委员会的人员组成不包括"攻城杵"系统的总设计师,因此我们对这一系统一无所知,我们需要关于这一系统的详细报告。

然而,当时并没有任何人准备好"攻城杵"系统的详细报告。

卢金并未盲目执行部长的指示,他经过深入分析,指出切洛梅建议的方案并未经过认真研究。即便如此,"攻城杵"方案还是于1965年得以立项。基苏尼科所面临的境况愈发困难,A-35系统的相关工作也被放缓。

4.2　A-350反导拦截导弹

瓦·亚·耶尔莫连科

1958年4月8日、1959年12月10日和1960年1月7日,《关于导弹防御若干问题》《关于A-35系统的决议》,以及《关于组建莫斯科工业区导弹防御系统的决议》3份文件先后得以通过,明确了任务各执行单位的协作机制,并通过了具体的工作时间表。批准第1设计局("金刚石"科学生产联合体)为主设计方,格·瓦·基苏尼科任系统总设计师。彼·德·格鲁申(第2试验设计局/"火炬"机器制造设计局)团队受领了A-350反导拦截导弹、发射和技术阵地等研发任务。

国防部第 4 研究所担负的任务为：建造并交付 A-35 系统研发所需的弹道导弹飞行轨迹测量和无线电遥测靶场系统。1960 年 7 月 1 日，为了开展 A-35 系统的测试、性能评估及建模等工作，国防部第 4 总局新组建了下属的第 4 特种运算中心（即后来的国防部第 45 特种研究所），并开始组建该单位的所属部队。1960 年 8 月 1 日，苏共中央委员会、苏联部长会议联合下发决议，明确由国防部担负 A-35 系统各项设施的建设任务，并规定该系统应于 1964 年交付使用。基苏尼科的方案仍在持续引发激烈争议，但也在不断完善。协作机制内的其他参与各方也都开始着手执行有关决议。

彼·德·格鲁申受命设计一款新的反导拦截导弹，该导弹的飞行性能需较 V-1000 导弹高出数倍且更加稳定。为了完成莫斯科以及反导系统各设施的自身防护，反导拦截导弹需要达到极高的飞行速度，具备极大的射程，除了要拦截弹道目标外，还应为发射阵地及其他地面设施创造足够的安全空间。此时，留给完成拦截任务的时间窗口极为有限。

1958 年 4 月，第 2 试验设计局于开始着手 V-1100（A-350）反导拦截导弹的设计工作，发动机方案有 2 种：米·马·邦达留克的直流巡航发动机和阿·谢·杜什金的液体巡航发动机。这 2 种方案都计划搭载伊·伊·卡尔图科夫的固体燃料加速器。后来，格鲁申否决了杜什金的发动机方案。V-1100 导弹最终采用邦达留克冲压式巡航喷气发动机，使用卡尔图科夫固体燃料火箭发动机为初级发动机，并于 1960 年 6 月完成了方案的图纸设计。

几乎就在同一时间，格鲁申发现，固体燃料初级发动机和直流巡航发动机无法使反导拦截导弹达到设计性能。1960 年秋，他向 A.C. 梅维乌斯总设计师下达了研制直流液体燃料喷气发动机的任务，并责成 P.F. 祖波茨总设计师设计固体燃料初级发动机。新的反导拦截导弹方案代号为 A-350Zh（5V61）。1961 年 3 月，V-1000 反导拦截导弹首次完成弹道目标拦截之后，A-350Zh 方案完成了图纸设计。

我们设计局（第 2 试验设计局，"火炬"机械设计局）内的分工如下：叶甫根尼·伊万诺维奇·阿法纳西耶夫负责反导拦截导弹的弹载设备和电子系统，费多尔·斯捷潘诺维奇·库列绍夫负责地面设备，鲍里斯·德米特里耶维奇·普普科夫负责理论计算。弗拉基米尔·瓦西里耶维奇·科利亚斯金担任副总设计师之后，同彼得·德米特里耶维奇·格鲁申共同负责总体技术指导。我担任 A-350Zh 项目的主管设计师直至 1973 年，1974 年起由伊戈尔·尼古拉耶维奇·斯梅茨基担任改进型 A-350R 的项目主管。

第四章 莫斯科"A-35（A-35M）"导弹防御系统

A-35系统的最初设计意图，是保护莫斯科免遭按最优轨道飞行、下降攻角视线角度不超过40°~45°的弹道导弹袭击。然而订购方的代表却当面向国防部第2研究所、第4研究所的领导们提出，要求该系统能够拦截低轨人造卫星轨道式全球导弹，以及按非最优轨道飞行（平直轨道）飞行且攻角为15°~20°的弹道导弹。这些要求大大增加了导弹防御系统的建设难度。如示意图可见，根据指定区域防护任务以及最低为50km的毁伤高度要求，必须对来袭弹道导弹采取极远距离拦截。这种情况下，探测到低弹道导弹的时间较晚，相应的拦截时间窗口也会被缩短。建立一个能够防护所有可能类型弹道目标的通用型导弹防御系统，其难度超乎想象。然而，我们还是在某种程度上考虑到了订购方的要求。

新的反导拦截导弹项目代号为A-350Zh，订购方代号5V61。在其研发期间，第2试验设计局（"火炬"机械设计局）的设计团队面临一系列全新的技术难题。主要包括：

（1）必须采用大功率高脉冲发动机，以达到极高的弹道性能，同时尽可能地降低发动机自重；

（2）确保导弹在几乎没有空气的极高空域的机动性和可控性；

（3）确保弹体结构能够承受极大冲压造成的高温；

（4）确保弹道性能在极大外部温差区下始终保持稳定；

（5）对设备、系统和反导拦截导弹整体可靠性的要求极高（接近于"1"）。

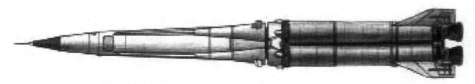

格鲁申院士"火炬"机械设计局绘制的A-350Zh反导拦截导弹图

项目设计之初，设计团队主管奥列格·米特罗凡诺维奇·希曼厄齐队长和资深工程师谢尔盖·康斯坦丁诺维奇·费季索夫带领众人进行了大量的对比弹道运算，对比了不同发动机工作时间、推力及其他参数等条件得出的结果。运算中采用的反导拦截导弹制导方法，能够确保其飞行轨迹近似弹道轨迹，即具备最小侧向过载，同时能够最大限度地保存导弹动能。这种制导方法被抽象地称为"入射点"法，由资深工程师普拉夫京内提出。

这种制导方法的实质在于，反导拦截导弹发射之前就已经通过计算得出了拦截点且标定了一条垂线。该垂线与反导拦截导弹速度向量延长线交汇于某一虚拟点。这一虚拟点在自由落体延伸线上高低不定，而反导拦截导弹的速度向量应始终瞄向"自由落体"点。满足这一条件时，反导拦截导弹的飞行弹道近似弹道导弹，从而可获得极大的拦截速度与距离。大推力液体燃料发动机的主舱于飞行末段点火，完成弹道调整，之后就是反导拦截导弹与目标相遇。

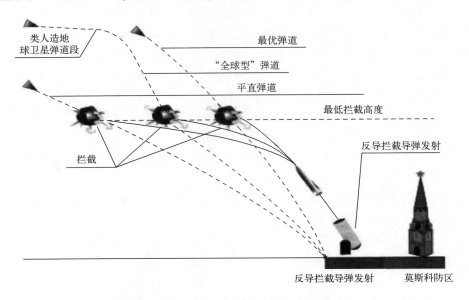

A-35 导弹防御系统防御不同类型弹道导弹弹头拦截组织图示

通过计算，可选定发动机参数。瓦季姆·谢拉菲莫维奇·别涅沃连斯基组织开展的空气动力计算表明，仅在初始弹道阶段，即稠密大气层内才可通过空气（空气动力）控制部件实现弹体控制、稳定及侧向过载。其余飞行段的控制，只能借助气体动力原理，即改变液体燃料发动机转向发动机的矢量方向得以实现。因此，不能存在被动飞行段。液体燃料发动机的主舱关机后，其余 4 个转向发动机应持续工作，从而保证巡航段的弹体飞行控制并维持飞行速度。

对反导拦截导弹可靠性的要求非常之高，因此我局的专家制定了这套特殊的发射前准备流程：加注液体燃料，内部电机加电，按规定程序检查反导拦截导弹各系统。这一方法一经采用，就极大提高了检查质量。为了开展发射前检查，多尔戈普鲁德内伊机械制造厂试验设计局还专门设计了一套作战规范设备，用于记录相关数据以备后续分析。

但发射前检查中查出设备故障的可能性依旧存在，因此决定同时将 1 主 1 备 2 枚反导拦截导弹转入发射准备，从而避免了发射带故障的导弹。基于保证近乎百分百毁伤目标的要求,考虑对同一目标发射 2 枚拦截导弹(双发齐射)进行拦截。此时,共计 4 枚反导拦截导弹处于战斗准备,即产品信道雷达的每个信道各有 2 枚导弹。

反导拦截导弹的技术操作规范于 1963 年完成。但是,"攻城杵"系统的研发工作开始之后,彼·德·格鲁申对反导拦截导弹的态度就有所冷淡。他对我们的态度就是既不阻碍,但同时也不鼓励。我们不得不费力地将发布操作规范、开展地面测试及反导拦截导弹生产等相关工作纳入整体计划。1964 年底,局势发生了变化,"攻城杵"项目被中止,我们所的反导拦截导弹课题这才"续上了第二口气"。

1962 年 2 月起,首批 5TYa 导弹在巴尔哈什靶场的临时发射阵地开始了第一阶段的抛掷发射试验。截止到 1963 年 5 月共开展了 6 次试射。1963 年 9 月至 1964 年 10 月,同样是在临时发射阵地,代号为 6TYa 的改进型导弹共进行了 5 次发射。

1965 年 12 月 24 日,A-350Zh 反导拦截导弹进行了首次最终版全系统发射,1965 年 12 月到 1967 年 5 月间共进行了 7 次发射。1967 年 9 月,"阿尔丹"系统阵地开始了 A-350Zh 导弹的全系统测试。

第一批导弹样品在"火炬"机械设计局的实验工厂完成组装。1963 年 4 月 4 日,军事工业委员会决定由多尔戈普鲁德内伊机械制造厂承担反导拦截导弹的生产工作。但生产工作进展并不顺利,截至 1966 年,共组装了 5 枚试验样弹,随后生产被中断。最后,航空工业部决定由莫斯科"先锋"机械制造厂负责 A-350 导弹的量产,多尔戈普鲁德内伊机械制造厂则转为生产 V-825 新型反导拦截导弹。茹良斯克机械制造厂(基辅"阿尔乔姆"机械制造厂的一个分厂)组装了 10 枚量产型反导拦截导弹。

导弹的飞行测试以发射程序、运输-发射一体装置各部件和 6 号发射场组装的发射装置等的演练为序幕。测试使用的导弹搭载了设计配套的一级发动机,以及同形同重的模拟二级发动机。多次试射都取得了圆满成功,运输-发射一体装置经受住了导弹发射载荷,并证明这一装置可重复使用。

下一阶段的实验为分离程序测试。为此特地制作了 2 枚反导拦截导弹,导弹的一级发动机为设计配套发动机,但液体燃料二级发动机由爆燃发动机替代。第一次试验中,加速发动机达到规定速度,随后完成了分离程序,但二级发动机未正常点火。随后进行的分析也没能找到故障原因,于是决定将该问题视为偶然问题。然而,第二次发射再次出现相同故障。经过详细的检查,终于找到了问题原因:发动机罩密闭性不达标,随着拦截导弹飞行高度的爬升,发动机内电池发生放电,从而导致点火初始电压不足。

驶入红场前的A-350反导拦截导弹。运输-发射一体装置的泡沫塑料顶壳在阅兵期间换成了铝质顶壳。照片摄于1966年11月7日

红场上的A-350反导拦截导弹。图中运输-发射装置的底壳已被拆除，一级发动机的4个燃烧室形状清晰可见。图片摄于1966年11月7日

不久后，专家们决定对全套弹道导弹进行自主测试，测试委员会主任由航空工业部第9局局长尼古拉·尼古拉耶维奇·弗拉索夫担任。事先开展的大量地面测试避免了许多潜在的发射事故，但最初的几次试射中仍有一次发生了重大事故：发射指令下达后，固体燃料组突然发生爆炸，并造成导弹、运输－发射一体装置以及发射设备损坏。

随后，第1设计局第30试验设计局总设计师维切斯拉夫·伊万诺维奇·尼季莫夫和副总设计师尼古拉·费多洛维奇·沙茨基带领该局团队，经过艰难的协作攻关，重新设计了弹载无线电设备，自动巡航设备的改进工作由第1设计局第36试验设计局彼得·米哈伊洛维奇·基里洛夫领导组织。A-350Zh反导拦截导弹的最大拦截距离和拦截高度均为350km，最低拦截高度为50km，弹长17.9m，其中二级弹体长10m，弹径2.6m，发射质量为32t。

1964年11月7日，在红场阅兵式上苏联首次向世人展示了A-350反导拦截导弹。

A-350反导拦截导弹的巡航发动机

E.A.卡拉梅舍夫

谢夫鲁克所在的试验设计局下达了"长时间活下去"的命令，因此伊萨耶夫就逐渐地从防空导弹、反导拦截导弹等课题转而从事海上课题研究，1958年4月，航空工业部决定，由该部第1试验设计局总设计师列昂尼德·斯捷潘诺维奇·杜什金负责A-350反导拦截导弹液体巡航发动机的设计任务，第670实验设计局总设计师米哈伊尔·马卡洛维奇·邦达留克负责设计冲压喷气巡航发动机。当时，格鲁申无法确定两型发动机的优劣，于是决定2个方案同步推进。伊万·伊万诺维奇·卡尔图科夫所在的第81工厂第2设计局开始固体启动发动机的设计工作。

杜什金的发动机方案取得了显著成果，因此有人提议，将其从莫斯科调往沃罗涅日担任某大型发动机实验设计局的领导。但他本人却对此表示拒绝，并因此而惹怒了部长。格鲁申明白，杜什金拒绝任命后，他也就丧失了扩大设计局、组织生产试验基地工作等的机会。任何天赋都救不了他，而且"失宠"设计师的工作中还会遇到各种各样的问题。

1960年秋，彼·德·格鲁申向列宁格勒第466试验设计局总设计师阿纳托利·谢尔盖耶维奇·梅维乌斯下达了设计自燃剂型带可转向喷嘴的2~16t推力5D16多速液体喷气发动机的工程任务。祖布茨总设计师所在的第16试验设计局受领了研发混合燃料初级发动机的任务。

1962年,梅维乌斯设计的发动机在福斯托沃进行了第一阶段测试,随后发现了多个问题。格·瓦·基苏尼科在所著的《秘密地带》中,对这一事件描述如下:

彼·德·格鲁申决定为A-350反导拦截导弹搭载新型的带可转向喷嘴的巡航发动机,以替代必不可少的4个舵发动机。然而,A-350反导拦截导弹的测试平台由弗·尼·切洛梅负责,且仅此一个测试平台,其建设也颇费时日。彼·德·格鲁申在意识到反导拦截导弹的设计工作面临超期完工的风险后,他采取了唯一可行的解决方案:重新为导弹装配不可转向喷嘴发动机,并加装数个舵发动机。

这一事件之后,有人开始通过部长向我施压,企图使我将A-35系统中的格鲁申反导拦截导弹替换为UR-100导弹……有人向我暗示,就连我在A-35系统中所开展的相关工作,也都在切洛梅及其高层关系的庇佑之下……上述坚持,背后所隐藏的计划就是切洛梅企图将格鲁申所在的实验设计局(当然,不包括格鲁申本人)吸收合并为一个分部。

我在几次会议上都一再推诿:求得了UR-100导弹的技术参数,随后经过一段时间的思考,再告知对方,某些参数不能令我满意,而我需要的是某某某……随后切洛梅方面的代表就打断了我的话,并解释可以满足我所要求的参数,并且,很有代表性的一点就是,我的所有要求都得到了充分考虑。随后,此类推诿就转移到其他一组参数。我的一切所作所为,都是为了不被人们指责"不假思索地就拒绝在A-35系统中使用UR-100导弹"。我竭尽所能地表现出"我本人不要一点手腕,单纯从技术角度开展研发设计",而只是在这出"话剧"的大幕之后悄悄给我的伙伴们打哑谜,点拨他们那些如果不重新将UR-100导弹改进为固体燃料加速器导弹,就始终无法解决的技术问题。鉴于并不存在重新设计导弹的可能,因此我就提出了联合开展研究的折中意见,将用UR-100导弹取代A-350导弹变为协同使用A-35与"攻城杵"两种系统。

直到1962年,航空工业部列宁格勒第117实验工厂的形势都很严峻。该厂失去了研制飞机发动机的订单,总设计师弗拉基米尔·雅克夫列维奇·克里莫夫也不幸逝世,该厂员工面临失业危险。克里莫夫的副手、已担任该厂负责人的总设计师谢尔盖·彼得罗维奇·伊佐托夫视获取液体喷气导弹发动机为一条生路。

当时的场景颇为荒诞:梅维乌斯试验设计局获得了订单,却打断了承担量产任务的第 466 工厂的节奏，该厂并不承担试产任务；而第 117 试验工厂却在到处找订单。此时，将两家工厂的设计团队联合起来就显得顺理成章了。梅维乌斯是一名纯粹的设计师，他并不具备管理才能，此外他还疾病缠身；年轻、精力充沛的伊佐托夫有着毫无争议的管理能力，因此航空工业部的这一决定就显得十分明确。梅维乌斯的团队划给了伊佐托夫，第 117 试验工厂也就获得了"一大厚摞"导弹和反导拦截导弹发动机订单，组织量产工作的第 466 工厂领导们也稍稍微松了口气。

1963 年，谢·彼·伊佐托夫总设计师从弗·尼·切洛梅处受领了利用 15D13 单速巡航发动机和 15D14 舵发动机研发 UR-100 导弹二级发动机的任务。出于统一项目的考虑，切洛梅建议格鲁申在 A-350 反导拦截导弹上也使用上述发动机，该导弹的液体喷气发动机同样由梅维乌斯所设计。同时代的人证实，专家们对于能否将 UR-100 洲际弹道导弹用作反导拦截导弹充满怀疑，以至于切洛梅听取专家们的意见，并似乎决定将自己"攻城杵"系统中的 UR-100 导弹更换为 A-350 反导拦截导弹。为不同导弹换装同一型号的发动机可能相对代价更小，通过统一各型设备来降低系统成本的原则得到了尼·谢·赫鲁晓夫的支持，最终也得以执行。

格鲁申对此表示质疑：梅维乌斯研制的带可转向喷口的多速发动机才是反导拦截导弹的理想方案，带转向舵的单速发动机适用于洲际弹道导弹。在斯维尔德洛夫斯克上空击落 1 架 U-2 侦察机后，彼得·德米特里耶维奇得到了赫鲁晓夫的特殊关注，同他的争论也开始变得不同寻常。然而，切洛梅依旧等到了苏共中央委员会和部长会议关于 UR-100 导弹的决议，在下萨尔达组建了导弹测试台，并将伊佐托夫吸纳进了己方阵营。伊佐托夫于是暂停了多速发动机的设计，并将梅维乌斯撤职。

格鲁申被撤销了发动机和测试台总设计师的职务，随后他又不得不屈服于切洛梅的压力，重新组装了 A-350 反导拦截导弹。第 117 试验设计局主管设计师彼得·德米特里耶维奇·加夫拉领导了 A-350 反导拦截导弹 5D22（R5-117）巡航发动机的研制工作，该型发动机以 5D13 巡航发动机为基础，最大推力 13.4t；又基于 15D14 舵发动机开发了 5D18 舵发动机。

为补偿反导拦截导弹极高速飞向目标时所产生的过载，彼得·德米特里耶维奇建议用一种转子系统将燃料从储存箱输送至涡扇泵。这种系统非常有效，但使用时务必要小心。用叶片输送液体燃料时，燃料会紧紧附着于储存箱的内壁，再大的过载也对其无可奈何。

配备5D22液体喷气发动机的A-350导弹首级弹体

5D22液体喷气发动机
供图：圣彼得堡"红十月"公司

根据技战术性能的要求，数枚加注了腐蚀性燃料的反导拦截导弹要长期保存。彼·德·格鲁申决定将燃料封装于数个储存箱内，但这一任务并不轻松。78条焊缝需长时间置于四氧化二氮和氮氧化物的腐蚀作用之下，且二级发动机的液体燃料总重达4.5t。燃料加注口也被牢牢焊死。我们设计了一套可靠的密封性检测系统。

一次试验中，反导拦截导弹未按预定方向飞行。我们经过仔细分析，最后查明了问题原因：命令下达之后，燃料管罩并未闭合，因此燃料持续供入发动机。我们在燃料管上安装了罩盖，用于切断燃料输入，在必要时这些罩盖可弹发启动，但这次不知出于何种原因，燃料管罩并未触发。

我们向彼得·德米特里耶维奇报告，称问题原因已经找到，故障也已经排除。他却十分不满，说我们没有排除任何故障，并下令要紧急开发一套能够确保不发生故障的新系统。

系统越是简单，故障的概率就越低。遵循这一著名原则，我们想出了一套名为"断头台"的系统：将挡片常置于燃料管上方，接到指令即可按下挡片，随即切断发动机燃料供应。如此，这套简单、可靠的发动机急停系统得以诞生。

对反导拦截导弹而言，巡航发动机再点火系统必不可少，然而这一领域我们先前却从未涉足。A-350导弹的飞行方式如下：加速器分离后，导弹的巡航发动机点火，在导弹达到预定速度后关机，随后导弹进行一段弹道飞行，抵近目标后，发动机再次点火。再点火系统设计期间，我们攻克了大量难题。很快，列宁格勒"红十月"工厂就具备了液体喷气发动机的生产能力。

A-350反导拦截导弹固体燃料火箭发动机的研发

德·米·加利佩林

彼·德·格鲁申指派第16试验设计局（喀山"联盟"试验设计局）总设计师普罗科菲·菲利波维奇·祖布茨来负责助推级固体燃料火箭发动机的研制工作。1960年秋，我们团队受领了研制A-350反导拦截导弹5S47发动机的任务。亚历山大·米哈伊洛维奇·谢卡利内（随后由列昂尼德·尼古拉耶维奇·科兹洛维接任）领导的彼尔姆第130研究所（现微型精密仪器研究所），负责混合固体燃料的填装工作。1961年2月，该项任务的协调工作完成。

发动机使用混合固体燃料，机体上固定有一体化燃料模块，其设计结构远远领先于所处的时代。此款发动机的动力性能和内部弹道性能，共同保证了反导拦截导弹能够达到设计飞行指标。大尺寸、高强度薄壁的发动机机体设计，

A-350 反导拦截导弹
照片前景可见搭载 5S47 发动机的导弹助推级

使得发动机能够在极大纵向、横向过载和强烈气动摩擦造成的高内压、高温条件下仍可以正常工作。

中央航空发动机所、航空工业部第 1 研究所、全苏航材研究所、航空技术研究院、乌克兰科学院电焊研究院、中央材料研究院等单位也积极参加了课题攻关。发动机的试验台点火测试由彼尔姆微型精密仪器研究所组织,但是发动机整机的试验台整体点火测试,则依托索夫里诺科研靶场的测试平台开展。

1968 年 2 月,5S47 发动机跨部门测试方案得到批准。彼·德·格鲁申在签署完该方案之后亲口承认,他在任务协调时也曾怀疑能否在可接受的时限内制造出如此复杂的发动机。

凭借当时的工艺水平,还无法制造出如此大推力的单体发动机,因此采用的方案为将 4 枚单独填充的长 7m、直径 1m 的发动机连接组装为一个发动机组。发动机主体的生产工作由喀山第 16 工厂和多尔戈普鲁德内伊机器制造厂完成，随后转由彼尔姆"机械师"工厂承担，燃料装填则在沃斯科列先斯基郊外的福斯托沃试验基地内完成。

A-350 反导拦截导弹的特种装药

尤·安·卡缅斯基

由于系统改为采用单部雷达模式，制导精度也随之下降。格·瓦·基苏尼科建议增加反导拦截导弹特种弹头的当量，并向车里雅宾斯克第 70 研究所下达了研制数十万吨当量新型战斗装药的任务。对弹道导弹战斗部的拦截发生在 50 多 km 的高空，如此可将特种战斗部爆炸的冲击波影响降至最低。车里雅宾斯克第 70 研究所的物理学家们起初提议，使用中子完成拦截任务（军事工业委员会的某位领导鲍·基·基扬索夫总是喜欢说"中子——最好的碎片"）。然而，很快我们在苏联科学院化学物理研究所特种部的一次内部研讨会上听说，还可以通过高空引爆特种战斗部所产生的 X 射线来实现更大的毁伤半径。

中子射线可导致弹道导弹电子设备故障和装药提前爆炸。但是，特种战斗部爆炸后产生的中子波能量衰减的速度要比 X 射线更为迅速。奥·瓦·戈卢别夫建议，原子专家还考虑到反导拦截导弹弹体结构、燃料以及弹道导弹战斗部对中子的吸收。他的建议被认真考虑，随后开始了使用 X 射线完成拦截的相关研究。

1961 年秋，带特种装药的 V-1000 反导拦截导弹完成测试之后，苏联科学院化学物理研究所组织了一次大型的 A-350 导弹特种装药研发问题会议。会议在诺贝尔奖获得者尼·尼·谢苗诺夫所长的办公室举行，但他本人却并未出席会议。

两位原子专家亚·索·科姆帕涅耶茨和尤·彼·莱泽尔作了关于使用 X 射线毁伤弹道导弹战斗部可行性的报告。他们通过运算证明，X 射线造成导弹战斗部失能或对其进行破坏的半径与中子毁伤相同，但相关数字还需要通过实验进行验证。

1962 年 6 月，A-350 反导拦截导弹特种战斗部的设计图纸完成了修订，随后获得了批准。

A-350 反导拦截导弹的发射装置

集体创作

为保证反导拦截导弹的成功发射，决定采用地面发射装置，并使用密封箱式存储以确保反导拦截导弹弹道性能的稳定性。导弹发射装置和 5P81 型导弹运输–发射设施的研发任务交由列宁格勒第 232 试验设计局总设计师特奥多尔·多明伊科维奇·维勒克斯特负责。

同时代的人都记得，维勒克斯特有一次曾向赫鲁晓夫本人"讨要"工资。事情的起末是：苏联部长会议曾通过一项命令，规定第 232 试验设计局依托"布尔什维克"工厂开展工作，但其中却因某种原因漏掉了有关设计人员职务报酬的条款。因此，尽管试验设计局的设计师们工作量、工作复杂程度以及研发的创新性等指标都达到了独立核算的中央实验设计院级别，但他们仍领取工厂设计师等级的薪水。那些最有能力、有天赋的设计师都为劳动报酬感到不公，因而纷纷转投其他单位，维勒克斯特随即明白，必须要改变当前的薪酬模式。

然而，列宁格勒国民经济委员会却告知维勒克斯特，部长会议主席尼·谢·赫鲁晓夫曾亲自下令，严禁苏联任何单位更改职务等级工资表。只有赫鲁晓夫本人才能解决问题，但却无人敢就这么一件区区小事去麻烦赫鲁晓夫。有一次，苏共中央委员会国防委员会主任伊·德·谢尔宾正在拟制一份苏共中央委员会和部长会议有关研发搭载第 232 试验设计局某设备的下一代武器系统的决议文本，一天，他找维勒克斯特来协商问题。借此机会，总设计师对谢尔宾说：

——"尊敬的伊万·得米特里耶维奇，我们的工作十分复杂，但却无权享受一类设计师的薪酬！"

起初，谢尔宾很生气并果断表示了拒绝，但随后他若有所思地看着维勒克斯特，说道：

——"这么着。现在尼基塔·谢尔盖耶维奇同志正在 4 楼同中央委员会的某处开会。你可以直接去会场亲自同他说明此事，如果能和他谈妥，我就在那份命令中加上这一特例条款。"

维勒克斯特上到 4 楼后毫不费力地找到了会议室，等了 3 个多小时，会议室的大门才终于打开，国家元首踱着坚定的步伐走出了会议室。维勒克斯特鼓足勇气走到赫鲁晓夫面前，并简要向他汇报了问题。赫鲁晓夫看起来情绪不错，听完汇报之后，他说：

——"请告诉谢尔宾，就说我同意了。"

维勒克斯特倍受鼓舞，飞一般回到了谢尔宾办公室，但后者的反应却出乎意料。

——"你不相信吗？"

——"老天，我不相信。"维勒克斯特苦苦哀求，完全忘了，类似的表述是不可能出现在苏共中央委员内的。

谢尔宾思考了近1分钟，随后让维勒克斯特给军事工业委员会主席乌斯季诺夫打了个电话。乌斯季诺夫在彼得堡工作时就对维勒克斯特有了深入的了解，听他叙述完之后，就请他把话筒递给谢尔宾，向后者表示维勒克斯特的正派和诚实毋庸置疑。关于第232试验设计局设计师薪酬的特殊条款就这样被写入决议，并很快就被颁布。

维勒克斯特完成了A-350反导拦截导弹发射装置和运输-发射一体装置的原始设计。密封的运输-发射一体装置可保证内部存储的导弹不受外部气候条件的影响，还自带保持恒温所需的加热设备，且配备有导向装置。运输-发射一体装置的上下顶盖由轻质疏松材料制成，导弹发射时，顶盖可在巨大压力作用下发生破裂。列宁格勒"布尔什维克"工厂攻克了上述设备的生产难题，而自动化发射装置由莫斯科"捷尔任涅茨"工厂试验设计局设计。

4.3 AO-35远程预警系统和"多瑙河"-3雷达

弗·潘·索苏利尼科夫

1960年5月4日，在经过长期的争论和探讨之后，苏联部长委员会终于下达了设计并建设实验型弹道导弹、巡航导弹、人造地球卫星远程预警设备的命令，并指派我负责AO-35远程预警系统及"多瑙河"-3雷达的草案设计工作。系统设计用途是探测R-7导弹级别的来袭洲际弹道导弹，其探测距离达3000km，设计探测概率为0.95，这也就意味着，该系统应具备成功探测100枚来袭导弹中95枚导弹的能力。

规定的虚警概率为每昼夜不超过一次。众所周知，即便是莫斯科近郊偶尔也会出现极光，预警系统可能会将其误判为抵近首都的来袭目标，此时就无法排除发出虚警的可能；其他的一些干扰同样也难以避免。因此，我提出，为应对复杂的工作环境，我们必须要为 AO-35 系统设计由自动模式切换为手动模式的功能。

设计中的预警系统，应于责任区内出现弹道导弹后 10s 内完成对其的识别，精确制导雷达推送的目标指引精度角度偏差为 0.25°，距离偏差为 0.25km。此外，AO-35 系统还可同时跟踪最多 18×3 个目标（弹头、导弹末级弹体和弹头整流罩），即具备 54 个目标的跟踪能力。

确定跟踪目标数量的过程，更像是一场交易。军方出于对手的能力考虑，坚持认为数字越大越好，我们则回以各种不同论据，但其中最具说服力的，就是每个目标跟踪信道昂贵的成本。雷达站的建造成本清单，也对影响国防部的代表们起到了很大作用。最终，信道数量不得不同反导拦截导弹数量绑定，最后得出了数字"18"。

最大的难题在于，如何在敌方防区边界引爆核弹、产生的冲击波带来极大压强的情况下，雷达的各项设备仍可稳定运行。A-35 系统的最小防护边界距莫斯科市中心 100km，但 AO-35 系统却部署在距莫斯科中心 60km 处。最糟糕的情况下，预警系统应能够承受潜在敌方在距首都市中心 110km，也就是距雷达 50km 处引爆核弹的影响冲击。

与材料结构专家的多次会商，促使我们决定将支架型接收天线的尺寸限定为 100m×100m。基于当时的接收技术，预警系统的平均发射功率应大于 10 兆瓦。建造能达到上述指标的精确雷达和天线，并不合理。因此，我们决定建造 24 部扇形雷达，将其环绕莫斯科布设于 8 个雷达节点（各个节点 3 部雷达）并构成一个系统，以此来解决上述问题。通过这一布局，8 部双联扇形方位角雷达和 8 部防空角掩蔽雷达就能构成一个可抵御敌方主动干扰的双重雷达场，最终建立起无法穿透的防御系统。

最终敲定的雷达节点位置如下：伊斯特拉以西特洛斯坚科湖岸边的山包（1 号节点），索尔涅奇诺戈尔斯克（2 号节点），索夫里诺（3 号节点），切尔诺格罗夫卡（4 号节点），拉缅斯科耶（5 号节点），布龙尼奇（6 号节点），契科夫（7 号节点），库宾卡（8 号节点）。计划将主指挥运算中心设于索尔涅奇诺戈尔斯克，备用指挥运算中心置于库宾卡。库宾卡（美国方向）和契科夫（欧洲方向）的通信节点为首批建设节点。

AO-35 系统的主要组成部分就是"多瑙河"-3 型雷达。新型雷达外观设计时，我们充分借鉴了"A"靶场所积累的经验，主要就是已完全表现出了优势的持续发波原理。我们还考虑到低压大功率谐腔四级管振荡器更为简便，可实现直接在设备上进行维修、更换负极等操作。P. N. 安德烈耶夫设计的振荡

第四章 莫斯科"A-35（A-35M）"导弹防御系统

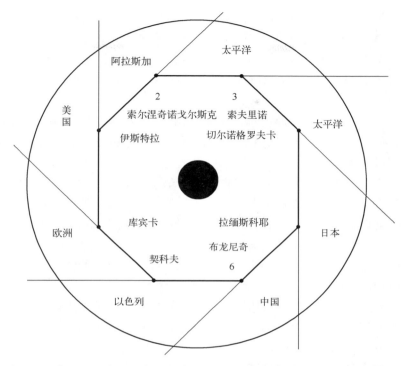

弗·潘·索苏利尼科夫设计的 AO-35 远程预警系统的初始方案，包含 24 部"多瑙河"-3 扇形雷达组成的 8 个雷达节点（每个节点 3 部雷达）

弗·潘·索苏利尼科夫的草图于 2002 年得以完成

器在靶场开机期间全程无需进行更换，雷达的稳定性也令设计人员感到满意，尽管这仅是在实验室环境下所开展的。

宽频带振荡器的难题最为突出，我们最终使用了数个多回路谐振系统，历经几个步骤才破解了这一问题。在以 E.E. 克拉舍宁尼科夫为首的列宁格勒"斯维特兰娜"工厂试验设计局专家们的参与下，取得了相关成果。

与此同时，专家们决定加快推进基于行波管的大功率宽频加速器的科学研究工作。电子专家们时常抱怨，美国人已经采用了行波管，在我国却仍未使用。军事工业委员会主席德·费·乌斯季诺夫对电子专家们的一再抱怨感到厌烦，他在军事工业委员会的一次会议上大声咆哮：

——"你们的牢骚真是够了！我们建一座特种真空管中心！"

很快，莫斯科就成立了"泰坦"研究院，随后成功地攻克了这一难题。

自"多瑙河"-3 雷达研制之初，我们就开始在连续辐射和脉冲辐射两种工作模式间艰难地寻找折中方案。问题在于，在对某一空间进行逐行扫描时，若使用连续辐射波，则在各扫描行间就会出现小小的停顿。之前这类停顿无关紧要，但对探测距离达 3000km 的"多瑙河"-3 雷达而言，完成 1 行扫描所需的 80ms 中就会出现长达 20ms 的停顿，这就完全不可接受。因此，必须要攻克所谓的长脉冲模式。

弗·波·瓦休科夫所带领的天线专家团队也不得不花费大量时间来解决各种问题。他们在"A"靶场使用带慢波构件和辐射缝的波导管制做出的天线系统，在测试中表现十分出色。然而，"多瑙河"-3 型雷达所分配的频段极窄，且其设计指标为在射线波动频率变化仅 10% 的条件下实现对 45°×45° 扇面的扫描。天线专家们别出心裁地开发了一种被称为"半慢波构件"的设备。

"多瑙河"-3 型雷达使用了带线频调制解调器的给定频段内大功率连续辐射。线频调制解调器可用于将天线方向性图校准至给定的扫描扇面内的某行。这样，就可逐行（电视）完成给定扇面的扫描。按高度角可分为 9 行，每秒完成 1 轮扫描，可扫面 10 行（其中首行扫描两次）。

这一新方法要经过现成雷达设备的试用。我们曾试图在"多瑙河"-2 型雷达上使用人工方法来实现目标捕获（人造地球卫星）并转入跟踪，但却以失败告终。随后意识到，应借助电子计算机来自动完成目标的发现与跟踪。费·莫·佩谢列娃领导组建的理论实验室的工作人员设计出一款独特的软件，可用于实现整个雷达扫描扇面内的目标发现与识别，并可实时提供精确坐标。随后，"多瑙河"-3 型雷达成功发现了本机扫面扇区内的所有人造地球卫星。军方人员在对其轨道进行延伸后，就可判定目标属于卫星还是弹道导弹，随后将卫星数据报送至宇宙空间监视中心。

系统为自动运行，雷达操作员只需要关注屏幕上标注出的目标。一款特殊的彩色显示器能够反映目标轨道，蓝色航迹为人造地球卫星的飞行轨迹，绿色线条为本地目标，红色线条（希望不要出现）则为弹道导弹。显示器通常会发出蓝光，但有时，当出现所谓的"正气压逆转"时，雷达波会射向地面，随之"捕获"一些小山包和山坡；也有时会探测到极光。此时，屏幕就呈现绿色。

判定目标为人造地球卫星、弹道导弹或是空气动力目标（飞机、高空气球）等，此时就成为了最为重要的问题。数目庞大且仍在不断增多的卫星，更令这一问题愈发复杂。起初，对目标进行分类的基础是其绕地特征。该型雷达的精准性完全可以达到要求，但是由于接收设备的故障，经常会导致将在空飞行的卫星标记为直接降落在莫斯科地区。随后才得知，目标沿太空轨道平稳飞行，并不打算"降落在红场"。然而，此类错误却是完全无法接受的。

叶·叶·梅连季耶夫领导的一个专家小组专门负责解决这一问题。专家们成功开发了一款专门软件，可标注出地球引力场内角度和距离与运动原理不符的目标弹道。

某实验室主任弗·尼·沙波什尼科夫开发了一款名为"天文馆"的独特的立体太空环境展示系统。该系统具备望远镜功能，可以对地球和环绕地球飞行的卫星进行立体呈现。"天文馆"系统被安放于接收阵地设备大楼三层的一间单独大厅内，始终稳定运行。

首个开工建设的雷达节点包含2部"多瑙河"-3型雷达，项目于1962年在库宾卡动工。1964年对原始方案进行了修改，AO-35系统的雷达节点数量由8个减少为4个，但最终只建成了其中的2个：我主持修建的库宾卡雷达节点，以及穆萨托夫主持修建的契科夫雷达节点。

曾于1978年至1981年间任独立第9导弹防御军团指挥员的尼·伊·罗季昂诺夫将军回忆录节选：

1965年我从朱可夫防空指挥学院毕业后，被分配至位于库宾卡的"多瑙河"-3雷达发射中心任中心主任。当时部队指挥员为尼古拉·安德烈耶维奇·普拉索洛夫，他来自靶场型"多瑙河"-2雷达站，同他一起赴任的还有该部总工程师卡皮通·瓦西里耶维奇·利加诺夫和接收中心主任伊万·怕夫洛维奇·舍佩利。

当时的第一印象令我永远难忘：窝棚状的接收天线，扇面尺寸为100m×100m，黑色金属材质的结构重量达5000t，施工大楼分为数层，每层的平面面积都比1个足球场还大。例如，201号大楼（接收阵地）高22.5m，宽83m，长170m，整座大楼内都堆满了技术设备。

技术设备和特种仪器也是故障频发。一次，2个进气道中的某个进气道发生反流，同时侧滑轴承也出现了故障，导致发射器因无法降温而中断发波。等待生产厂家代表前来维修可能需要花费很长时间，因此我们决定请远程无线电通信研究所实验工厂最好的专家来解决问题。弗·潘·索苏利尼科夫也第一时间赶到了阵地，我们一众人马连续在设备上奋战了2个昼夜，才最终修复了进气道。

维修工作由弗·潘·索苏利尼科夫亲自指挥，他也整整2个未曾合眼。事后，他把我叫到身边，从冰箱内拿出1个柠檬并切半、渍盐，随后又给我俩分别斟了三分之一杯酒，邀我一起品尝。他说：

——"喝完这杯酒，我们最起码能睡上2个小时的好觉。"

不得不说，弗拉基米尔·潘捷列伊莫诺维奇那几年的工作能力十分惊人。

库宾卡雷达节点共建设了两部"多瑙河"-3型雷达,苏联的多家工厂都参与了雷达站的生产建设:波导管由喀山生产,透镜在古比雪夫制造,发波器和激磁机产自斯维尔德洛夫斯克,谐腔四级管来自列宁格勒,光谱分析仪由穆罗姆供应,电子计算机则是出自扎戈尔斯克。尼·德·马雷舍夫领导的远程无线电通信研究所实验工厂,则是这款雷达的龙头制造商,生产工作的协调、设备运送等由远程无线电通信研究所设计局承担,具体由 O. M. 费奥多罗夫、A. A. 特鲁赫曼诺夫和 K. H. 布贾 3 人负责。

4.4 "多瑙河"-3 和"多瑙河"-3U 两型雷达天线的研发

集体创作

"无线电物理"公司

潜力极大的"多瑙河"分米波雷达,其扫描扇面可达近 50°×50°,该型雷达也被作为 A-35 莫斯科导弹防御系统的一部分,担负弹道导弹远程预警任务。该雷达于 1962 年开工建设,1965 年开展工厂测试,研发工作由远程无线电通信研究所牵头,总设计师为弗·潘·索苏利尼科夫。无线电仪器设计局(现"无线电物理"公司)承担雷达天线的设计工作,当时该设计局主任为无线电专家、天线系统研发专家格·格·布勒诺夫。格·格·布勒诺夫,工学博士,教授,苏联国家奖金获得者,1960 年起先后担任赫鲁尼切夫厂特种设计局副总设计师、主任等职。

以下为"多瑙河"-3 型雷达天线建造工作的亲历者、时任远程无线电通信研究所某处处长 A. G. 舒波夫关于此事的描述:

要实现弹道导弹远程预警(位于数千 km 之外),就要用到采用非惯性电子扫描波的大截面天线系统。当时,相控阵设备尚未实现大规模生产。因此,这一天线系统的原理,就是通过改变直线阵面中流动波的信号频率来发出电子扫描射线。

天线系统由发射天线和接收天线两套分布式天线组成。发射天线的 26 个带慢波构件的波导缝隙辐射阵列,按每组 13 个阵列分为 2 组天线障,负责对方位平面的目标发射定频扫描波。通过改变由波导缝隙阵列驱动的功率放大器相位,可产生用于仰角平面的扫描波。各天线障的尺寸为:长约 100m(不含波导转换设备),高约 6m。接收天线由 200 个类似的带慢波构件的波导缝隙阵列组成，且每个阵列都配有条状平面透镜，共同汇成135道波束。波束的"扇面"可覆盖指定扫描区域的仰角平面。

　　远程无线电通信研究所承担了天线系统设备总体研发和发射天线设计的职能，而波导缝隙阵列、平面透镜以及接收天线整机等一些关键部件，均由无线电仪器设计局设计，后者还担负设备生产厂家的协调，以及设备生产组装期间的设计监督工作。来自两家单位的代表共同组织了天线的检测和调试，其中远程无线电通信研究所的相关工作由弗·伊·马尔科夫、弗·潘·索苏利尼科夫、弗·波·瓦秀科夫领导，无线电仪器设计局方面的领导则为格·格·布勃诺夫、德．列．科罗廖夫、弗·弗·彼得罗索夫3人。无线电仪器设计局的设计师团队由叶·亚·捷连科夫带领，具体的设计工作在叶．维．列扎科夫所在的处开展。

　　以下事例可形象地证明这项工作规模之宏大。

　　最初，远程无线电通信研究所实验工厂掌握了波导缝隙阵列的生产方法，主要使用非标准切割的分米波波导管。阵列的主体结构由镀铜铝材质的金属叶片构成。设计仰角线性定频扫描波所需的慢波构件，由数个焊接至波导管、同阵列等长的纤薄横板组成。为了保证变频条件下辐射波定位的准确性，生产阵列期间应当遵循极其严苛的各类结构部件尺寸要求，不允许出现十分之一甚至是百分之一毫米的误差。多次尝试后，终于成功制出了一段长度约1m的阵列，但是经过焊接过后板材发生了严重的形变，形成了大量微小裂纹。我们随即组织经验最丰富的技术人员进行会诊，但他们却全都因沮丧而频频摇头。随之而产生的一个问题，就是到底多长的波导管，才能保证如此高的精度。年轻而又激情澎湃的设计师们果断解释道：计算起来十分简单，每个阵列长100m，总共有226个阵列，因此波导管的总长度就是22km稍多。白发斑驳的老技师们都对这些年轻的"幻想家"们长时间报以充满友善的微笑。

　　后来发现，生产天线需要用到一种全新的方法。最终，生产波导缝隙阵列的重任落在了喀山航空工厂肩上。该厂也在最短的时间内建成了新产品的专用生产车间，备齐了特型工具，还建立了一条自动化生产线。经过与航空技术研究所联合攻关，阵列主体结构不断改进，最终彻底消除了所有裂缝。为了确保能够将阵列安装至金属承重结构，阵列由长约8m的一个个独立分段构成。为了确保联接的分段完全等长且可彼此替换，各分段的法兰联接工作是在一台巨大恒温器的近乎恒温环境中开展的。虽然每个分段都经过了无线电设备检测台最严苛的检测，但由于缺少生产此类特型产品的必要经验，加之工作节奏非常之快，就使得一些问题未能迅速得以解决，"暗礁"也是随后才得以暴露。生产出的一模一样的阵列10个为一排运送至组装区，随后立刻按从下到上的顺序组装到天线的主体结构上。由于保护设备免受外界环境影响的平面透波罩迟迟未能生产、安装，因此天线障在近两年的生产、安装期间，主体结构始终日晒雨淋、风吹雪打。但是天线经受住了这些考验，多年之后也未出现丝毫锈蚀。参加波导缝隙阵列研制、配套生产工作的有远程无线电通信研究所和无线电仪器设计局的 A. A. 阿扎托娃、B. A. 科然科夫、A.B. 德罗兹德、A. B. 库库什京、E. L. 涅波姆尼西亚、L. A. 库库什金娜、L. A 丘琳娜、L·A·格利申、L. B. 列别杰娃等人。

接收天线的另一个重要部件就是平面透镜。平面透镜由两片间距250mm的平行金属薄膜组成，超高频信号源置于两层薄膜中间。天线障可接收信号源发出的信号，天线阵列通过等长同轴线与透镜的发射器相连。发射器位于金属薄膜的椭圆截面上。串联起来的同轴线设备在业内被称为条带型透镜。金属薄膜反面的截面上装有与接收设备相连的输出透镜。透镜同样安装在金属支撑结构之上，置于天线障下方。研制透镜最主要的一个难题就是其尺寸过大（上下两层金属薄膜的面积均近1公顷）。每层薄膜均由数个6m×3m尺寸的长方形预制板组成，预制板各面均有长方形的可安装边槽。为了保证各个可安装边缘具有可靠的电接触性能，预制板材的金属加工也在恒温场所内进行，从而确保了其优异的稳定性。

在透镜腔内和预制板的各角内部，都放置有6m×6m固定间隔的支架来支撑上下两层平面薄膜。与在透镜内腔使用均质导电填充物（例如泡沫状导体）相比，上述结构能够确保整个天线的相速同一性，还能减小超高频损耗，并保证天线各项参数不受环境湿度的影响。

当时，还需要研发一种无反射金属导体支构（透镜内使用了200余个支架）。H. A. 别尔金、G. A. 科捷利尼科娃同无线电仪器设计局的设计师们合力研制出所需支架。支架由数个导电层所组成，沿轴分布有纤细的弦状金属凸起。另一个问题，就是为了避免发射能量在透镜腔内过度反射，必须要保证透镜腔的非工作面对不同入射角射出的发射能量具有良好的吸波性。为了缩短设备的横向长度，别尔金建议，在透镜的侧面使用楔形平面吸波板。后续，生产稍小尺寸透镜的类似部件时，格·阿·叶夫斯特洛波夫提议使用多重反射曲线吸波板。

接收天线的测试方法分为两种：飞行检测法和地外信号源信号接收检测法。所谓飞行检测法，就是把带发射器的发射天线置于直升机舱内，发射器朝向对准待检天线，这一方法实质上就是一座飞行实验室。信号进入接收天线的入口端，此时信号的接收水平面随直升机与孔径中心点的角度而变动，由此可记录得出天线的朝向性图。A.C. 萨姆谢夫、E.A. 斯塔罗斯坚科夫、B.A. 罗古廖夫、Y.G. 卢里耶等人研制了一款专用测量仪，并使用该仪器完成了测量工作。

地外辐射信号的信号源（太阳、恒星）可以说是天然的实验器材。我们能看到的遥远星体所发出的光，仅是其很宽波段内电磁辐射波的可见光波段。借助于大口径的接收天线、专门的能量收集器，只需微乎其微的无线电波段信号，就足以准确确定天线的方向特征。C.C. 济明、K.A. 乌索夫及其同事就是这一设备的研发者和直接使用者。由于地球自转会造成天线与恒星位置发生变化，从而使地外信号源测试法受到特定的时间限制，但这一方法仍可降低直升机飞行次数。

先期测试中发现，正常结构架设的天线发出的主射波束本应为针状，但试验中主波束却产生了裂缝，从而导致雷达工作性能下降。经过对测量结果的分析，我们发现，由于天线阵列加工精度不足引发的电气性能公差是产生裂缝的原因，尽管此类公差都在许可范围内，天线阵列在出厂前也都经过了电气性能检测，但依旧产生了上述问题。关于公差问题，技术规范中做出如下标注：鉴于阵列的生产周期长达近两年，以及生产车间内环境温度的季节性变化，阵列性能或将存在一定偶然性，性能方面的误差也是其固有的一部分。受此影响，首先装配至天线支撑结构的下部数行阵列为同一尺寸，稍上数行则可见均匀高度改变。各阵列中心相位的不同相，导致主波束发生裂缝。

参与这一问题讨论的专家们的看法大相径庭。部分专家认为，应将天线障拆解后按照另一种顺序重新组装，从而使天线障高度的相差变为拟随机偏差。但是这一方法需要花费大量的时间和资金。重新组装天线可以修正主波束形态，但降低旁波瓣方向性图这一方法同样有效。远程无线电通信研究所的研究人员提出了另外一种解决方案，建议对已组装的天线进行系统的调整，最终这一方案得到了采纳。这一技术方案具体为：在连接平面透镜与天线障阵列的同轴电缆间隙中加入数根不等长的同轴线缆截段，其长度依阵列公差数而定。具体而言，线缆长应介于一个波长至数个波长的区间内。

天线非常高，因此对阵列进行调整的难度极大。试想一下：一座在建的30层高、没有承重墙的大楼框架，上下只有一条陡峭的金属楼梯，就能切实感受到工程之复杂。要在这个"大楼"两层金属结构之间的悬崖般的跨空内完成所有测量工作和线缆连接。根据远程无线电通信研究所主任弗·伊·马尔科夫的提议，组建了一支由受过技术安全规定和高空作业特殊培训的工作人员组成的施工队。А.С.萨姆谢夫、Е.А.斯塔罗斯坚科夫、В.А.罗古廖夫、С.С.泽明和其他几位年轻工程师们研制出了一款特种实验平台，利用它成功完成了天线的调整工作。

在开展上述调整工作的同时，工程师们还对接收天线进行了完善。索苏利尼科夫提议，将之前安放在接收设备前几个转子内的低噪放大器，改放置于连接镜面透镜与天线障阵列的同轴线缆间隙中间。正是这一改动使接收天线变为了直接驱动天线，从而避免了由于平面透镜、连接电缆和调整线缆等部件内部能量损失而造成雷达功率降低。现如今直接驱动天线早已司空见惯，但在当时，弗拉基米尔·潘捷列伊莫诺维奇却在长久坚持后，才得以证明远离主加热区放置低噪放大器、在主体结构上为其预留专用放置区并接入电源的方案更为合理。

新的改进型"多瑙河"-3U 雷达采用了数项"多瑙河"-3 雷达研制期间形成的原则性技术方案，其中包括：

（1）辐射阵列慢波设备的结构和生产工艺；

（2）接收天线条带型平面透镜仰角面方向性图"扇面"的形成办法；

（3）在天线障输入端安置低噪放大器，从而将天线变为主动天线；

（4）通过补偿天线障辐射阵列的非恒定性实现天线系统的整体调整。

此外，根据 G.A. 叶夫斯特洛波夫的建议，还对"多瑙河"-3U 雷达天线系统的主体结构进行了数项改进。无线电仪器设计局积极参加了此项工作，其中首推叶·亚·捷连科夫、叶·维·列扎科夫和安·耶·别洛夫。

随后，与远程无线电通信研究所一样，无线电仪器设计局也完成了大口径相控阵雷达的设计。此外，作为远程无线电通信研究所设计的一系列远程预警雷达天线的首款产品，"多瑙河"-3 型雷达天线的研制生产，也积累了无以估量的多个无线电专家团队、设计人员、生产厂家、建设机构、组装企业等协作攻关的宝贵经验。

4.5 "土星"项目

米·安·佩尔沃夫

1957 年 12 月，北约国家就在本国境内部署美国核导弹达成一致，随后，美国于 1958 年开始着手在英格兰、意大利和土耳其部署射程 3000km 的"雷神""木星"两型弹道导弹。这是首次有搭载核弹头的弹道导弹能够飞抵苏联领土。建设能够防御此类武器的反导系统这一问题,被提上了日程。

1958年1月30日,苏共中央委员会、苏联部长会议联合发布决议,决定研发用于中程弹道导弹防御的"土星"导弹防御系统,并指定国家无线电电子委员会第648研究所(精密设备研究所)为该系统的主研发部门。导弹防御系统的研发工作,由著名学者、该所所长兼总设计师尼古拉·伊万诺维奇·别洛夫直接负责。

尼·伊·别洛夫有过一段在通信器材工业部第20研究所(亚乌扎研究所)的工作经历,1945—1946年间,他曾作为苏联专家组的一员赴德国研究缴获的德制导弹。1946年5月,别洛夫同米·谢·梁赞斯基一同调入第885研究所,别被任命为无线电通信线路处处长,当时该处正在研究"瀑布""莱茵女儿"两型地空导弹以及研制"汉舍尔"炸弹中的无线电控制信道仪。1953年5月,无线电通信线路处转隶第648研究所。1955年,别洛夫升任该研究所所长。

开始着手"土星"导弹防御系统的开发后,别洛夫提出了基于"反导拦截导弹初始飞行段指挥引导、末端自主引导"二者相结合的系统控制原理,并使用雷达和持续照射自引导设备来实现。别洛夫还同时领导了用于抗击低空飞行目标的"天王星"防空导弹的研究工作。

1958—1959年,"土星"导弹防御系统的主要部件的研发工作都告以完成,并开展了实验室及野战条件下的测试研究。为了验证雷达的基本原理,还建了一部持续照射的雷达模型,并开发了雷达的控制系统。此外,还设计了雷达系统的自引导头模型,并完成了野战条件测试,绘制了专门的自引导头批量野战测试图纸,拟定了反导拦截导弹和计算机的性能要求。

1958年3月10日,多尔戈普鲁德内伊机械制造厂组建了第464试验设计局,由列夫·格里高利耶维奇·戈洛文任主任。在他的领导下,开始了"土星"导弹防御系统预先方案的研究。几乎也是在同一时期,第464试验设计局受亚·安·拉斯普列京的委托,开始研发莫斯科工业区一体化防空反导防御系统的固体燃料近程反导拦截导弹,国防部则提议对研发"棱镜"机动式野战导弹防御系统反导拦截导弹的可行性进行论证。亚·安·拉斯普列京的导弹防御系统同样被设计为机动式,系统的各类设备由敞篷卡车和自行式发射装置装载。戈洛文主持开发了数个项目方案,其中就包括重约15t的三级反导拦截导弹预先方案。

1959年底前,"土星"导弹防御系统的主要设备的预先方案完成设计,随后分别提交国防部第四总局科技委、国家无线电电子委员会科技分会审议通过，并建议转入下一阶段的工作。

起初，彼·德·格鲁申还向列·格·戈洛文提供帮助，但当他看到后者一个接一个的订单后，意识到戈洛文是一位强有力的竞争对手。格鲁申在会见多尔戈普鲁德内伊工厂经理伊·弗·多罗申科时向其谈了自己的理念，认为平行开展各项研究此举并不合理。作为一家大型量产工厂的掌门人，多罗申科正确地意识到，应当由专业设计局来从事实验工作，工厂设计局则应该致力于解决量产问题。此外，戈洛文在尚未完成任何一项在研课题的情况下，就开始着手推动试验设计局与工厂"脱钩"，但很明显，他那支年轻的团队并未做好准备。此举更是超出了多罗申科的忍耐极限，此时，航空工业部领导也是站在多罗申科和格鲁申一边。尽管如此，别洛夫和戈洛文还是于1960年完成了"土星"导弹防御系统的草案设计。

4.6　S-225系统

尼·伊·别洛夫的团队几乎在指定期限截止前才匆忙完成了"土星"系统方案的设计。相关材料的准备也是慌乱不已，最后关头还发错了单位，材料并未送往应报送的国防部第四总局某局。工作人员在收到装有绝密材料的文件袋后，打开文件并得知了材料内容，获知了雷达的作战工作频率，随后他们做出了唯一的正确决定：按规定处理。按照规定，应将此事报告相关职能部门，且所有材料，无论如何都应即刻销毁。

此时还爆出一件大丑闻：尼·伊·别洛夫被停职，等待上级对其命运做出最终判决。等待的时间并不长。1961年，尼·伊·别洛夫被撤职，阿·谢·姆纳查卡尼杨转任第648研究所所长，并带领该所转向航天领域研究。与此同时，列·格·戈洛文也被解除了多尔戈普鲁德内伊第464试验设计局总设计师的职务，由彼·德·格鲁申的副手米·阿·柳博姆多夫接任。

同一时间，弗·尼·切洛梅正在努力消除亚·安·拉斯普列京对于开展导弹防御项目研究有无必要的疑虑。不同于与格·瓦·基苏尼科的关系，切洛梅与亚·安·拉斯普列京的关系处得不错。毫无疑问，这项工作本身具有极其重大的意义，但亚·安·拉斯普列京个人对其能否实现始终心存疑虑。但最终，第1设计局还是得到了"土星"系统的全套资料。随后的1961年5月，根据军事工业委员会决议，该设计局开始研发下一代可防御空气动力目标和中程弹道导弹的机动式防空武器,并为其冠以新的名称——S-225。弗·伊·马尔科夫领导的第 1 设计局课题实验室开始着手该系统的预先项目研发。

彼·德·格鲁申在开展 V-757 两级固体燃料导弹测试的同时,也试图验证高速反导拦截导弹搭载冲压发动机的合理性,并计划若实验取得成功,就将该型反导拦截导弹整合入导弹防御系统。"程序"目标指示雷达的研发任务由尤·格·布尔拉科夫总设计师负责。一段时间之内,军事工业学界照例继续称该系统为"土星"系统。

1960 年,第 1 设计局研发团队完成了 S-25 系统的第二阶段改进。弗·伊·马尔科夫实验室的工作量减少,同时还获批了反超高速飞行器和中程弹道发射单元的项目研发。该项目由弗·伊·马尔科夫、康·康·卡普斯强以及叶廖明、兹洛宾、达维多夫、格利申、马图舍维奇等主管工程师负责。1961 年底,S-225 发射单元完成了预先方案拟制,亚·安·拉斯普列京审阅了该方案并签批同意,但他仍持中立态度。拉斯普列京的想法是,放手由年轻人去继续研究,随后再视情而定。

亚·安·拉斯普列京在拿到彼·斯·普列沙科夫主持研发的"柳树""仙人掌""鼹鼠"等导弹防御系统设备的实验数据后,对能否建设一套高效导弹防御系统的疑虑更甚。第 1 设计局的工作人员清楚记得,他曾不止一次强调:

——一枚导弹还能应付得来,但我无法想象,怎么摧毁大批装有这类设备的来袭导弹?在太空中我们完全无法拦截,只能在大气层以下组织拦截,也只有在大气层内,才能从多个假目标中分辨出弹头。

根据这一论断,拉斯普列京认为,研发一套在弹道目标的大气层内轨道段对其进行拦截的导弹防御系统是可行的,但他对于能否基于当时的基础条件建设这一系统心存疑虑。

1962 年初,尼·谢·赫鲁晓夫了解到谢·帕·科罗廖夫的"全球"导弹方案。"全球"导弹在对美国进行打击时,其奔袭方向不是美国人已经开始组建北美防空司令部空天防御系统的北方,而是并未计划建设类似系统的美国南方。赫鲁晓夫很欣赏科罗廖夫的这一方案,他问道:

——"要是美国人将来也生产出"全球"导弹该怎么办?基苏尼科的那套系统能否探测到这种导弹?"

军事工业界随即陷入忙乱。苏联政府召开了一次专门会议,会上亚·安·拉斯普列京表示,他手头有一项在研的 S-225 系统,这一系统似乎未来能够具备拦截"全球"导弹的能力,尽管该系统设计拦截目标仅为中程弹道导弹。拉斯普列京还紧急受命,负责拟制提交赫鲁晓夫的报告稿。为了使报告更有说服力，他还绘制了几幅《穆尔济尔卡》杂志（译注：苏联、俄罗斯出版的一份畅销儿童漫画月刊）风格的插画：绘有导弹和雷达图像的彩色宣传画。拉斯普列京前往苏共中央做报告时，就带着自己的"宣传画"。

报告大获成功，S-225系统的相关工作也被建议加快推进。但工作并未提速：第1设计局日程上的任务是S-125、S-200两款防空导弹。拉斯普列京对导弹防御问题依旧持一贯的怀疑立场，并不想过多卷入其中。与此同时，他并未禁止所属工作人员与行业部门共同推进项目草案研发，也曾听取中期成果报告，并且提供了协调方面的帮助。1963年3月，弗·伊·马尔科夫被任命为第37研究所（远程无线电通信研究所）主任，S-225系统的后续研发工作就由特·鲁·布拉赫曼和康·康·卡普斯强两人主管。

根据苏共中央委员会、苏联部长会议1962年共同发布的一项指令，第1设计局研发了用于拦截未来气动目标、弹道导弹和"全球"导弹的S-225系统。同时，弗·尼·切洛梅向亚·阿·拉斯普列京提议，建议将S-225系统整合至他主持研发的"攻城杵"导弹防御系统，用于为该系统远端部署的设备提供防御，以及在大气层内对个别穿透其他拦截武器的弹道导弹进行补充拦截。切洛梅打消了拉斯普列京的最后一丝疑虑，最终，亚历山大·安德烈耶维奇也表示了同意。苏共中央委员会、苏联部长会议1963年5月4日联合下发决议，决定由第1设计局开始着手研发"攻城杵"系统框架内的S-225系统。

由于弹道导弹飞行速度高、雷达反射面积小，因此所设计的雷达必须要具备极大的功率潜力，甚至达到任意一款防空雷达的数倍之高。尽管苏联雷达技术取得了众多成绩，但仍无法仅用一部电子真空管设备就达到所需功率。因而决定在能量场内放置数个振荡器来达到所需的辐射功率，且每个振荡器的功率都为当时所能达到的最大功率。

由于高速目标的搜索、预警时间很短，因此对空间进行快速扫描最好的方法就是电子扫描。雷达除搜索目标外，还应引导反导拦截导弹实施拦截，因此还要具备较宽区间内的射束偏转能力。

要实现上述功能，接收天线、发射天线就必须要用到相控阵技术。尽管第1设计局乃至全国实际上都还不具备研发相控阵天线的经验，但仍决定使用该型天线。

相关课题的预先研究结论证明项目建设具备可行性。为开展课题攻关，第1设计局专门组建了由特·鲁·布拉赫曼领衔的第32特种设计局。1964年初，会同科技界和系统订购方，即国防部第四总局共同开展了项目研讨。

作为导弹防御系统基本部件的发射单元，到底是个什么样子呢？RSN-225型制导雷达发现目标的能力达800km，由天线架和设备部分组成。天线架安置于埋入式固定基座之上，借助旋转结构能够进行方位角、俯仰角旋转。旋转装置上固定有相控阵接收天线和带相控辐照器的反射发射天线。RSN-225型制导雷达的设备部分包括接收设备、信号分析设备与指挥控制设备。所有这些设备都安放在一个集装箱内。

反导拦截导弹在制导飞行阶段的控制通过指令雷达完成。指令雷达由托架型可转向天线架、天线塔和发射设备组成，其设备部分放置于另一集装箱内。

S-225系统发射阵地的主要设备
("金刚石"科学生产联合公司博物馆藏品)

该系统的地面设备还包括数台互联的数字电子计算机，这些电子计算机由精密机械和计算研究所研制，均具备当时最强的运算能力。无线电系统的所有设备均由总装工厂将其装入一个个集装箱，从而避免了在项目设施上开展安装、调试等工作。这类设备运抵项目设施后，再由预先铺设的线缆网路将各个集装箱联通。

系统控制由电子计算机在无人工干预情况下完成，这是因为从目标发现到完成目标毁伤的作战流程时长仅为数十秒，操作员无法在如此短的时间内正确完成必要操作。出于开展预先准备工作、检查设备运行和状况的需要，还设有指挥所，并为系统指挥员和总工程师预留了工位。

尼·谢·赫鲁晓夫下台、"攻城杵"系统的相关工作中止之后，亚·阿·拉斯普列京向德·费·乌斯季诺夫询问S-225系统的未来命运。乌斯季诺夫吃惊地回答道：

——并没有人撤销苏共中央委员会的决议啊！

这只是一个很"官方"的答复。首先，哪怕是某一项目彻底失败，从来也根本不会有人撤销苏共中央委员会的决议；其次，的确也没有人撤销关于"攻城杵"系统的这一决议。但乌斯季诺夫的答复终归是令拉斯普列京略得宽慰，他开始转入第二个问题：要在大气层内完成目标拦截，格鲁申设计的实验型冲压发动机拦截导弹速度还远远不够，需要一种高速固体燃料反导拦截导弹。德·费·乌斯季诺夫对这一问题思索良久，决定把研制固体燃料反导拦截导弹的任务交由刚刚成功完成"圆形"系统防空导弹研发的列·文·柳利耶夫负责。

彼·德·格鲁申清楚，他所在的试验设计局订单量已经饱和，而固体燃料发动机导弹项目十分复杂，需要分出团队的很大一部分力量，但设计局却依旧争得了这个新订单。1964 年，他所在的设计局受领了 5Ya26 反导拦截导弹的研发任务。

与此同时，格鲁申认为，不能基于这一款反导拦截导弹来搭建整个导弹防御系统。他的想法也获得了支持：万一最为复杂的大气层内固体燃料发动机高速拦截导弹研发失败，整个系统也将随之流产。1965 年，第 1 设计局完成了新的固定式导弹防御系统而非机动式系统的方案图纸设计。该系统在原有设备外，还增加了 5Ya26 双级固体燃料近程反导拦截导弹和 5Ya27 双级液体燃料中程反导拦截导弹。两型导弹均由彼·德·格鲁申所在的实验设计局研发。5Ya27 导弹既可用于拦截弹道目标，也可用于拦截飞机。导弹防御系统也因之摇身一变，成为通用型防空反导系统，这也为其制造厂家提供了保险：在一个应用领域（反导）无法成功的情况下，另一个应用领域（防空）还保留有成功的可能。

1965 年 11 月 5 日，苏共中央委员会和苏联部长会议联合发文，决定建设 2 套 S-225 系统发射单元的实验样机，并将其命名为"亚速"系统，还在巴尔哈什靶场向苏联多家工厂分派了生产相关设备的任务。

4.7 "亚速"系统的引导雷达天线

集体创作

"无线电物理"公司

米·鲍·扎克松任处长的第 1 设计局天线处负责 S-225 系统天线的研发工

作，天线设计由格·格·布勃诺夫领导的第 38 特种设计局团队负责（后续由无线电仪器设计局负责），生产厂家为坐落于孔采沃的莫斯科无线电设备厂。这在当时是一项独一无二的工作，所研制的雷达是苏联最早的国产厘米波相控阵雷达之一。研发期间，天线的指标还在不断进行改动。例如，1960 年代前期，初始阶段设计的扫描扇面为 4°×5°，但到了 20 世纪 60 年代后期，随着弹道导弹开始装配诱饵假弹头，扫面扇面扩展为 20°×20°。

天线架主要包括安装在统一方位角-俯仰角旋转装置上的接收、发射相控阵天线。接收相控阵天线阵列尺寸为 7m×7m，主要由中心位置的等距振荡发波器阵列和边缘的非等距印制发波器阵列组成。这种接收相控阵天线阵列，可降低天线的旁波瓣水平。发波器由无线电仪器设计局天线处研制，该处处长为叶·纳·科罗斯特舍夫斯基。

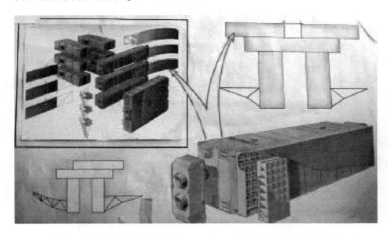

第 38 特种设计局设计的"亚速"系统相控阵雷达草图

"亚速"系统的首套实验样机使用的镜像发射天线为相控阵阵列型多结构发射器，其扫描扇面为 4°×5°。第 2 套样机所使用的发射天线为 7m×7m 尺寸的平面相控阵阵列，该天线的电子扫面扇面达 ±20°。相控阵阵列为装有铁质移相器的喇叭形点阵。发射相控阵阵列的发波器与安放于旋转装置的点阵相连，点阵则由波导馈线系统接至多信道发射器的输出端口。米·鲍·扎克松带领第 1 设计局天线处的专家们完成了发射天线的研发。

第 38 实验设计局的叶·亚·捷连科夫、谢·安·谢列布连尼科夫、巴·伊·齐甘诺夫等主持了天线架的设计。对该设计局而言，这也是第一次设计相控阵天线阵列。

勘察加某靶场部署的"亚速"雷达第二部样机

旋转装置上耸立的设备尺寸是如此之大，以至于很难平均分配支撑-旋转结构舱边框和各个节点所承受的负荷。在后续的使用中，这一问题造成了设备损伤，不得不对其进行维修、完善。但是，相控阵雷达阵列的设计经验在后续研发中得到了充分的吸收与借鉴。

1972 年，《限制反弹道导弹系统条约》缔结，受此影响，在巴尔哈什修建的首部"亚速"系统雷达被销毁。代号为 5K17 的第二套系统被运抵勘察加并投入使用。

4.8 "亚速"系统的测试

康·康·卡普斯强

苏联为"亚速"系统定下了极为严苛的生产时限：系统交付联合测试的时间为 1969 年中期。如此紧迫的时间内，甚至都还来不及协调工厂。系统建造于 1966 年开始，首套试验样机的生产时间也推迟到了 1969 年末。

巴尔哈什靶场第 35 号场地被选定为"亚速"系统的建设场地。此场地距普里奥焦耳斯克 100km，1950 年代末期，谢·阿·拉沃奇金开发的"远方"防空导弹和亚·阿·拉斯普列京研制的 S-75 防空导弹曾先后在此开展试验；

1960年代初，又在此进行了S-200系统和改进型S-25系统的研发。

"亚速"系统由指挥所、目标和反导拦截导弹复合信道精确引导雷达、反导拦截导弹指令雷达、V-825和5Ya26反导拦截导弹地面发射装置、5Ts53数据传输系统等组成。该系统的设计最大目标探测距离为800km。

亚·阿·拉斯普列京去世后，系统于1967年完成方案设计，后续工作由鲍·瓦·本金主持开展。所有的设备都被生产为集装箱构型，且工厂生产出的设备应直接作为成品交付部队。系统还首次采用了天线阵。总体而言，"亚速"系统运用了诸多新理念，但仍基于旧有的物质基础，因此设备的可靠性较低。

首台"亚速"系统样机的相关工作与系统设计同步展开。迅速在巴尔哈什靶场展开的样机建造，为开展设备调试、修订技术规范，尤其是调试控制软件等提供了条件。需要指出的是，包括运行监督、外部目标指示调试、目标探测追踪、反导拦截导弹追踪、引导命令拟制下达等在内的雷达所有功能的控制，都由大计算量的中央计算机自动完成。

出于设备方案和程序先期靶场调试的需要，第1设计局实验工厂制作了一部简配版的引导和指令雷达模型。该模型使用了S-200系统的指令舱和转向基座，但发射和接收装置的设备均为重新设计，天线为镜面反射器，仅接收部件由相控阵阵列制成。设备由布放在靶场实验室大楼内的5E926型电子计算机控制站实施控制。

上述配置的模型，能够实现火力单元的目标发现与跟踪、拦截导弹跟踪和控制等全部功能。诚然，所谓"实现"也带有一定限制条件，首先就是在潜力方面的限制。人们为该模型制作了最早的控制软件，并利用模型设备进行了检测。除上述职能外，该模型还能够与V-825反导拦截导弹及在指令雷达附近展开部署的发射装置搭配使用。最初的几次反导拦截导弹发射，正是通过这一发射装置实施。

V-825反导拦截导弹的自动测试开始于1969年6月，之前已完成了数次投掷发射，并对导弹的一级发动机、发射箱弹射系统、稳定器的展开、各级弹体分配、弹载设备等进行了调试。截至1971年初，导弹共完成了6次由内部程序控制器控制的自动测试，从而转入由模拟样机的地面控制设备指挥发射，以及无线电"询-答"链路和无线电控制等的检测。1970年12月，"亚速"系统样机模型完成测试准备，1971年2月16日，实施了V-825反导拦截导弹的首次模型控制闭环发射。

随着生产工作的推进，首台实验样机的各种设备逐步运抵靶场，并在预制的工程设施内展开。1972年，开始（使用该样机）对卡普斯京亚尔靶场发射的弹道目标进行跟踪。跟踪测试与火力单元测试平行开展。由于飞行轨迹较短，因此测试导弹的速度小于洲际弹道导弹的速度。为解决这一问题，测试中使用了特种导弹，能够使弹头在初始弹道阶段即可达到洲际弹道导弹的速度。开展测试的目的：一是检验弹道导弹的战斗部；二是为使用该系统的无线电设备跟踪弹道目标积累经验。

在此之前，苏联的弹道导弹设计师已经为导弹装配了反导弹防御系统设备。这类设备除可被大气层过滤的轻质虚假弹头外，还包括能够深入大气层模拟战斗部的较重物体。反导弹防御系统设备测试及效能评估，其唯一的依据就是飞行末端的雷达观测结果。因此，使用"亚速"系统雷达对弹道目标进行跟踪也就成了弹道导弹测试必不可少的一个条件。另一方面，对各种不同弹道目标进行跟踪，也为我们建立伴有多枚虚假弹头的导弹弹头信息库提供了丰富的实验资料。

1973年2月，开始由首台系统样机组织V-825反导拦截导弹指挥闭环测试。最初7次发射，其目标为不同毁伤区段的虚拟固定目标。1974—1975年开展的之后6次试射，目标为模拟中程弹道导弹和洲际导弹飞行的虚拟移动目标。指挥闭环测试阶段共实施了16次试射，其间除开展反导拦截导弹测试外，还测试了导弹内部的自动驾驶、指令接收设备和应答器等。

V-825导弹的引导精度可以满足目标毁伤需求，但我们逐步认识到，受制于该型导弹较低的飞行速度，它无法完成大气层内拦截任务。柳利耶夫的高速拦截导弹研发工作步履维艰，但仍一步步实现了设计目标。

弹道导弹的跟踪成功，促使苏联军方领导层通过了一项决议，将"亚速"系统的无线电设备部署至勘察加半岛——坐落于半岛上的库拉靶场，正是许多弹道导弹发射的着弹目的地。各个生产厂家根据第二台实验样机的技术操作手册，合力制作了一套新设备，代号为5K17。由于在勘察加地区组织设备和程序调试困难较大，因此决定先在巴尔哈什靶场内展开5K17系统。

1975年初，生产厂家将集装箱内布设的RSN-225型引导雷达，以及电子计算机、指挥所和自动供电设备等运抵巴尔哈什靶场。随后，又在很短时间内完成了设备的现地装配、线缆联接和检查、调试等工作。

1975年5月，无线电系统在巴尔哈什靶场成功完成了数批弹道目标跟踪测试，随后系统被拆解并装入板车，经铁路运抵符拉迪沃斯托克。然而装载设备的货船却无法从符拉迪沃斯托克航渡至勘察加半岛，因为目的地没有可供大吨位货船停靠的码头。最终使用登陆船完成了设备运输，将登陆船停泊于缓坡

巴尔哈什靶场部署的"亚速"系统

滩岸,随后使用牵引设备将船上装载的集装箱运输上岸,再将设备运送至项目场地,完成展开、组装工作。维·弗·季容诺夫为安装工作的负责人。5K17系统在勘察加地区安装完毕后,首先进行了人造地球卫星跟踪测试,随后转为跟踪弹道目标,1975年秋就正式交付使用了。

1971年,在巴尔哈什靶场开建第2套"亚速"系统实验样机,该系统使用发射井式反导拦截导弹代替了前期的地面发射型导弹。系统对接工作于1973年开始,却意外于当年7月中止:因为包括A-35系统、"额尔古纳"系统在内,"亚速"系统已是第3套导弹防御系统,其被美苏两国《导弹防御条约》所禁止。根据条约规定,各方最多仅可部署2套导弹防御系统。此外,S-225系统的部分设备为机动式设备,因此也同样遭禁。采用地面发射装置的首套"亚速"系统样机也停止了研发工作。很快,苏共中央委员会通过了一项决议,决定继续推进A-35系统的设备建造和完成度更高的"额尔古纳"系统的相关测试。

巴尔哈什靶场开展 V-825 反导拦截导弹试射

在对"亚速"系统各设备的后续问题进行探讨之后，人们决定使用该系统的发射装置开展 PRS-1 导弹和 V-825 导弹测试，从而在不违反条约的前提下发展新导弹防御系统。此外，还决定将两套实验样机的雷达设备用于 5K17 近距离拦击和测量系统的研发，以及洲际弹道导弹飞行测试的弹头观测，以满足导弹防御和导弹突防综合系统的发展之需。为此，1975—1977 年间，"亚速"系统的第 2 套样机进行了设备及作战程序的升级。

在发展 S-225 系统的同时，鲍·瓦·本金还带领"金刚石"中央设计局完成了阵地和 S-375 洲际导弹发射阵地导弹防御系统的方案设计，该方案使用的拦截弹为 PRS-1 导弹。1981 年，鲍·瓦·本金又再次主持完成了 S-550 要地导弹防御系统的方案设计。S-550 系统的总设计师为亚·阿·列曼斯基，该系统的各种设备基于新一代物质基础研发，向苏联各家工厂下达了设备生产订单，实验系统也已完成组装。然而，苏联解体后，所有工作都戛然而止。

4.9 V-825 反导拦截导弹

集体创作

1965 年 11 月，彼·德·格鲁申开始研究兼具低、高空弹道目标拦截能力的新型反导拦截导弹，导弹设计代号为 V-825，订货方代号为 5Ya27。该型反导拦截导弹采用经典的两级结构，装配有固体燃料一体式加速器，使用液体巡航发动机，采用空气动力、气体动力控制舵和稳定装置。导弹使用特种小当量装药对目标进行毁伤，原因在于指挥引导的精度无法确保使用破片完成目标毁伤的可靠性。根据任务需要，反导拦截导弹必须在 10 年内始终保持作战状态，时刻持装药待发、加注燃料。

为了使导弹能够承受飞行时的极高速度和气动摩擦造成的高温，必须使用玻璃纤维新材料和隔热防护层，以及含可雾化二氧化锆的耐高温合金。导弹的大部分部件为钛合金材质，隔舱由金属镁制成，燃料箱为铝合金材质。硬质合金研究院研发出一种钨-钼基合金，用其制作的控制舵在超过 3000℃ 高温的条件下仍可正常工作。此外，导弹还使用了大量塑料材质零件。

费杜罗夫从 1965 年开始担任反导拦截导弹的首席设计师，持续了数年。1969 年 3 月 4 日，维·叶·斯洛博达接任该项目的首席设计师。导弹的巡航发动机由谢·彼·伊佐托夫领导的列宁格勒克里莫夫工厂研制，固体燃料发动机由普·菲·祖布茨领导的喀山实验设计局研制，控制装置及自动驾驶设备由维·米·沙巴诺夫和彼·米·基里洛夫领导的"金刚石"中央设计局团队开发。列宁格勒"布尔什维克"工厂的总设计师特·多·维勒克斯特主持设计了该导弹的运输-发射装置和倾斜发射装置。

液体燃料发动机配套有独特的膜盒式增压燃料供给系统，该系统在任何飞行条件下都能够稳定运行。设计人员将一个内置有铝质波纹板的"口袋"状容器与燃料箱相连，必要时空气可涌入该容器并使其发生膨胀，从而排出燃料。膜盒系统推动了发动机的研发，并且减轻了导弹的自重。

5S24 固体燃料发动机的设计和跨部门联合测试直至 1970 年代初期才得以完成。这款发动机极大提高了导弹的加速度。最初，计划将 V-825 导弹同时用于反导、防空。1967 年 7 月 27 日，该型反导拦截导弹搭载"火炬"洲际弹道导弹进行了首次投掷发射。前两次发射都以失败告终，但后续试射都取得了

组装车间内的 V-825（5Ja27）反导拦截导弹

成功。1969 年完成导弹方案优化后，多尔戈普鲁德内伊机械制造厂开始着手导弹的量产工作。量产工作持续至 1973 年，期间该工厂总共生产了约 20 枚此型导弹。

1976 年 10 月 29 日，苏联开展了该型导弹的首次大气层外中程弹道导弹弹头拦截试验。1977 年 7 月 28 日，V-825 反导拦截导弹首次成功毁伤高速飞行的复杂弹道目标。测试工作于同年中止。

反导拦截导弹发射重量为 16.6t，二级弹体重 3.9t。弹长 18.5m，加速器直径为 1.3m。导弹搭载特种战斗部的战斗射高为 10~185km。40km 距离的平均飞行速度为 1100m/s，115km 距离的平均飞行速度为 1550m/s。

4.10　5Ja26 高速反导拦截导弹

集体创作

诱饵虚假目标一经面世，就立刻令导弹防御武器设计师们惊慌不已，并使其分化为两派：其中一派认为，尽管在外大气层从诱饵假弹头中识别真正的战斗部很复杂，但借助于装配了高性能电子计算机的新型雷达，问题依旧能够得以解决；另一派所坚持的观点则认为，无论雷达、电子计算机再怎么完善发展，也无法识别并对抗装配抗导弹防御设备的弹道目标，因而只能在大气层弹道段"自然"识别弹头，因为此时诱饵假弹头会在稠密的大气层中烧毁，剩下的唯一一个真弹头将会被雷达清晰捕获。同时也存在有第三种观点：建设高效的大气层外弹头识别设备并不能解决问题，因为其建设、使用成本将超过国民经济的承受能力，且与潜在对手发展抗导弹防御设备的成本完全不成比例。

这种条件下，能够在稠密大气层内毁伤来袭导弹战斗部的高速近程反导拦截导弹，就成为了真正的"王牌"。格·瓦·基苏尼科付出了常人难以想象的努力，最终成功将所开发的实验型"A"系统的作战完成周期控制在145s之内。实施大气层内拦截，作战周期被压缩至短短数秒之内，雷达应在此期间完成目标发现、捕获并转入自动跟踪，电子计算机完成轨道预测，反导拦截导弹飞行至预定的拦截交汇点。

彼·德·格鲁申设计的5Ja26大气层内拦截导弹的性能参数要求过高，以至于许多性能根本无法实现。1969年，彼·德·格鲁申终于意识到，如此之大的工作量，他排满来自各军兵种订单的设计局根本无法承担，随后就同意了德·费·乌斯季诺夫的主张，将5Ja26固体燃料反导拦截导弹的方案材料转交给列·文·柳利耶夫。

V-1000 反导拦截导弹的生产

集体创作
"多尔戈普鲁德内伊科研生产企业"公司

1958年3月，多尔戈普鲁德内伊工厂组建了试验设计局。数十年来，该局成功保障了工厂的日常生产任务，现如今仍在发挥这一职能。试验设计局的首任主任为列夫·格里高利耶维奇·戈洛文，1961年，米哈伊尔·阿列克谢耶维奇·柳博穆德罗夫受任成为试验设计局的总设计师。

根据苏共中央委员会、苏联部长会议1956年8月18日联合下发的指示，第2试验设计局（总设计师为彼·德·格鲁申）开始研制V-1000型反导拦截导弹。

V-1000反导拦截导弹被设计为试验型靶场导弹防御系统（"A"系统）的一个组成部分。"A"系统的主要任务，就是验证使用搭载爆破杀伤部的反导拦截导弹拦截远程弹道导弹弹头的效果。

根据任务要求，反导拦截导弹对弹道目标的拦截距离为55km，拦截高度为25km。为实现上述指标，拦截导弹的最大速度应为1500m/s，同时其平均速度应为1000m/s。

V-1000反导拦截导弹纪念碑（普里奥焦耳斯克市）

第464多尔戈普鲁德内伊工厂（多尔戈普鲁德内伊机械制造厂）受领了反导拦截导弹的生产任务。反导拦截导弹严苛的使用条件，特别是导弹飞行中会因气动摩擦而产生高温（飞行期间，导弹某些部位的外表温度可达400~550℃），超高速飞行段气动特性的保持（这一课题在当时尚属研究空白），以及确保导弹在轨道末段仍具备高机动性等，都为其生产提出了诸多高标准。同时，彼·德·格鲁申要求导弹弹体要避免过多使用新设计，因此V-1000导弹的布局类似于该厂已经量产的V-750导弹，即同样为带固体燃料加速器的两级式导弹，巡航级同样采用液体燃料发动机。

V-1000导弹弹体大量采用铝合金材料，且为了避免气动摩擦造成的高温影响，导弹使用了特种隔热涂层。由于当时广泛采用的电子管无法承受规定负荷，因此导弹内部仪器主要由半导体材料制成。

萨雷沙甘靶场自1957年开始了该型导弹的测试，1960年起，开始组织实验型"A"系统与V-1000导弹的联合实验。在对自卡普斯京亚尔靶场发射的R-5、R-12弹道导弹的弹头开展了数次拦截发射后，1961年3月4日，V-1000反导拦截导弹的战斗部成功拦截并毁伤了R-12弹道导弹的弹头，这也是世界首例成功拦截。

直到1962年，多尔戈普鲁德内伊工厂一直在持续生产V-1000反导拦截导弹。之后，该厂第464试验设计局的设计人员又在V-1000导弹的基础上开发出了全套研究用导弹（M2TA、S2TA、R2TA、Ja2TA等型导弹），并利用其开展弹载设备研发、物理原理分析、离子-等离子发动机研究等工作。

"A"导弹防御试验系统建设所取得的初步成果，为后续担负莫斯科防卫任务的 A-35 导弹防御作战系统的建设工作奠定了基础。1958 年 4 月 8 日，苏共中央委员会、苏联部长会议联合发布命令，决定开工建设 A-35 导弹防御系统。

根据苏共中央委员会和苏联部长会议 1961 年 6 月 3 日联合发布的第 353-351 号指令、军事工业委员会 1963 年 4 月 4 日发布的第 61 号决议，第 464 多尔戈普鲁德内伊工厂开始着手安排首批实验型 A-350（5TJa）遥测反导拦截导弹的试产，以便后续导弹飞行试验的开展，完成导弹上的各类系统以及 A-35 全系统各技术设备的测试。此时，导弹巡航级和一级弹体使用的固体火箭发动机，都由多尔戈普鲁德内伊工厂生产，该厂还担负着对很不成熟的导弹设计进行改进这一重任。飞行试验暴露出导弹飞行期间的大量缺陷，因此，需要对导弹设计开展一波接一波的改进完善。

尽管如此，多尔戈普鲁德内伊工厂仍攻克了最为艰难的技术难题，出色完成了导弹的生产任务，生产出了足够数量的导弹。实验型导弹防御作战系统（"阿尔丹"系统）的样品，也于 1967 年前完成了靶场建设，1970 年成功拦截了数枚弹道导弹弹头，从而完成测试。

A-350M 反导拦截导弹的量产任务交由"先锋"工厂负责，但多尔戈普鲁德内伊工厂依旧有足够的理由感到自豪：在莫斯科导弹防御系统建设最为困难的初始阶段，该厂员工曾做出了卓越的贡献。

此外，多尔戈普鲁德内伊工厂还设计、生产并提供了莫斯科导弹防御系统的信息交换设备，编写了 A-35 系统配套的作战手册。

5Ja27 反导拦截导弹的试产

1961 年 5 月，第 1 设计局开始着手代号为 S-225 的反导系统研究工作。S-225 系统是为满足中小目标防护而设计的机动式导弹防御系统，根据设想，该系统同样也适用于打击飞机类目标。S-225 导弹防御系统配备 2 枚导弹，远程、近程拦截导弹各 1 枚。远程拦截导弹为 V-825 导弹（5Ja27 导弹）。该导弹为两级导弹，使用固体燃料加速器，巡航级使用液体燃料发动机。

1969 年，多尔戈普鲁德内伊机械制造厂开始试产彼·德·格鲁申总设计师设计的 5Ja27 导弹。该导弹所采用的大量全新材料和现代生产工艺，不仅保证了导弹的可靠的作战性能，更保证了导弹在处于作战值班状态的长期储存中性能始终可靠，因而技术要求极高。

格鲁申批准的导弹设计方案能够满足其全部运用条件，其中包括系统导弹严格的发动机工作窗口、最短的发射准备时间、高达数 km 每秒的平均飞行速度、较大的拦截高程和较远的拦截距离、极高的可靠性要求、相对较小的导弹自重与较低造价。

完成这些加起来在当时实属独一无二的性能指标，给导弹结构、发动机工作模式提出了一系列无比严苛的技术要求。同时，导弹还要承受极高温度（我们把类似导弹比作"飞行的乙炔焊枪"），还要在最大程度的机械化量产条件下实现最强的工程结构，这些都要求导弹必须采用许多尚且无法工业化生产的材料，运用特殊的结构生产原理，必须要钻研、掌握大量全新的生产工艺。

8TJa 导弹模型
"多尔戈普鲁德内伊"
科研生产企业博物馆

5Ja27 反导拦截导弹模型
"多尔戈普鲁德内伊"
科研生产企业博物馆

反导拦截导弹的生产指标极高，要求工厂必须进行彻底的工艺换装。为此开展了大量工作，组织了大规模重建，提高了塑料车间产能，还启用了数台用于加工导弹部件隔热层的热压器。导弹生产期间使用了 3000 多种设备，掌握了大量的新工艺流程。比如，首次使用 VT-5L 型铸造钛合金电弧焊来完成 ELU-15 设备的 VT6S 合金焊接。这一工艺在保证性能要求的同时，将焊缝宽度降至 5mm 以下。此外，还掌握了燃料箱零件的金属旋压工艺，利用定型锥模均整机床进行瞬间冲压。

为了保护导弹弹体不受气动力加热的影响，研究人员开发了一种高压方法，将玻璃纤维制成的隔热材料涂在承立面上，并将隔热涂层喷涂在导弹舱的外壳上。锥形设备舱通过隔热椎逆掩推进法来实现隔热保护。最大的难题，就是使用热压器对弹翼刷装玻璃纤维厚壁隔热层。其间，要确保隔热层有足够的粘着力粘附于机械制动的弹翼，但有时则会因粘附力不达标，而需将全部隔热层刮除。这一工艺组织复杂，其施工最需要的就是时间，但时间往往不够充足。

承受温度最高的导弹部件为含可雾化氧化锆的耐热合金材质。同时，我们还掌握了碳纤维燃气舵的制作、钛材质弹翼单面点焊等工艺。

鉴于导弹要在无法进行任何检测的条件下长期储存（导弹储存期间也处于加装战斗部、加注燃料的战斗状态），其液体发动机的结构中不能使用任何螺纹连接件，并全部代之以焊接件。因此，人们向发动机内输入混有氦气的气体，然后使用氦气渗漏检测器来检测气体泄漏情况，并以此完成焊接部件的气密性检查。但由于设计结构的缘故，这项检查实施起来无比复杂。幸好维·彼·马科耶夫设计局分享了该局丰富的连接件检测经验，工厂最终采用 16~70mm 的管道自动焊接工艺，这一工艺得来颇为不易。如果检漏器检测到总装车间内正在为发动机焊接的管线存在气密问题，则将非常麻烦，此时需要将发动机切割开，随后又是极其浩大的组装工作。

导弹内部电源和二级火箭的操舵装置生产期间曾出现大量问题，其原因就在于其对所加注的液体燃料的绝对刚度、纯度要求极高。液压蓄压器内部放置有数个高硬度橡胶隔膜，其生产工艺的攻克最为困难。为此，工厂特地安排出一块"干净"区域供蓄压器组件组装调试，并特地研发了一套液压-气动检测台来测试其工作性能。

导弹上另一个最复杂的部件就是其控制舵。控制舵的强度，尤其是耐高温强度指标极高。为了生产出合格的控制舵，工厂和硬质合金研究院联合研发了一种钨-钼基合金。随后由工厂的热处理厂房对这种合金制成的半成品部件进行数小时的石墨化加工。

1969 年 6 月 28 日，V-825 反导拦截导弹进行了首次投掷发射。随后的一年内又开展了 7 次类似发射，其间仅启动了导弹的点火发动机。投掷实验的主要目的在于对导弹从运输-发射一体装置中弹出，以及稳定器展开、各级弹体分离等进行验证。1973 年 2 月，首套 S-225 "亚速" 系统实验样机的靶场实验正式开始。

多尔戈普鲁德内伊工厂持续生产 5Ja27 导弹至 1973 年，其间总共生产了约 20 枚该型导弹。1976 年 10 月 29 日，苏联使用该导弹实施了首次大气层外中程弹道导弹弹头拦截。1977 年 7 月 28 日，首次使用 V-825 反导拦截导弹毁伤了高速诱饵假弹道目标。实验也于同年中止。

4.11 "攻城杵"项目

集体创作

在苏联，军事建设工程的造价属于秘密信息，导弹防御系统各项设施的建设造价则属于绝密信息。国家高级领导层的小圈子才掌握翔实数据，这一做法早在约·维·斯大林时期就已形成惯例，而且也只有高级领导才能将这类数据同国民经济其他部门的发展支出加以真实对比。只有国家最高级别领导人才能掌握最全面的数据。

在同一时代人们回忆来看，尼·谢·赫鲁晓夫也毫不例外地知晓一切，他很清楚导弹防御系统建设所面临的巨大工程。这项恢宏的计划非但没有吓到赫鲁晓夫，反而激发了天性奔放的他的激情。但是，哪怕是他本人也无法作答的一个问题就是，虽然他毫不怀疑建设能够覆盖全国的导弹防御系统的必要性，但这笔建设资金该由何而来？

导弹防御系统拦截 1 枚弹道导弹的高昂成本与美国计划对苏联发起密集核导弹打击这一现实情况间的突出矛盾，是基苏尼科提出的"逐步扩展 A-35 系统，最终使其能够提供全境防御"方案得到批准的最大障碍。身为大国元首，尼·谢·赫鲁晓夫为巩固国家安全、加强国防实力在所不惜，但他却始终无法接受"不能使国家免遭来袭导弹威胁"这一观点。

人们都说尼基塔·谢尔盖耶维奇对所递交的方案内容十分愤怒，他对"为什么专家学者和设计人员不能设计出造价更低的系统"困惑不已。他丝毫没有隐藏自己的情绪，于是没过多久，有关国家元首勃然大怒的消息就传遍了国防部、军事工业委员会和无线电工业部，弗·尼·切洛梅也得知了这一消息。

格·瓦·基苏尼科所设计的导弹防御试验系统和作战系统都是命途多舛,时时充满悲剧,就像总设计师本人,乃至许多天才的作家和他们创作的众多作品的命运一般。1960年年底,"A"系统工程面临投资中断的威胁。1961年3月4日的成功拦截,既拯救了"A"系统,也拯救了A-35项目,更是拯救了基苏尼科本人。

根据最初版本方案,A-35的生产、建设规模史无前例。首次拦截取得成功,随之而来的却是触目惊心的开支数额,但令人不安的更不止这些。人们开始向基苏尼科询问:美国和苏联都在全力研发带诱饵假弹头的弹道导弹,这类复杂的弹道目标,能否被导弹防御系统成功识别区分?人们劝他放弃造价昂贵又繁琐复杂的三点引导测距法,但有时他却风马牛不相及地回答说:速度如此之快,根本无法进行干扰。有时他的回答却是正确无疑:依据现有的物质基础,根本造不出能够精准确定弹道导弹坐标的其他设备。

1962年4月17日,尼·谢·赫鲁晓夫生日当天,他观看了《"A"系统》纪录片。影片旁白,着魔似的不断重复着一句话,"在研的导弹防御系统的一切成就,都与三点引导测距法不可分割",话语中充满恳求。但这一切都是徒劳,早就有人动了心思,并向赫鲁晓夫传了另一句话:"必须得改用单部雷达引导测距,并且降低系统复杂程度和造价。"

弗·尼·切洛梅的"攻城杵"项目看起来较为简单,造价也更低。当时的苏联领导层认为,切洛梅为组织全国境防御提供了一套足够高效同时造价相对较低的系统。同样是在1962年4月,赫鲁晓夫批准了切洛梅关于建设"攻城杵"系统的建议,并于当年夏天开始了预先方案拟制。

1960年底,建设一个能够抵抗敌对方密集导弹打击的防御系统的可行性问题被提上了日程,此时,实验型"A"系统的研制工作正在热火朝天的开展,旨在抗击弹道导弹集群打击的A-35系统研究也已经起步。1960年至1961年的那个冬天,召开了又被称为"12大先行者会议"的"伯克洛夫斯克座谈会":12名总设计师、12名订购方代表齐聚于无线电工业部位于风景如画的博科洛夫斯克森林中的一座宾馆,共同探讨未来导弹防御系统的发展建设问题。与会人员包括亚·阿·拉斯普列京、彼·德·格鲁申、格·瓦·基苏尼科、弗·尼·切洛梅、谢·尼·赫鲁晓夫、尤·格·布尔拉科夫等总设计师及其他人员,订购方代表以康·亚·特鲁索夫为首。与会人员在长时间的争论之后,最终达成了一项共识:建设一套能够抗击密集导弹袭击的防御系统具备可行性。

"博科洛夫斯克座谈会"令弗·尼·切洛梅备受鼓舞。1961年，他提议研发 UR-100（8K84）火箭，该型导弹是他所构想的系列通用运载火箭之一。根据设想，UR-100导弹可兼用于洲际弹道导弹和反导拦截导弹。

1962年，切洛梅提出"攻城杵"系统建议。该系统具有3重拦截边界，可用于保护苏联国土免受敌方密集导弹打击。"攻城杵"系统方案包括亚·利·明茨所设计的"中央预警雷达-靶场"型远程预警雷达以及"中央预警雷达-系统"型探测跟踪雷达，弗·尼·切洛梅本人设计的UR-100型反导拦截导弹（具体设计任务由第52试验设计局菲利分局承担），亚·阿·拉斯普列京设计的 S-225 系统的雷达和近程反导拦截系统。

根据方案设想，布设于北极圈内的数台"中央预警雷达-靶场"雷达将组成第一层远程防御边界。该型雷达用于探测敌方密集发射的洲际弹道导弹，并将信息发送至距莫斯科约500km、位于导弹最可能来袭的列宁格勒方向布设的"中央预警雷达-系统"型雷达，由其为UR-100反导拦截导弹提供目标指示。UR-100反导拦截导弹的二级弹体装备惯性导航系统与无线电轨道修正系统，最远拦截边界达2500km，甚至延伸到苏联领土之处。UR-100导弹的核弹当量为1000万吨，能够在距爆心3~5km处破坏敌方洲际弹道导弹的自动起爆装置。

距离1000km以内的中层拦截，同样是由搭载中等威力核弹药的UR-100导弹实施，此时需要使用无线电指挥引导系统。

S-225系统担负导弹防御系统设施的近层拦截任务。

只有当美国人实施密集导弹打击，且所有导弹均仅飞经北极上空并同时进入拦截区域时，"攻城杵"方案才多少更为令人心动。但是，由潜艇发射的、不经过北极上空的来袭弹道导弹如何应对？如何应对不经过北极上空的来袭洲际弹道导弹？这些问题，以及其他许多问题，都没能给出答案。

1962年10月，以防空军司令弗·亚·苏杰茨为首的委员会组织对A-35系统发展方案和"攻城杵"系统建议进行了审议。评审委员会的成员们均表示支持格·瓦·基苏尼科，对弗·尼·切洛梅的方案则态度不定。于是，决定组织更大规模的无线电工业部委员会，以明确导弹防御系统的发展前景。

无线电工业部委员会由远程无线电通信研究所所长费多尔·维克多洛维奇·卢金任主任领导，并又一次在博科洛夫斯克的宾馆组织了会议。会上需要研究的问题，就是确定不同系统在对手不断使用抗导弹防御设备并采用高空核爆方法情况下的功效如何，并对建立全国境导弹防御系统的可行性进行论证。

格·瓦·基苏尼科本人在《秘密地带》一书中对这一时期作了如下描述：

"亚·阿·拉斯普列京在向费·维·卢金委员会就'攻城杵'系统所做的报告开篇就提到,弗·尼·切洛梅院士注意到,美国向苏联发射的洲际导弹导弹之轨道都飞经一块不大的区域,亦可称为'集中'于该区域,这一区域因此也就成为导弹防御系统拦截弹道目标拦截点的最佳几何区域。如此,可使得导弹防御武器布设的地域相对集中,甚至能够使用 1 枚大当量反导拦截导弹毁伤 1 枚以上的来袭目标。接着,报告人又用粉笔在黑板上画出了两条分别代表目标弹道轨迹和 UR-100 反导拦截导弹轨迹的相交曲线。"

基苏尼科勇敢地捍卫自己的项目,而切洛梅的报告虽说主题明确,但并没有足够的说服力。从技术角度而言,这一建议两个方面都存在缺陷,且并非所有的委员会成员都认为这一方案具备落实的可行性。然而,切洛梅的支持者们却坚信,若得到大力支持,所有的问题后续都将被解决。德高望重的亚·利·明茨和亚·阿·拉斯普列京两位院士决定承担雷达设备和 S-225 近程拦截系统的研发任务。

费·维·卢金为了挽救 A-35 系统,建议将其作为介于 S-225 和"攻城杵"二者之间的防御系统。他始终坚持自己的这一观点,并因此招致时任无线电工业部部长瓦·德·卡尔梅科夫的不满,很快就被迫转调至电机工业部。评审委员会于 11 月 26 日结束履职,但并未能就"攻城杵"系统的合理性达成一致意见。

尽管如此,苏共中央、苏联部长委员会仍于 1963 年 5 月 4 日联合发布了《关于研发全国境导弹防御系统的决议》。这一决议的特殊之处在于,"攻城杵"系统的总设计师由弗·尼·切洛梅担任,但却任命亚·利·明茨为系统预研方案设计工作负责人。我国历史上还没有过第二例此类情况。研发人员受命于 1963 年第四季度提交系统预研方案,1964 年第 1 季度就要在"攻城杵"系统及其他导弹防御系统的基础上完成全国境导弹防御系统整体预研方案设计。6 月,A-35 系统的项目资金几乎中断,设施建设暂停,工程建设部队也开始向他处转场。

亚·利·明茨令"中央预警雷达-系统"型雷达重获新生,亚·阿·拉斯普列京加速了配套尤·格·布尔拉科夫设计的"程序"目标指示雷达的 S-225 系统的建设进度,米·亚·卡尔采夫设计了 M-4M 改进型电子计算机。

1962 年末至 1963 年初,弗·尼·切洛梅实验设计局于此期间开展了预先方案拟制,参加设计工作的还有来自亚·阿·拉斯普列京第 1 设计局、米·谢·梁赞斯基第 885 研究所、维·伊·库兹涅佐夫微型精密仪器研究所、亚·利·明茨无线电工程学院、国防部第 2 研究所以及中型机械制造工业部等单位的专家。工程的参与者们一致认为，建设一个能够为苏联大部分国土提供有效防御的环形两层式导弹防御系统是可行的。

"攻城杵"系统应包括：

（1）不同的火力设备，包括装载大当量核装药、用作反导拦截导弹的UR-100通用型洲际弹道导弹；

（2）雷达系统，用于探测、跟踪目标，并为火力设备提供目标指示；

（3）控制系统，用于保持全时战备水平，并对系统交战实施控制。

"攻城杵"系统的设计拦截对象包括洲际弹道导弹和中程弹道导弹的战斗部、战役-战术导弹，以及军用人造地球卫星。稍后完成的预研方案中还考虑了下列问题：

（1）苏联国土型导弹防御系统的建设问题和建设原则；

（2）"攻城杵"系统反军用卫星相关问题；

（3）在国土导弹防御系统中使用UR-100反导拦截导弹可行性论证的初步研究结果；

（4）设计系统性国土反导反卫星系统先期方案所需的初始数据。

"攻城杵"系统配套雷达以扇形多频段雷达为基础。计划使用"中央预警雷达-系统"型雷达的改进型，即"中央预警雷达-系统（T）"型雷达来满足系统需求。其中改进内容主要在于增大了探测范围和扫描区域，提升了抗干扰性。

"中央预警雷达-系统（T）"型雷达是一款同型模块式结构雷达（包括发射模块、接收模块、探测设备模块等）。模块式雷达由各类现成功能模块组成，并可根据此类功能模块设计出不同的简化方案，即"中央预警雷达-系统（U）"型雷达。

先期方案的数据表明，"中央预警雷达-系统（T）"型雷达能够满足"攻城杵"系统的初始数据对雷达的设计需求，包括探测距离、坐标测量精度、发射波能力等。由于采用了发射设备定向聚能、主动干扰自动补偿，以及综合使用多种探测信号等方法，雷达的抗干扰能力大幅提升。后续的草案设计阶段，还需要研究如何在保证雷达战术性能不变的前提下降低其成本。

随着设计工作的开展，新问题新状况也是层出不穷。弗·尼·切洛梅很快明白过来，任何简化的、造价更低的导弹防御系统都完全不可行，UR-100导弹也不能用作反导拦截导弹，且国土导弹防御系统项目的工程量将前所未有的无比庞大。1964年6月，格·瓦·基苏尼科受邀前往国防部，在国防部他得知了苏共中央、苏联部长会议的一项新指示：他被任命为弗·尼·切洛梅"攻城杵"系统的第一副总设计师。

格·瓦·基苏尼科《秘密地带》一书节选：

我下意识地认为，向我通报的那份文件纯属无稽之谈，并决定在与接见我的将军们会谈时，要坚决表明对任命我为"攻城杵"系统第一副总设计师这一条款的保留意见。我的回答十分简短：身为 A-35 系统的总设计师，我没有足够的精力同时兼顾 A-35 系统以及"攻城杵"系统所赋予我的规模体量更为庞大的工作。

一位将军对此表示反对：

"国防部领导层毫不怀疑您能够在 A-35 系统原理的基础上完成"攻城杵"系统技术方案的整合。届时，统一的"A-35+"系统将会取代这两套系统，只是名为"攻城杵"系统而已。我们也将您视为这一系统事实上（而非名义上）的总设计师。"

4.12　A-35 系统的"苏醒"

集体创作

1964 年 10 月 14 日，苏共中央委员会全会罢免了尼·谢·赫鲁晓夫的职务，随后导弹防御系统的研发工作被迫暂停。很快，形势再次发生变化，格·瓦·基苏尼科总设计师受命要加快 A-35 导弹防御系统的工作进度。"攻城杵"项目的相关材料被束之高阁。

新任国防部长使弗·尼·切洛梅免除被全盘推翻之窘境。1967 年 3 月 31 日，时任国防部长的罗·雅·马林诺夫斯基离世，几天后由安·安·格列奇科接任国防部长。格列奇科很早就与列·伊·勃列日涅夫相知、相熟，并深得其信任。格列奇科在担任国防部副部长期间与切洛梅过从甚密，据说很欣赏切洛梅设计的导弹。格列奇科为切洛梅的魅力所折服，他认为只有切氏导弹才为军队所需要，因此他也顺理成章地支持切洛梅的所有意见。

安德烈·安东诺维奇就任国防部长之后，弗拉基米尔·尼古拉耶维奇所面临的局势才逐渐稳定。乌斯季诺夫作为苏共中央委员会负责国防事务的书记，其与国防部长格列奇科的能量不相上下。他向勃列日涅夫寻求支持也并未奏效：一方一旦发起针对切洛梅的行动，另一方立刻就站出来对其表示支持。

弗·尼·切洛梅身为总设计师，依靠其辛勤工作与聪明才智，开启了一系列大型装备和武器系统的立项研制。然而，他与被"废黜"的尼·谢·赫鲁晓夫行从过密，外加见隙于德·费·乌斯季诺夫，这使得弗·尼·切洛梅的众多项目中，只有太空拦截设备、洲际弹道导弹和舰载巡航导弹的研发工作得以继续推进。

1963—1964年，A-35系统项目虽已展开，但进展仍是磕磕绊绊、时断时续。库宾卡主指挥-运算中心和远程预警节点，以及反导中心，都组建了相关部队，并且建设了反导拦截导弹技术基地。

1963年9月至1964年10月期间，巴尔哈什靶场的临时发射阵地总共组织了5次以测试A-350导弹结构为目的的反导拦截导弹（工厂代号为5TJa）试射。还首次自普列谢斯克向巴尔哈什方向发射了数枚R-14弹道导弹，该型导弹加装的助推加速组件，使其能够达到洲际弹道导弹下降段弹头的飞行速度。第1台5E926型电子计算机也被运抵靶场。基苏尼科主持完成了A-35系统的最终方案设计，这就是为同时代人所铭记的《1964年版方案》。

在这一方案中，将由1部RKTs-35目标信道雷达、2部RKI-35导弹信道雷达和所含反导拦截导弹发射装置在内的发射阵地组成的系统称为发射单元。所有设备应密集放置于有限的区域内。随着1959年版项目的逐步改进，由4部目标信道雷达、8部导弹信道雷达组成的1套发射单元被分解为4套发射单元。就这样，最初设计用于拦截4枚来袭弹道导弹的4套发射单元，发展为可拦截16枚来袭弹道导弹的16套发射单元。

每套发射单元包括8枚反导拦截导弹及配套发射装置，用于毁伤1组目标（弹道导弹弹头和弹体）。计划发射2枚拦截导弹拦截1个来袭目标，此时另有2枚反导拦截导弹处于"热待机"状态，可在1枚主拦截弹出现故障时接替发射。每套发射单元具备连续实施两轮齐射的能力。

16套发射单元两个一组布设于莫斯科周边的8处发射阵地（发射阵地在移交部队后更名为独立反导中心）。"多瑙河"-3远程预警雷达节点从8个减少为4个，另外，根据新方案，各个节点部署的雷达数量从3部变为2部。

各项设施，按照每4处发射阵地、2个远程预警雷达节点为一组的顺序，分两批入役。分别位于扎戈尔斯克、克林和纳罗-福明斯克3处项目的发射单元，其完成度最高，可最快完成建设，努多利发射单元的建设紧随其后。上述几处设施及配套的"叶尼塞"发射单元将成为首批入役的系统。

首批入役的设施还包括主指挥所、预备指挥所，库宾卡和契科夫的2个"多瑙河"-3远程预警雷达节点，以及巴拉巴诺沃的数据传输系统和技术基地。出于保密考虑，指挥所代号为"天文台"，发射单元代号为"实验室"，"多瑙河"-3雷达代号为"望远镜"，技术基地代号为"修理工厂"，数据传输系统

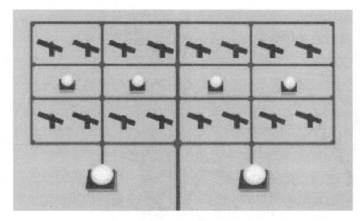

A-35 系统的 1 个独立反导中心

（独立反导中心含 2 套发射单元，各套发射单元包括 1 部双通道目标信道雷达（RKTs-35），2 部单通道导弹信道雷达（RKI-35），8 套 A-350Zh 反导拦截导弹一体化地面运输-发射装置。每部 RKI-35 导弹信道雷达附近布设 4 枚存储于地面运输-发射一体化装置内的反导拦截。1 部 RKI-35 导弹信道雷达可引导 1 枚反导拦截导弹拦截单个弹道目标。第 2 枚反导拦截导弹处于"热待机"状态，将于第 1 枚导弹发射后自动发射。第 3、4 枚反导拦截导弹为第二波齐射预留。独立反导中心采用自动运行值守。）

代号为"电缆"。"多瑙河"-3 雷达还有个非官方外号——"窝棚"。A-35 系统的成本得以降低，建设问题较之前得以减少，但该系统在干扰条件下分辨识别目标的性能问题仍悬而未决。

主指挥所（其在移交部队后被称为主指挥-运算中心，即 GKVTs-1）设于索尔涅奇诺戈尔斯克，预备指挥所（GKVTs-2）设于库宾卡。

扎戈尔斯克 15 号设施位于距该市（现称谢尔吉耶夫波萨德）20km 的图拉科沃村附近，克林 9 号设施布设于克林市郊，纳罗-福明斯克 10 号设施坐落于维列伊、克洛德季诺 2 个居民点附近的瓦西里奇诺沃村附近，克林 10 号设施位于克林与鲁扎之间的努多利村附近，邻近新彼得罗夫斯克村，巴拉巴诺夫斯克技术基地坐落于米加耶沃村附近，2 号主指挥-运算中心和 1 部"多瑙河"-3 雷达（即库宾卡 10 号设施）开设于库宾卡近郊的阿库洛沃村，"多瑙河"-3U 雷达（契科夫 7 号设施）坐落于契科夫近郊的切尔涅茨科耶村，1 号主指挥-运算中心坐落于索尔涅奇诺戈尔斯克附近的季莫诺沃村。上述居民点均为人们所接受，但为了避免混淆，本书的作者在此处以及下文中使用了这些设施更广为人知的名称，诸如扎戈尔斯克、克林、纳罗-福明斯克、努多利、巴拉巴诺夫斯克、库宾卡、契科夫和索尔涅奇诺戈尔斯克。

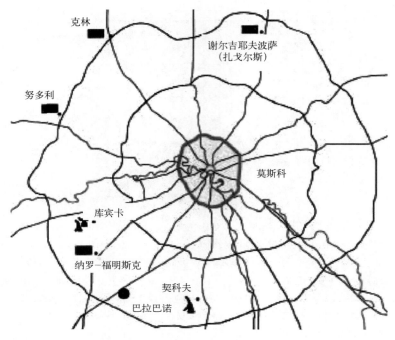

A-35系统莫斯科周边地区的部署示意图

A-35系统的火控雷达

纳·阿·爱伊特霍任

与"A"试验系统相比,直接参与弹道导弹拦截的雷达数量得以减少。目标指示工作由1台单独的RKTs-35型目标信道雷达完成,A-35系统没有使用反导拦截导弹观测雷达。包括接收导弹信息、发送控制命令、引爆导弹战斗部等在内的所有涉及反导拦截导弹的功能,即"A"系统内由导弹观测雷达和指令分发雷达所履行的职能,均由1部单独的RKI-35型导弹(反导拦截导弹)信道雷达完成。

RKTs-35型雷达为双通道雷达,能够有效探测弹头和导弹末级弹体两类目标,探测距离达1500km。雷达的一个信道负责跟踪目标并测量弹头的距离、角度坐标,第二个信道负责探测导弹弹体。每部RKTs-35型雷达周围均部署有2部RKI-35型雷达,用于引导2枚反导拦截导弹拦截同一目标,或是一组目标的不同部分。

RKTs-35型雷达的双通道结构,通过为18m直径全转向抛物线形接收-发射天线安装2个直径分别为2.3m、2.9m的独立控制分辐射器得以实现。

RKTs-35、RKI-35 两型雷达的天线均带有硬质可透波防护层。为了达到规定的探测及转入跟踪距离，特地增大了雷达发波装置的脉冲功率。

RKI-35 型雷达的建设原理与 RKTs-35 型雷达一致，但其仅具备 1 个通道。RKI-35 型雷达的天线为复合天线。约 7m 直径的双镜面天线能够发射窄波，用于跟踪反导拦截导弹向目标飞行情况；装备有螺旋形发波器的约 1.5m 直径单镜面天线，则负责发射确保导弹升空后按引导弹道飞行所需的宽波。

为了保持必要的战备等级，自动运行控制系统实现了对雷达各设备的全覆盖。雷达在作战闭环中的指挥、信息交互、指令、信号等功能，均由主指挥-运算中心通过数据分发系统实施。

RKTs-35 型雷达设计有两类作战方案。方案一名为"叶尼塞"，使用 2 台 T-40U 特种单体计算机，其中的一台计算机装有作战算法运行程序，另一台计算机通过安装的算法，对雷达和控制系统的运行进行监督。

方案二代号为"托博尔河"，即各部目标信道雷达使用 1 台 5E926 型通用计算机，由其完成各项战斗及运行控制算法。"阿尔丹"靶场系统采用的是使用 2 台 T-40U 计算机的方案。A-35 作战系统的前 3 个项目，其 2 部目标信道雷达均为 1 部采用"叶尼塞"方案、另 1 部采用"托博尔河"方案的。随后，莫斯科近郊的第 4 个项目，其 2 部雷达均采用"托博尔河"方案。

T-40U 型专用计算机由尤·德·沙弗罗夫和安·阿·阿尼克耶夫领导的无线电产品研究院专家研发。雷达天线、发射部件、接收部件、视频通路部件及其他设备也由无线电产品研究院设计。其中视频通路部件的设计由尤·德·沙弗罗夫主持，接收部件由奥·阿·乌沙科夫和安·巴·别夏斯特内主持，发射部件的设计由叶·巴·格连加庚主持，天线设计由波·耶·斯库尔京和尼·德·纳斯列多夫主持。天线的传动装置由中央自动化装置和液压传动装置研究所设计。

RKTs-35 型雷达的设备生产厂家极为复杂，T-10 天线由高尔基航空机械制造工厂生产，发射部件由第聂伯机械制造厂制造，计算装置和视频通路部件由马里机械制造厂生产，接收部件由库兹涅佐夫机械制造厂制造。

1966 年底前，各类设备的生产工作基本完成。

4.13 "阿尔丹"靶场发射单元

列·格·赫瓦托夫

哪怕是党和政府定下的计划，也可能被生活本身所改动。A-35 系统未能在1964年如期交付，1965年1月定下了新的交付期限：1967年10月，在十月革命50周年纪念日到来之前要完成作战系统的全部工作。

最初，出于开展系统验证之需，在巴尔哈什靶场的4个不同地点架设了4部RKTs-35目标信道雷达和8部RKI-35导弹信道雷达。选中的3块现成场地为3号、6号及38号场地，并于稍后将其更名为53号、52号、51号场地。另一块场地为翻修场地，坐落于巴尔哈什湖畔，邻近古利沙德村，其代号为54号场地。基于RKTs-35目标信道雷达研制实验型RE-4雷达的工作也在同步展开，该雷达主要用于验证新技术、改进目标信道雷达和设计中的反导雷达技术参数。

初期确定的4套靶场发射单元被削减为1套。为了加快工作进度，决定同时推进靶场和环莫斯科地区的项目建设，自然，此举也大大增加了设计人员、测试人员以及协作工厂工作的复杂性。

A-35的射击系统被命名为"阿尔丹"。根据1月份的决议，要在最短的时间内完成52号场地内的样机建设并转入测试。建设施工于1962年10月开始，1963年被中断，1964年又得以恢复。由于工程量极为庞大，且进度几经耽搁，"阿尔丹"系统的组装、调试直到1966年才开始，并最终于1967年9月完工，也就是说，一直到那时整个系统才投入使用。

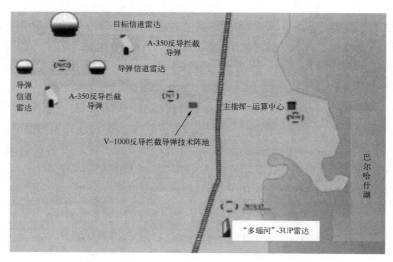

巴尔哈什靶场"阿尔丹"发射单元各设施部署示意图

"阿尔丹"系统包括1个主指挥-运算中心，1部RKTs-35目标信道雷达，2部RKI-35导弹信道雷达（"洋甘菊""矢车菊"），2套A-350反导拦截导弹发射装置，1个反导拦截导弹装药、燃料加注场和1套数据传输系统。决定在临时发射阵地实施反导拦截导弹的最初几次试射，并计划分4个阶段完成"阿尔丹"系统的测试。

第一阶段。拟制反导拦截导弹控制程序，检验导弹设计性能和内部设备，测试发射阵地设备工作情况。

第二阶段。测试拦截虚拟目标时导弹信道雷达、发射阵地设备及反导拦截导弹的协同情况。

第三阶段。检测目标信道雷达，组织通用作战程序的目标引导调试。

第四阶段。拦截真实目标的作战发射。

测试工作于1967年9月开始，持续到1969年11月29日，使用的弹种为A-350反导拦截导弹。导弹采用双发连续发射，分别瞄准来袭弹道导弹的弹头和弹体。1969年至1970年，发射单元测试使用的拦截目标为卡普斯京亚尔、普列谢茨克2个靶场发射的R-12和R-14（加装助推器）弹道导弹。在此期间，还对伴有多个虚假目标、实验型主动干扰雷达开机工作，且使用了雷达吸波涂层并搭载有雷达诱偏设备的弹道导弹弹头进行了数次跟踪实验。

1966年，我第一次以主管代表的身份踏入52号场地。当时，目标信道雷达大楼、导弹信道雷达大楼内正在进行设备安装，随着工作的逐步推进，又转入自动安装。项目的牵头安装单位为库兹涅佐夫机械制造厂和波多利机电厂。52号场地距普里奥焦耳斯克100km，有一条水泥板铺成的道路。据当地的"老住户"说，这条道路由2家部队单位共同修建，其中一家单位修建了49km，另一家单位从49km处继续修。很明显，两家单位不同，他们修出来的路也有区别：经过其中的一段道路时，能够明显感觉到颠簸。

技术设备场地和发射阵地均坐落于距生活区5km处。生活区内设有招待所、指挥部和其他一些基础设施。无线电仪表制造研究所的部分派出人员居住于单层临时板棚内，另一部分住在军官招待所，而我们这些领导则住在一座木制的三居室小房内。项目"突击会战"期间，小屋人满为患，以至于几名领导也搬到单层板棚居住，这在他们看来十分痛苦。

工程不分昼夜地连轴推进。1967年前，目标信道雷达、导弹信道雷达的设备联通宣告完成，随后转入设备与主指挥-运算中心的对接。之后又开展了设备与主指挥-运算中心的首次信息交换，以及首次人造地球卫星追踪、首次弹道目标追踪。到现在我都清楚记得，当时我和尤·巴·卡柳日内同时捕获人造地球卫星信号，并首次进行目标自动跟踪，顿时整个指挥所都沉浸在一片欢快的氛围中。此外，还演练了反导拦截导弹模拟发射程序以及虚拟目标拦截流程。

自动功能检测和系统功能检测 2 种模式下，目标信道雷达还设计有运行雷达包干检查功能。有一次，雷达正在进行调试，格·瓦·基苏尼科陪同众多高级将领来到靶场，进入指挥所后我就开始向他们介绍作战流程。当着众人的面，我冒险将系统转入自动功能检测模式下的模拟作战流程，但是由于"将军效应"作祟，不知道哪个设备发生了故障，红色的故障指示灯顿时亮起。当时我万分窘迫，但格里高利·瓦西里耶维奇却毫不惊慌，依旧兴奋地向将军们介绍这套系统的诸般好处，以至于对尚未完成调试的设备启动都能够立刻做出反应。将军们都很喜欢他的解释，对整个系统也是喜爱连连。

最终，A-350Zh 单发和双发反导拦截导弹开始担负作战任务。但事情也并非完全一帆风顺。正如"A"系统一样，工业部门为系统生产的一些电子设备可靠性欠佳。

尤·康·楚科夫回忆节选：

1966 年，我被任命为（巴尔哈什）靶场一局五处高级测验工程师，并从 2 号场地调入普里奥焦耳斯克。五处名为分析处，但人们更普遍称其为"沃思科博伊尼克处"。米哈伊尔·亚历山大罗维奇·沃思科博伊尼克少校并非首任处长，但正是他组建并训练出一支经验丰富、功勋卓著的测试工程师团队。五处的主要工作就是分析目标信道雷达、导弹信道雷达的测试结果，评估其技战术性能。

一局由天才的学者兼卓越的组织者奥布·谢尔盖耶维奇·沙拉克尚埃上校创建。在他之后，工学副博士彼得·科利缅季耶维奇·格里察克任局长一职数年。我调至分析处工作时，局长为米哈伊尔·安东诺维奇·斯卡卡利斯基，他是一位睿智、沉稳的军官，双眼中闪烁着"狡诈"的光芒。

1966 年初，靶场主任斯捷潘·德米特里耶维奇·多洛霍夫中将意外逝世。他待人真诚，非常善于快速解决复杂的实验问题和靶场的日常问题，因此深受我们喜爱。多洛霍夫的副手，分管科学研究及实验工作的副主任米·伊·特罗菲姆丘克少将被任命为靶场主任。

1966 年 6 月 30 日是靶场成立 10 周年纪念日，这一天我们 03080 部队因在新武器研制中的突出成就而被授予列宁勋章。节庆活动很快结束，随后又是漫长的测试工作。每周一的一大早我就赶到了 6 号场地，直到周六晚上才返回家中。目标信道雷达的工厂测试持续了一年有余，紧随其后的就是国家测试。被指派为目标信道雷达测试工作的负责人后，我需要仔细研究的问题有一大堆，需要撰写的各种纪要堆成了山，我还要提出改进意见并督促落实。记得有一次，我们刚向设计方的负责代表伊万·阿列克谢耶维奇·古谢夫提完建议，他说出的那句话，让我永远不能忘记：

——同志们，你们太有趣了！你们想要造一个"马桶用的牙签"，这可不是能够一蹴而就的！

但最终工业部门还是同意了我们提出的大量建议。

尤·瓦·鲁巴年科回忆节选：

"阿尔丹"系统的建设工作结束后，上级要求我们国防部第四总局的专家常驻靶场。我驻场待了1个月，随后维克多·斯捷潘诺维奇·希卡洛夫替换了我，之后我再去替他，如此循环轮替。我们指挥着一个由第45特种研究所和驻各设备建造企业的军代表组成的军官小组。有关设备改进、修改操作手册的决定，也都是在现地拟定。

"阿尔丹"系统自动测试期间，设计人员在发射设备转入满功率运行时遭遇到了巨大困难：由于发射设备无法承受巨大的总功率，波导管路发生故障，只有注满六氟化硫气体的部分管路得以幸免。如果不对目标信道雷达的天线进行实质性的改进，这一问题就始终无法解决。用于固定天线分辐射器的金属杆造成方向性图发生扭曲，因此不得不用玻璃钢来制作加固杆。

设计人员基本上能够认真对待订购方代表提出的批评，但他们无论如何都不想将重达数吨的天线"扔到"支架上进行检查。尽管这一检查已充分考虑到各种技术条件，但格·瓦·基苏尼科仍推迟了检查工作。但结果并未等待太久，莫斯科市郊的一个项目发生了意外，数吨重的天线跌落到支架上，天线的支撑-转向结构出现裂缝。受此影响，改进完善工作投入了大量资金。

弗·谢·布尔采夫院士回忆节选：

电子计算机的问题故障造成了我们多次的不愉快经历，但同时也使我们收获良多。例如，我们认识到，向受控设备传输正确的数据，与稳定性具有同等重要的意义。曾经有一次，靶场内的反导拦截导弹发射装置错指向了居民区的方向，而它本应向导弹飞行方向展开。

1967年，我们错向"阿尔丹"系统的反导拦截导弹下达了控制指令，造成导弹直奔卡拉干达而去。导弹落于城市附近地区，一个注满硝酸的燃料箱发生了爆炸。附近的居民很快就捡起了四处散落的碎片，并把它们锁到一间库房内留待后用。然而晚上几个小孩顺着墙上的一个小洞爬进了那间库房，吸入了有毒的残留燃料气体。万幸的是，反导拦截导弹并未加装战斗部。

阿·康·涅洛普科回忆节选：

测试用的反导拦截导弹与作战用导弹有所区别，前者可通过搭载的遥感设备，将导弹内部设备飞行期间的状态信息传回地面。出现发射事故或者发射失败时，此类信息更是尤为重要。有一次，反导拦截导弹发射升空后，遥感设备并未正常工作，之后，我们决定只有在收到确认"遥感器正常"的信息后再执行"点火"命令。如果没有接到确认信息，操作员就要摁下按钮，冻结"点火"。

根据"阿尔丹"系统测试计划，在1969年安排有一次反导拦截导弹对同一目标的双发齐射，包括无线电工业部第一副部长彼·斯·普列沙科夫在内的多名领导都前来观摩发射。领导们都被安排至距发射架数km的观摩台。导弹的发射前检查一切正常，随后进入战斗流程。第1枚导弹正常发射，而第2枚导弹却留在了发射架上……短短几分钟内，负责人就从观摩台赶到了发射架，随后待发导弹被彻底拆解。

点火操作员确认，他并未收到"遥感器正常"的通报。遥感器操作员则坚称已发出信息。最后也没能找出过错方，于是下令，后续所有通话内容都将由录音机录音。由于第一枚反导拦截导弹成功完成了拦截任务，人们也就认为是"因祸得福"：使用1枚反导拦截导弹还更经济实惠。

导弹信道雷达的运行情况可通过一座特制的检测塔来进行检查。借助该塔，能够确定天线电磁及光学轴心的"方位定位"精度，也就是确定导弹信道雷达测量得出的检测塔天线坐标与实现明确坐标值的偏差。

晚冬的一天，方位定位的稳定性出现了异常。出于方便使用光学设备进行观测的考虑，反导拦截导弹发射一般都在清晨实施，在前一天夜里对发射准备情况进行清点、检查，必要时还会对天线进行微调。但第二天早上发现，方位"消失不见"。随即决定，将发射推迟到查明问题原因之后。军地双方的天线专家们在排查期间都倍感煎熬，但最终仍是徒劳无功。

一天早上天气晴好，我的同事阿·彩·托波尔科夫注意到，阳光正好会照到天线罩朝向检测塔的那一部分。天线罩坚硬的外壳由数层玻璃钢制成，中间为刷涂环氧树脂的蜂窝状填充物。在对此进行研究后发现，天线被阳光照射的部分会出现升温。天线罩钻孔证实，该部位存有液体水，而在背光的阴冷面钻孔后则发现了冰。故障原因也就立刻水落石出：冰事实上并不会影响无线电波传输，而水却会将其阻断。

夜间，会将天线调定朝向控测试塔方向，此时天线架内部会遇冷结冰；第二天清晨，随着部分天线架被阳光照射升温，内部的冰融化成水，就导致了方位"丢失"。水又是如何渗入天线架内部结构的呢？答案十分简单：反导拦截导弹发射时，飞散的小石块和水泥碎片会击中天线并留下一个个小孔。必须要

第四章　莫斯科"A-35（A-35M）"导弹防御系统

A-350反导拦截导弹的发射测试

把这些蜂窝结构全部剖开、烘干再胶封，然而时间却所剩无几，测试计划也不允许有中断。最终采用了一个临时措施：检查并确定冰融化为水造成的方位偏差值，并在早上依据这一数值对天线进行检查调整。随后的一系列发射都取得了成功。随后，又花费极大精力来修复"阿尔丹"系统及A-35系统中所有的导弹信道雷达和目标信道雷达。

"阿尔丹"靶场系统建设完工之前，曾数次使用"A"系统的反导拦截导弹观测雷达保障在临时发射场组织的A-350反导拦截导弹自动测试。一次发射时，反导拦截导弹几乎就在发射架上发生了爆炸。包括我在内想观看发射的人们，当时都聚集在能够清楚看到发射装置的军官招待所的楼顶。观测雷达方向传来模拟通报"请放好茶壶，马上就开始"——这指的是 15 分钟发射准备。我们都目不转睛地望着远处，翘首以盼。突然传来震耳欲聋的爆炸声，并伴有浓烟，加速器炽热的碎片也四散飞落……

A-350反导拦截导弹拦截虚拟目标的发射画面

我马上给雷达站去了电话，询问情况如何，人们回答道："我们一无所知。接到的命令是穿戴防毒面具，关闭房门并打开内向通风。"烟雾逐渐飘散，2~3 个小时后，任务团队返回了住地。雷达站内的工作人员随后讲述了事情经过：接到"穿戴防毒面具"的命令后，军官们就立即完成了指令，随后他们看到地方同事却一动不动——他们压根儿没有防毒面具！意识到这一情况后，在高级军官的命令下，军官们摘下了自己的防毒面具，一起等待事态的后续发展。万幸，终得无恙。

观摩台却一片慌乱。靶场和其他许多单位领导都前来观摩此次发射，他们乘坐的汽车就直接杂乱地停靠在两边待命。爆炸发生后，所有人都惊慌失措地飞奔向自己的车辆，希望尽快登车并远离这个危险区域。幸好并未造成人员伤亡，也未发生车辆事故。

莫斯科发来了一份电报，报文中称试射时有人"拆解了祖布茨设计的加速器"。看起来，作为加速器总设计师的普·菲·祖布茨，不得不对事故负全部责任。在此事件之后，我们第 20 研究所的工作人员均配备了普通型和过滤型两种防毒面具。

靶场内的生活和工作环境十分恶劣，尤其令人难受的是，几个距离稍远的场地严重缺水。在靶场启用的头几年里，甚至没条像样的道路。汽车在草地上奔驰，一头扎进能在空气中飘荡数小时的灰尘中。

除了客观困难外，人为制造的困难同样令人沮丧。国防部第四总局局长格·菲·拜杜科夫的数度到来，令当地的领导十分紧张。格里高利·菲力波维奇非常关心每个人，清楚每一个微不足道的场所，对项目的"视察"也经常从查看厕所和污水池开始。靶场领导也知道此点，并做了精心却又别出心裁的准备。在格·菲·拜杜科夫到来之前，对所有污乱不堪的场所都进行了清扫、粉刷，并在外边钉上板子，除非站在高处向下看，否则谁也看不到"庐山真面目"。女同志们的不便之处那就更多了，因为在草原上视野之内一览无余。只有在领导视察之前，各项便利设施才会开放，并表现出最好的一面。

1970 年 6 月 4 日，"阿尔丹"系统完成国家测试。6 月 9 日，莫斯科近郊导弹防御部队所属战斗编组在靶场内完成了首次实弹发射作战任务。1973 年前，所有作战发射单元的战斗编组都完成了导弹实射。1974 年至 1977 年间共组织了 15 次战斗训练发射，1978 年开始，仅在战役-战术演习期间安排导弹发射。1978 年至 1981 年间共组织了 4 次带战斗训练发射的战术演习。1987 年起，由于系统老化停止了导弹的战斗训练发射。

"阿尔丹"系统于 1980 年 4 月交付巴尔哈什靶场，以供开展各项试验。这一系统一直运行至 1990 年，随后各类设备被拆解。"阿尔丹"系统共开展了 179 次 A-350 反导拦截导弹发射，其中的 90 次发射由各战斗编组实施。

A-35 系统的数据传输系统项目的由来

弗·彼·利普斯曼

我们在着手 5Ts53 数据传输系统项目之初就清醒地意识到，这一系统与靶场系统截然不同。不同于别特帕克-达拉草原，我们无法在莫斯科近郊地区布满无线电中继电线路。此外，莫斯科市和莫斯科州会产生大量干扰，根本无法满足严格的技战术要求。

我们放弃了无线电中继通信，在草案中提议，数据传输系统采用固定电缆。但是首先必须要弄清楚的一个问题，就是电缆是否能够实现一些必要的功能。这一问题也丝毫没有经验可供借鉴，为了完成电缆的改进设计，同时解决其他一系列的问题，我们邀请了数位通信部中央通信研究所的专家。

电缆是防空兵司令帕·费·巴季茨基组织的讨论中稍显靠后的一个主题。就任司令一职后，巴季茨基决定深入了解 A-35 系统，于是组织了一次由全体主管设计人员参加的专家代表会。帕维尔·费多洛维奇在开场白中就以洪亮的声音宣布，要把会议开成一次"民主"的大会，随后他又补充道：

——我说的意思，就是只让那些报告使我感兴趣的专家发言。

格鲁申得到了发言机会，他的报告明显经过深思熟虑，效果很好，发言时，他的助理手持反导拦截导弹和发射装置模型站在一旁，直观地向在场各位展示总设计师的报告内容。格鲁申最后讲到了发射操作，此时助理摁下按钮，导弹就立刻被"发射"出去，稍稍飞离了模型。

巴季茨基兴奋地赞叹道：

——同志们，就是这个意思！一个人讲很难一下子弄懂，另一个人在一边展示就清楚多了！

轮到我发言时，我并没有模型，于是说道：

——我没什么可向各位展示的，因为我的业务都深埋于地下。

巴季茨基问道：

——如果老鼠来啃噬电缆，该怎么办？

我回答说：

——老鼠啃不坏电缆的，因为电缆外面包有一层铅质外壳。

巴季茨基却不依不饶：

——有的老鼠连铅壳都能咬透呢。

我也无言以对，只得回答说：

——要是这样，我们就会放几只猫进去……

根据设计方案，未来 A-35 系统会环莫斯科部署。相应的，我们决定基于环形原理建设数据传输系统，使各运算中心彼此联通。某些项目的回路信号同样接入数据环路，与主信号沿同一方向流转。

然而在完成系统示意图后，我们突然发现该系统不具有可行性，因为并不存在永远不会发生故障的设备。必须要解决的还有另外 2 个主要问题：一是维修人员要能够迅速确定发生故障的设备及其所处位置；二是要有随时做好接入系统准备的备份（通道）。为此专门设计了一套远程操纵和遥控信号系统，随后又在数据传输系统的控制中心加装了一大块指挥面板，用于清晰反映出

（线路）破损、故障等信息。

环形结构还有个缺点，就是如果某一处电缆被蓄意或是意外切断，就足以导致整个系统发生故障。因此我们建造了一套由不同分域和内部环路构成的高抗毁性系统。这一系统在外部环路遭到破坏时依旧能够准确传递信号。拖拉机手在田地中犁地时不小心切断电缆的情况时有发生，但系统每次都能立刻转接备份通道，从而避免了故障的发生。我们把环路数据传输系统的无人维护信号增强站都深埋在地下，并将其设计得十分坚固。

"阿尔丹"靶场发射单元以失败告终的"摆线"数据传输系统

瓦·尼·佩列洛莫夫，亚·弗·舍维廖夫，柳·奥·梅洛娃
莫斯科无线电技术科学研究所

费·彼·利普斯曼被任命为A-35系统数据传输系统（后续代号为5Ts53）的总设计师。这一任命经常让研究导弹防御系统和数据传输系统的历史学家们倍感迷惑：他们认为费·彼·利普斯曼同样曾被任命为实验型"A"系统的总设计师。苏共中央委员会、苏联部长会议曾于1956年8月18日联合发布指令，任命格·瓦·基苏尼科为"A"系统的总设计师，该系统中所含各设备（其中就包括费·彼·利普斯曼负责的设备）的总设计师，则由各单位的"A"系统相关设备研发领域负责人担任。

1959年，苏联国防部正式提交建设莫斯科A-35导弹防御系统的规划任务。该系统能够保护400km^{2}面积内的设施免受"泰坦-2""民兵-2"型洲际弹道导弹袭击，上述两型导弹飞行末段仅剩弹头和末级弹体，且均装备有分导式核弹头。

1970年1月7日，苏共中央委员会、苏联部长会议联合颁发指令，决定开工建设A-35莫斯科工业区导弹防御系统和"阿尔丹"靶场系统。系统建设的首要任务，就是验证在外大气层开展弹道导弹高空拦截，以及研发新反导拦截导弹所需的新型技术方案。"阿尔丹"靶场导弹防御系统含一套数据传输系统，该系统最早代号为"摆线"，稍后更名为"线缆"，最终代号为5Ts53系统。

为向"阿尔丹"发射单元提供目标指引，研究人员在"多瑙河"-2远程预警雷达的基础上设计研发了"多瑙河"-3UP型远程预警雷达。

项目预先设计阶段，就曾为"阿尔丹"系统和"多瑙河"-3UP远程预警雷达设计了多套数据传输系统建设方案。最初版本的数据传输系统为"A"系统中所使用的无线电中继线路。1960年初，第129研究所开始研发防空反导

"阿尔丹"发射单元数据传输系统的无线电中继站

专用无线电中继线路(代号为"摆线",以加装潜望式天线馈线器的R-406"紫罗兰"无线电中继系统为基础研发)。无线电中继站既能完成双向数据传输,也能担负三向数据传输(此为与R-400型中继站的区别),从而能够在降低设备成本的同时构建更为复杂的数据传输结构。

尽管R-406"紫罗兰"无线中继站在测试中暴露出数项技术原理层面的缺陷,表明潜望式天线馈线器无法用于军用无线电通信设备,但费·彼·利普斯曼(苏共中央委员会、苏联部长会议于1959年12月10日联合下发《关于建设"A-35系统"的决议》,又于1960年1月7日联合下发《关于建设莫斯科工业区导弹防御系统的决议》,两份决议都任命其为信息传输系统总设计师)仍决定,"阿尔丹"系统和A-35系统的新型无线电线路系统中都将采用潜望镜式天线馈线器(数据传输系统代号为"摆线",频带为5689~6179MHz)。

"阿尔丹"系统与A-35系统的建设同步展开,但进度并不如"A"系统

第四章　莫斯科"A-35（A-35M）"导弹防御系统

导弹信道雷达阵地上的数据传输系统终端无线电中继站
（用于引导反导拦截导弹的无线电信道）

那般迅速。"摆线"系统的各个中继站先后完成了设计、生产，并被运送至靶场，各个场地之间也建立了无线电中继通信线路。

喇叭抛物线形天线最初由通信部国立无线电研究所为"课程-6"型商用无线电中继站所研发。军事科技委员会建议，使用该型天线代替"摆线"无线电中继系统（5689~6179MHz）原有的天线馈线器（基于R-406"紫罗兰"系统而来）："紫罗兰"系统抗外部无线电干扰能力太弱，商用系统则可大幅提高抗扰能力（抗干扰功率超过104倍）。

需要明确的一点就是，某些科学历史文章中将所示照片称为试验型"A"系统数据传输系统的照片，此为严重失误，我们所见到的"摆线"系统，都采用了"课程-6"商用无线电中继系统的喇叭抛物线天线。系统的安装、调试、维护保养等工作，都由费·彼·利普斯曼带领的第129研究所人员负责。

然而，R-406无线电中继系统（"紫罗兰"和"摆线"数据传输系统）

的技术缺陷，仍严重影响了费·彼·利普斯曼在军用通信领域及防空反导系统设备总设计师界的学术威望。"摆线"系统的失败使人们意识到，根本无法基于无线电中继通信系统建设莫斯科地区导弹防御系统以及环莫斯科防空系统所需要的数据传输系统。环莫斯科 A-35 导弹防御系统和其靶场样品所需数据传输系统的建设，还需要寻找宽高频电缆解决方案。

"阿尔丹"发射单元 5Ts53 数据传输系统的建设

卡·伊·库克克回忆节选：

现在已经很难确定，到底是谁提出了使用高频城际通信线缆来直接传输视频信号这一方法。传输视频信号使用的线缆为莫斯科电缆厂的量产型 MKSB-60 电缆（铅质保护层主干电缆，电缆外部由两块钢质条型材料包裹）。

MKSB 电缆用于搭建主干通信网和域内基础通信网络（市话网），其数字信号的传输速率为 8448kb/s（节奏频率），频幅不超过 5000kHz 的模拟信号传输速率为 34368kb/s；远程交流供电不超过 690V，直流电不超过 1000V；环境温度 -50~+50℃；相对湿度不超过 98%（温度不超过 35℃）。

然而，电缆光纤的性能参数都需要特定的技术环境才能保证，这也并不足以使人们下定决心并相信这一设想（在数据传输系统中使用该型电缆）具有实现的可能，毕竟数据传输系统的条件要求极为严苛。因此，第 129 研究所紧急建造了一部试验台，以供开展 MKSB 电缆传输特定参数视频信号的相关研究。实验取得了可喜结果，因此，1964 年就转入数据传输系统网络中间节点与终端节点操作手册的编写拟制。

包括身为主管工程师的我本人在内的多名专家，最初都并不看好上述解决方案。电缆的设计用途的确能够实现极大的传输速率（通信数据包的出现已经为期不远了），可是生产厂家无法保证电缆在选定工作模式下的稳定性。不过当时已经没有时间再做其他选择，毕竟也未曾发现明显的缺陷。

设备生产的头部企业为车里雅宾斯克"飞翔"无线电厂，以及库兹涅佐夫机械厂、莫斯科"红宝石"电视厂、基辅"继电器和自动化设备"工厂、彼尔姆远程通信设备厂等厂家。

数据传输系统的样机通过了实验区段内测试，为随即开展的设计说明的修订、后续设备质量及稳定性提升等工作提供了可能。此外，还利用实验区段验证了未来数据传输系统设备建设及测试的原则。

莫斯科无线电技术研究所经过科研攻关，终于成功研发了独一无二的 5Ts53P（适用于"阿尔丹"靶场发射单元）、5Ts53（适用于 A-35 导弹防御系统）高速数据传输系统。这类系统当时在国内外都没有先例。

"阿尔丹"发射单元5Ts53P数据传输系统的第一批用户包括主指挥-运算中心（第40号场地，普里奥焦耳斯克40号），两部远程预警探测雷达（8号设施、14/15号设施），"阿尔丹"发射单元（52号设施），RE-4型雷达以及LE1型实验激光装置（51号设施）。此外，5Ts53P系统还用于完成"多瑙河"-3UP实验雷达接收阵地和发射阵地间的数据传输。5Ts53P系统的一期建设于1964—1965年间完成，共包括9处设施。

作为A-35作战系统的实验样品，"阿尔丹"发射单元于1970年7月前就成功完成了国家测试。"阿尔丹"系统一直运行使用至1990年，目前系统设备已被拆解。

随着后续导弹防御系统的不断完善，巴尔哈什靶场内部署的5Ts53P数据传输系统也同样需要进行相应的改进。因此，后续为5Ts53P数据传输系统增加了数个新的数据传输线路，包括：

（1）联通配备有大尺寸可旋转相控阵雷达的"额尔古纳"多通道发射单元（"额尔古纳"（5N24）远程预警雷达），以及RKTs-35T目标信道雷达和RKI-35TA导弹信道雷达（引导反导拦截导弹）的数据链路，1973年完成。

（2）联通"涅曼-P"远程相控阵预警雷达的数据链路，1980年完成（时至今日，包括A-135系统在内的新系统技术方案研发期间，还都在使用该雷达开展弹道导弹和人造地球卫星观瞄）。目前，正在对其进行升级改造。

（3）联通"捷勒拉-3"（译注：音译）实验型防天反导武器系统的数据链路；"捷勒拉-3"项目随后终止，系统的各处设施也于米·谢·戈尔巴乔夫执政末期、鲍·尼·叶利钦执政初期被拆解，因此5Ts53P数据传输系统的这条通信链路并未使用。

（4）联通"阿穆尔-P"多通道发射系统5K80P指挥-运算中心的信息链路，1979年完成，即联通"厄尔普鲁士-1"和"厄尔普鲁士-2"型多处理器计算机的信息链路；"阿穆尔-P"多通道发射系统的5Ts53P数据传输系统一直使用至今，并由莫斯科无线电技术研究所提供监管。

1982年，共包含有15处设施的5Ts53P数据传输系统进行了最后一次改进测试。

1960—1978年间，5Ts53P、5TS53数据传输系统的总设计师先后由分管科学研究的副厂长费·彼·利普斯曼及其助手——实验室主任Г. M. 克拉默担任。1978年，科技中心主任安·安舍依帕克任该系统总设计师。设备主要研发人员包括叶·亚·尼古拉耶娃、半·尤·玛利亚维纳、阿·伊·特洛潘诺娃、叶·亚·克里昂特、雅·耶·博古里亚耶夫斯基、半·尼·科尔图诺夫、格·维·雷科夫、尼·尼·茨维特科夫、伊·尼·捷普留克、尤·巴·格里高利耶夫、阿·叶·兹纳缅斯基、阿·阿·莫洛佐夫以及其他许多专家。

5Ts53P 数据传输系统的建设充分借鉴了莫斯科无线电技术研究所实验区段所取得的经验，同时也为其他复杂项目的建设和测试积累了经验。系统研发期间，莫斯科无线电技术研究所采用了项目技术负责人-总设计师驻项目代表制度。数据传输系统各阶段（建设完工阶段、装配阶段、实验架及设施的自动调试阶段、用户对接阶段）的项目技术负责人有权处置一切发生的问题，他领导着一支由装配人员、生产厂家、设计人员等代表组成的庞大团队，同时还负责同友邻单位和部队开展协同合作。莫斯科无线电技术研究所的项目技术负责人包括阿·阿·舍依帕克、米·马·科莱曼、鲍·伊·莫伊谢耶夫，车里雅宾斯克无线电厂的项目技术负责人为雅·格·切尔诺夫、拉·谢·卡费耶夫，莫斯科无线电厂的项目技术负责人为安·阿·贝科夫和维·巴·克洛索夫。

5Ts53P 数据传输系统的建设，对 5Ts53 数据传输系统设备设计说明和各处设施开展的大量改进提供了可能。设计说明的主要完成人有莫斯科无线电技术研究所的维·瓦·邦达列夫、特·阿·奈坚舍娃、尼·米·格洛霍夫斯卡娅、费·维·杜什金纳。

莫斯科工业区 A-35（A-35M）导弹防御系统的 5Ts53 数据传输系统（1960—1995 年）

莫斯科周边的导弹防御系统呈两个环形布设，半径分别为 65km 和 90km。内环布设有远程预警雷达设备以及由主指挥-运算中心、5E92-B 电子计算机所构成的主指挥所，外环分布有各个发射单元。系统的各个设备都联为一体，并通过 5TS53 数据传输系统完成信息交换。方案中的远程预警系统还包括数台扇面分米波段远程预警雷达，该型雷达可完成环形全向区域探测，单扇面扫描时间为 1s。也就是说，方案设想的远程预警系统应当能够发现从任何方向飞往莫斯科政治-工业区的弹道导弹目标。

A-35 系统的设计组成部分包括：

（1）包括主指挥所和 5E92 电子计算机的系统主指挥-运算中心。主指挥-运算中心的部署地距莫斯科 70km（库宾卡村 10 号），中心大楼与"多瑙河"-3M 远程预警雷达的天线比邻而建。

（2）"多瑙河"-3M（库宾卡-10）、"多瑙河"-3U（契科夫-7）2 部远程预警雷达。

（3）4个配套有"叶尼塞河""托博尔河"发射单元的独立反导中心（每个中心驻地各部署2套）。各套发射单元均由指挥所、1部目标信道雷达、2部导弹（反导拦截导弹）信道雷达、2处各含4套地面发射装置的火力阵地组成。地面发射装置为开放式，由20m长的储存-发射一体装置及垂直固定支架组成，装置内储存有A-350Zh反导拦截导弹，2×4套发射装置可满足首轮及次轮发射需求。独立反导中心的部署地分别为纳罗福明斯克-10、克林-9、克林-10（努多利）、扎戈尔斯克-15（谢尔吉耶夫波萨德）。

（4）64枚A-350Zh反导拦截导弹。

（5）ATP-35导弹生产技术基地（巴拉巴诺沃）。

（6）联接主指挥-运算中心、远程预警雷达、发射单元和技术基地，并将其纳入统一作战控制运算网络的5Ts53数据传输系统（原名"线缆"）。5Ts53数据传输系统的设计单位为第129研究所（莫斯科无线电技术研究所）。

早在1960年，弗罗尔·彼得洛维奇·利普斯曼就被任命为5Ts53数据传输系统的总设计师。该系统用于完成A-35系统各设备运行期间的信息交换。不同设施间的信息交换通过专用线缆实现，系统内的所有设施都联为一体，并搭建了一套可进行强制集中操作的环形回路分布式网络架构。

5Ts53信息传输系统的主要功能为：

（1）保证各运算设备，即主指挥-运算中心、目标信道雷达、导弹（反导拦截导弹）信道雷达之间自动指令与信号的传输；

（2）下发主指挥-运算中心工作模式控制指令和信号，检查A-35系统各设备状况；

（3）传输目标信道雷达和导弹信道雷达中央同步器下发的高稳定性基准同步频率。

除上述主要功能外，5Ts53数据传输系统还可传输A-35系统与外部系统指挥所间的信息协同信号，包括防空兵中央指挥所、导弹袭击预警系统指挥所、空间目标监视系统指挥所。

上述功能任务，要求5Ts53数据传输系统应满足如下技战术指标：

（1）主指挥-运算中心与任意一部目标信道雷达和导弹信道雷达间的独立、双联信号传输；

（2）将中央同步器的基准频率传输至A-35系统的全部节点；

（3）8条数据传输信道（4条用于保证系统工作，4条处于热待机）；

（4）传输能力达到122880个二进制数据单位每秒（每条信道）；

（5）信息传输准确率不低于0.99999999（错误率为10^{-8}）；

（6）A-35系统整体可靠性要求，规定5Ts53数据传输系统使用可靠性应不低于0.998；

（7）系统要具备极高生存性，能够确保3~4处线路同时受损的情况下仍能完成数据传输；

（8）能够实现对5Ts53数据传输系统各设备工作模式的集中控制，以避免作战模式下分域操作员对系统运行造成干扰；

（9）能够将A-35系统由主指挥-运算中心指挥切换为备指挥-运算中心指挥。

5Ts53数据传输系统线路图及技术参数

5Ts53数据传输系统采用放射性环状通信线路建设方案，线路由14组对称的聚苯乙烯塑料绝缘层MKCB-60线缆组成，其原因包括：

（1）环形通信线路结构最符合A-35系统所采用的各设施分散特点。使用通信线缆按最短线路原则依次联通A-35系统的各处设施，并由此构成主信息交换数据流传输环路，可确保最少的数据转发次数。各条环形线路均由主指挥-运算中心开始，又以回联至主指挥-运算中心为结束，途径77个节点（最复杂的回路），其中的部分节点为中继节点（无人维护的信号放大节点），部分节点为枢纽节点（有人维护的信号放大节点）。中继节点可对信号进行还原、放大，而枢纽节点除上述功能之外，还可进行信息分类，并接入导弹信道雷达和目标信道雷达的反馈信号。

（2）线缆的布设既取决于不同导弹防御设施的部署地点，同时也考虑到了既有的公路和S-25防空系统设施官兵生活区等基础设施。

（3）采用放射性线路，能够确保数据传输系统在部分环节、线缆区段或是信息转发节点遭到破坏时依旧畅通。主线路发生故障或是其某个环节出现问题时，可使用预留的迂回路线恢复A-35系统不同设施间的信息交换，即使用地理空间上分散布设的备用线路，自动接入主线路故障区段的首、尾节点（从而构建完整链路）。迂回通信线路被设计成数个独立区段，各区段在接入主信息传输线路前都呈现为完整的自动闭环。这种数据传输系统结构可确保A-35系统的各个设施都能对应包括1条主线和2条迂回线在内的3条通信线路。A-35系统的任意一个设施，只有在与其相连的3条线路同时发生故障时才会脱网。哪怕是这种情况下，网络仍可完成A-35系统其余设备间的信息交换。迂回线路既能自动启用，又能在某个设备必须转入计划工作时通过数据传输系统技术检查站的远程控制指令激活。这样，数据传输系统网络的远程控制设备就可作为自动设备发生故障时的备份手段。

（4）选择拓扑网络，同样考虑到未来能够在不干扰已启用设施正常运行的前提下逐步为 A-35 系统引入新设备。此外，此类拓扑网络还能够将 A-35 系统的特定设施纳入未来的新型反导系统（果不其然，随后 A-35 系统的部分设备被接入 A-135 系统）。

5Ts53 系统主要包括下列设备：

（1）数据传输站，用于信息的放大、恢复、分发及融合；

（2）同步系统，用于将系统中传输的所有信号临时接入 ATsS-35 自动数据传输网络中央同步器发出的基准同步信号，并为 A-35 系统的各个设备发送基准频率表；

（3）电缆线路，即信息传输线路。

为了确保 5Ts53 数据传输系统能够可靠运行，系统中还设计有数个辅助控制及检查设备，即远程控制和远程信号设备、自动检查设备、迂回线路自动连接设备、计时设备。

远程控制和远程信号设备用于数据传输系统的运行控制，并可在主控制-运算中心的显示器上不间断地反映系统工作状态。自动检查设备可在发生用户信号丢失时对整个数据传输系统进行自动检查，并在作战模式下对主控制-运算中心下发和接收的信息进行检查校准。迂回线路自动连接设备可在下一段传输线路遭破坏时自动将所有信道接入迂回线路。计时设备用于测算传输线路中的延时。

数据传输系统中所采用的数据传输方式为：设施输出端输入 5Ts53 数据传输系统线路的信号与自线路输入端口输入设备的信号一致，均为以二进制数字编码体现的连续脉冲信号，信号下行速率为 122880 二进制单位/秒（12288kb/s）。此外，"1"表示负脉冲信号，"0"表示相应位中无脉冲信号。信息交换频率，由系统的中央同步器（ASP-35）发出。

5Ts53 数据传输系统中共有 16 条功能上彼此独立、用于 A-35 系统信息传输的信道，包括：

（1）4 条探测设备信道；

（2）8 条引导设备信道；

（3）1 条 A-35 全系统公用的同步器基准频率传输信道。

除主要信息外，5Ts53 数据传输系统还传输了大量用于集中控制（远程控制）和系统设备状态检查（远程信号）的维护信号，并为此类预留有 1 条专用信道。

5Ts53 数据传输系统将 A-35 系统的各组成部分联接为统一的工艺综合体，

因此，保证系统稳定性的意义就显得最为突出。5Ts53 数据传输系统的一大特点，就是整个系统包含大量（将近 80 个）的复杂仪器设备（设施），且各设备相距甚远却又依次联接。其中的任意一台设备发生故障，都可能导致整个系统崩溃。除固定设施外，5Ts53 数据传输系统还包括总长度达数千 km 的电缆线路。与一般无线电通信相比，电缆通信线路抗干扰性更强、可靠性更高，但修复受损缆线往往要花费大量时间。

为了保证 A-35M 系统的总体可靠性，5Ts53 数据传输系统的使用可靠性应不低于 0.998。

5Ts53 数据传输系统所使用的零部件均为国产，为达到规定的系统可靠性要求，逐个站点均预留了 100% 比例的备用设备（数据传输系统中任意一条线路的任意一个设施站点，都同步运行有 2 套设备）。此外，还为 12 条工作信道预留有 11 条备用信道。

除 100% 站点预留设备外，同步信道还可满足 2 条平行工作信道同时运行。此外，预留的备用信道，可用于替代任意一条主信道。

5Ts53 数据传输系统能够确保使用任意一条信道（线路）传输 108 个脉冲信号的平均错误率不超过 1 个。保证信息传输准确性的方法包括：

（1）避免线缆受雷电及其他外界影响（精选线材，修建防护排水设备，改进线缆结构等）；

（2）建设信号水平高于干扰水平 50~60dB 的传输线路；

（3）每个信号放大区段都组织信号恢复；

（4）采用自动运行监测，降低设备故障概率；

（5）使用能够提高同步信道传输准确性的线路结构。

为提高 5Ts53 数据传输系统通信新线路的抗毁性，针对线路遭机械损坏、系统设施故障等情况，充分考虑了建设迂回线路的可行性。这一结构的通信网络，能够确保数据传输系统在线路 3~4 处同时受损（最重要的部位受损）的情况下依旧正常运行。

A-35 系统主指挥-运算中心的首套 5Ts53 数据传输系统共包含 18 处设施（1 个终端、4 个枢纽节点、5 个有人维护信号放大节点、8 个无人维护信号放大节点）。该系统还保障了 2 号主指挥-运算中心与坐落于库宾卡的"多瑙河"-3M 远程预警雷达，以及扎戈尔斯克、克林、纳罗福明斯克、努多利发射单元间的信息交换。

当前，系统已完成建设施工，线路也已铺设完备，各引接设施的仪器安装和自动调试，以及数据传输系统的自动测试、用户对接等都已完成。

第四章 莫斯科"A-35（A-35M）"导弹防御系统

无人维护信号放大节点主设备大厅内的设备架

中央发电机房。台阶上端是维修通道入口，入口高于可翻起的活动地板。这种设计，一方面可防止线路泡水，另一方面也便于线路及各设备架间的安装施工

无人维护信号放大节点和有人维护信号放大节点

无人维护的信号放大节点

无人维护的信号中继放大节点，可对来自5Ts53数据传输系统的信号进行

恢复和放大。此类节点无需人工操作，A-35 系统（A-35M 系统）的主运算中心会在每日 9:00 和 21:00 检查信号传输情况。

设备布设于 800mm×700mm×2100mm 尺寸的典型柜式设备柜中，单个设备柜最大质量不超过 800kg。

设备柜的正反两面都装有双扇门，其中正面为玻璃双扇门。双扇门可由特制的钥匙打开，但锁孔已提前进行了铅封。设备柜顶部为推拉活动顶，可使用挡销固定在天梁上，从而使柜顶保持打开状态。设备放置于活动地板上，下面就是电缆。所有电缆均接入主设备大厅。

有人维护的信号放大节点

有人维护的信号放大节点，可对所传输的信号进行恢复、放大，并可对雷达节点或发射单元的反馈信号进行分类、插入。与数据传输系统设备一样，有人维护的信号放大节点中也有通信设备（信号解密设备）。因此，若将 5Ts53 数据传输系统称为数据传输与通信系统，也实属合情合理。有人维护的信号放大节点的值守力量既有官兵混合作战编组，也有一些固定人员（站长、政治副长、保密员、仓库负责人、技术人员等）。

每天 9:00、21:00 作战编组轮换后，A-35 系统主运算中心会对信号传输情况进行检查。

用于开展研究的数据传输系统实验区段的建设

各设备一经接入 A-35 系统 5Ts53 数据传输系统，就必须要遵守极其严格的操作规程，无法再进行实验（科研和工程实验），因而令人无法理解的就是，要如何在不干扰信息传输的前提下完成新技术方案和新设备的研发？在哪儿完成此类研发？

最终，苏联国防部第 45 特种研究所与莫斯科无线电技术研究所通力合作，共同创造了利用综合试验台对数据传输系统设备进行测试这一理念。

莫斯科无线电技术研究所分管科技工作的副所长，工学博士，教授，俄罗斯联邦功勋科技工作者亚·弗·舍维廖夫：

当时，我父亲弗拉基米尔·舍维廖夫在苏联国防部第 45 特种研究所工作，工作地点为莫斯科郊区的巴布什金（现莫斯科东北部的巴布什金区）。我父亲是第 45 特种研究所的一名处长，负责导弹防御系统的数据传输系统测试和接收工作。直到我也参军入伍后，他才向我讲述了当年建设 5Ts53 数据传输系统的实验数据传输区段，以及开展测试和新设备研发的经过。

当时的具体情况是：第 45 特种研究所已建造了专用信息处理站，同时还完成了数个数据传输系统新设备效率评估模型。该所的军内学者们还不得不将一本本笔记带出有人/无人维护信号放大节点，或是将印刷品带出 A-35 系统的设施，而这一切，都属于打了保密规定的"擦边球"（或是已经超出了保密规定的允许？）。想要按照规定信道实时获取信息，就必须解决第 45 特种研究所专用信息处理站与 5Ts53 数据传输系统有人维护信号放大节点对接这一难题。而距离最近的有人维护信号放大节点，就是普希金区新沃洛尼诺村的 30122 设施。现在，此地更为人熟知的名字是索夫里诺-1 村，装备了 A-135 导弹防御系统的独立第 9 导弹防御师的一个官兵家属生活营区，就位于该村内。1980 年代，5Ts53 数据传输系统也正是通过"新沃洛尼诺"有人维护信号放大节点接入 A-135 系统的指挥-运算中心，因为 A-35M 系统的数台设备（主指挥-运算中心、两部远程预警雷达、两个作为远端拦截发射阵地的独立导弹防御中心、5Ts53 数据传输系统）被整合入 A-135 系统。

"新沃洛尼诺"信号放大节点距第 45 特种研究所约 30km，但直接连接两处设施并不合理，因为还需要有一处中间节点，用于接收放大节点内的信息，以及大胆开展新设备实验等任务。莫斯科州普希金区的马蒙托夫卡村几乎处于两处设施正中，该村还曾为我们研究所划出一大片土地用于建设员工宿舍。于是，我们决定在这个由十栋楼组成的开放式营区中央建设一处并不显眼的设施，即有人维护信号放大节点设备模拟器和一栋可展开新设备实验台的 5 层小楼，同时这栋小楼的一部分还用作数据传输系统新设备测试官兵及文职人员的宿舍。由此，可达到以下目的：

（1）修建的试验台和专用信息处理站，不会对"新沃洛尼诺"有人维护信号放大节点和 5Ts53 数据传输系统的运行造成影响，因为信息仅从信号放大节点单向传输至第 45 特种研究所的测试人员，信息回流线路并未接通。

（2）测试人员能够根据自己意图，在专用信息处理站和有人维护信号放大节点模拟器之间使用在研的新设备进行信息流传输。

（3）使用专用信息处理站、有人维护信号放大节点模拟器和试验台开展新设备、新程序的相关实验，没有任何限制条件。

接下来，就是莫斯科无线电技术研究所、第 45 特种研究所和车里雅宾斯克无线电厂技术人员需要解决的纯技术问题——将这条数据传输线路建得像"钢铁"一般牢固。

根据军事工业委员会的决议，1967 年完成了在三处设施之间建设数据传输线路的搭建工作。基于这一实验区段建设了第 45 特种研究所专用信息处理站与 A-35 系统间的数据传输线路，并开展了新型数据传输设备的研发测试。

（亚·弗·舍维廖夫的叙述来源于其父弗·谢·舍维廖夫上校的回忆）

实验区段测试期间，参与设备研发的有来自数据传输系统主生产商车里雅宾斯克"飞翔"无线电厂的维·安·诺维科夫、鲍·伊·达维坚科、米·巴·苏沃洛娃等人，以及米·伊·雅罗斯拉夫斯基带领的一批年轻军官。这些军官都接受过莫斯科无线电技术研究所专家的培训授课并参加设备试验样品的测试工作，随后被派驻车里雅宾斯克。他们在工厂参与了所有型号设备的测试，随后又前往设施安装现场，积极投身数据传输系统设施安装工作，最终成长为部队的设备使用人才骨干。

利用实验区段开展的数据传输系统设备试验样品测试，为后续多次组织操作手册的修订改进以及设备可靠性的提高提供了可能。此外，实验区段还确立了数据传输系统各项设施建设和测试的数条原则。

第一批量产的设备架直接从生产厂家（车里雅宾斯克无线电厂、库兹涅佐夫机械厂、彼尔姆远程通信设备厂、莫斯科电视厂、基辅"继电器和自动化设备"工厂）运抵实验区段开展测试，随后再运往巴尔哈什靶场进行 5Ts53 数据传输系统的建设。

1967 年 9 月，A-35 导弹防御系统配套的 5Ts53 数据传输系统成功完成了工厂测试。就此，莫斯科无线电技术研究所成为首个 A-35 系统设备研发商（此处指数据传输系统），所提供的设备达到了订购方的技术参数要求，随后投入试运行。

5Ts53 数据传输系统针对改进型 A-35M 导弹防御系统的改进

出于种种原因，A-35 系统的建设工作进展迟滞于项目规划。1971 年前，方案设想中的 8 部"多瑙河"扇形雷达仅有 4 部完成建设，8 套发射单元也只完工了 4 套。

在此必须特别指出，程序-算法改进之所以能够成功开展，5Ts53 数据传输系统对此居功至伟。5Ts53 数据传输系统按秒间隔来传输 A-135 全系统的典型报文，而典型报文为各设备报文都分配有严格的时间间隔，例如，系统主指挥-运算中心的控制信号和指令，以及每部远程预警雷达所跟踪目标的各个坐标点、各目标信道雷达的坐标点等，都预留有各自专用"区段"。但由于最终列装的为简化版 A-35 系统，因此系统的每个秒报文中都有许多"空点"（我们也注意到，莫斯科无线电技术研究所的专家们已经预见到系统未来还将改进升级,因此他们一开始就在典型报文中预留了备用区段)。

5Ts53 数据传输系统却因此被批评经济效率过低,有人说,系统只需要具备较小的传输速率,也无需如此之多的线缆,等等。但时间证明莫斯科无线电技术研究所才是正确的,A-35M 系统中不仅是加入了一些新设备,最主要的变化则是跟踪目标数量的急剧增加,因为此时需要对抗的不仅有弹道导弹,更有一些复杂的弹道目标。解决复杂弹道目标拦截这一全新课题的基础,就是使用算数方法将各目标坐标量算雷达信道接入统一的信息系统,并拟制新的作战行动集中指挥算法。而上述一切的前提,则是 5Ts53 数据传输系统极大的安全系数冗余。

人们在完成系统改进后发现,5Ts53 数据传输系统的传输能力完全能够满足研发方和订购方的需求,另外,该系统仍为后续改进留有空间(但后续并未再次开展改进)。

莫斯科无线电技术研究所科技中心主任,1978 年至 2012 年间 5Ts53P、5Ts53 数据传输系统升级改进项目总设计师,工学副博士阿·阿·舍依帕克(1937—2012)曾表示:

5Ts53 系统的后续改造分为两部分:建设Ⅰ、Ⅱ、Ⅶ、Ⅷ号分域信息传输迂回线路,新建线路接入在用主指挥所。共完成了 17 处设施的建设,以及线缆铺设、仪器架设和自动测试工作,随后,1975 年与其他重新启用的设施共同完成了数据传输系统自动联调联试。1975 年 5 月 25 日,国防工业委员会发布命令,决定对 5Ts53 系统再次进行扩容,主要是使用Ⅵ号迂回线路将"多瑙河"-3U 雷达接入 A-35 系统(0746 设施),以及第 45 模拟仿真所(国防部第 45 特种研究所)的数据传输线路建设。数据传输系统 8 处新设施的建设、线缆铺设、自动调试及对接等工作都于 1976 年完成。

结束工厂测试后,5Ts53 系统又作为 A-35M 系统的配套部分进行了国家测试。1977 年 12 月 28 日苏共中央委员会和苏联部长会议联合颁发指令,宣布 A-35M 系统配套的 5Ts53 系统正式列装。1978 年 5 月 15 日系统开始担负战备值班。1995 年 12 月 1 日,A-35M 系统退役,随后,部分系统设备被 A-135 系统整合吸收(主指挥-运算中心、两部部远程预警雷达、两个用作远程拦截发射阵地的独立反导中心,以及 5Ts53 数据传输系统)。A-35M 系统的其他设备,都被拆解回收。

莫斯科及莫斯科工业区 A-35、A-35M 导弹防御系统的通信与数据传输系统

格·伊·特罗申

国防部第四总局委托莫斯科无线电技术研究所为"阿尔丹"靶场系统开展实验设计工作，项目代号为"摆线"。根据订购方的意图，新设计的无线电中继系统性能应大幅超越之前的 R-404 无线电中继线路。事实上，新系统的各项电气参数都相当可观：频率带宽为 5689~6179MHz，信道数为 1920 条，可传输的黑白或彩色电视信号频谱带宽达 50Hz~6MHz。线路总长 2500km，共分为 62 段，每段间距约 40km。整套中继站设备包括仪器车、天线车、电源车、索车及双轴拖车。各中继站既能用于信号转播，也可用作终端。中继站的天线为潜望镜式天线。

我所在的苏联武装力量中央通信实验研究所承担开展导弹防御系统的通信系统及设备的测试鉴定任务，以便其可与国防部的通信系统和设备对接。具体由研究所整体系统专家承担鉴定工作，我负责对雷达和无线电通信设备的天线馈线仪器进行鉴定。鉴定检查中我并未发现雷达和无线电通信设备的天线馈线器存在缺陷，因此直接在第 37 研究所（远程无线电通信研究所）里，当着弗·潘·索苏利尼科夫的面，签下了合格鉴定。

同时，无线电中继站天线馈线器在建设期间暴露出的一些缺陷，最终证明其完全不适用于任何一种导弹防御系统，尤其是 A-35 系统。这其中主要的缺陷就是极低的抗干扰能力，1962 年我在乌拉尔斯克附近的靶场参加"紫罗兰"无线电中继站国家测试时就曾目睹了这一不足。

上文中的"紫罗兰"无线电中继站波导管潜望式天线建设总图，呈现了该天线的展开状态，在此模式下天线既能完成由 A 方向至 B 方向的信号转播，又能完成反向信号转播。

潜望式天线有着一系列自身特点，但同时也有许多无法通过改进建设结构消除的原理性缺陷，尤其是：

（1）潜望式天线的抗干扰能力过低，仅为抛物反射镜的约百分之一，喇叭形抛物天线（2P2 喇叭形抛物天线）的千分之一。1962 年，我在别特帕克达拉草原西北部，乌拉尔斯克附近的通信兵装备部靶场参加"紫罗兰"无线电中继站国家测试时，就曾目睹这一最主要缺陷，"紫罗兰"使用的正是潜望式天线。

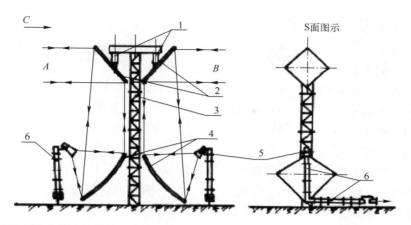

莫斯科无线电技术研究所设计的"摆线"无线电中继系统潜望式天线馈线总示意图：
1—顶部镜像反射器定位转向装置；2—顶部镜像发射器；
3—"温扎河"结构支架；4—底部镜像；5—底镜喇叭形照射器；
6—A、B向10米长波导线，其材质为40×20mm截面积硬质直角波导管，
波导线尾端的同轴波导接头接入仪器车的超高频输入-输出端口

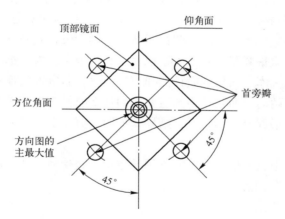

"紫罗兰"无线电中继站潜望式天线馈线器顶部镜面与朝向性图主旁瓣及
首旁瓣相对位置示意图。"紫罗兰"最初由莫斯科无线电技术研究所设计，
后被用作"摆线"无线电中继系统的原型

（2）顶部镜面会因其自身状态及底部镜面发射器的状态而造成电磁场定向偏振。因此，在转入通联，或是通联方/己方阵地发生改变时，都需要通过绕轴转动底镜发射器来持续追踪镜面状态。1958年"紫罗兰"无线电中继站技术方案验收时，就曾指出这一缺陷。

（3）首旁瓣的（波束）方向性图与仰角面及方位角面呈45°夹角，而非仰角面或方位角面本身。这就导致一旦天线指向这一旁瓣，操作员获取的信号水平就将降低13dB（1/20的功率）。按照使用说明中有关将天线朝向通联方部分的规定，操作员理论上无法转向方向性图的首旁瓣位置，接收和发射信号的线缆电平才会为最大值。通联方操作员的信号将衰减至最弱，此时操作员需要重新调整天线朝向。根据使用说明，此时双方操作员将不停重复调整彼此间的天线朝向，却始终无法建立通联。通过计算可知，500km长度的线路（国际无线电通信协商委员会所规定的最小长度）就包括不少于12个间隔段，也就是存在不少于24个接收和发射方向，此时，某一通联方定位错误以及通信受损的可能性就非常之高。

早在1963年，第聂伯机械制造厂（G-4349邮箱）在生产"紫罗兰"无线电中继站（"摆线"无线电中继站的天线馈线器同样照其图纸生产）的首批天线馈线器期间，就发现了这一缺陷，并导致了十分不愉快的后果。工厂的测量员在向订购方驻厂高级军代表谢·亚·博格莫利尼科上校交付天线馈线器时，始终无法达到系统技术参数注明的34dB的增益系数——实测值仅为21dB。这一情况持续了两周，谢·亚·博格莫利尼科也就连续两周没有签署薪资报表，于是整个生产团队、测试团队也就两周没领到薪酬。

工厂内的气氛很紧张，双方关系也紧张到了极点。大家都戏称，第聂伯机械制造厂生产米·库·扬格利设计的弹道导弹时，薪资发放连一个小时都没耽误，现在却拖了两周，而且还不知道要拖到什么时候。操作员几乎整天整夜连续不停地按说明书调节转向装置，结果却依旧徒劳无功。最后，人人都落得精疲力尽。

根据国防部中央通信实验研究所领导指示，我受命前往工厂研究问题并提出可行的解决方案，诸如：

（1）终止实验；

（2）修改天线馈线器的技术参数说明，终止设备生产及交付。

抵达工厂后，我立刻就被带往正在进行测试的设备所在场地。设备十分先进，其天线方向性图自动记录仪记录带的宽度为500mm，可详细记录信号电平（天线增益），精度不超过0.05dB。所有操作员和团队负责人都脸颊深陷，说好听点，还一个个都气势汹汹的。

寒暄过后，我作了自我介绍，随后请求当面测试潜望式天线的方向性图。整个测试团队都暴跳如雷，个别操作员甚至大声呼喊，说他们已经进行了无数次测试，再也不想转动天线了，干脆就请订购方代表查阅记录带，然后给出必要结论得了。这时团队负责人走到操作员那边,他说:"同志们,这位专家是我们从莫斯科请来的,他还没和我们一起工作过。我们就再重复一次全流程测试吧。"操作员们最终表示默认,并组织了一次测试。自动记录仪的记录十分清晰,但正如我所料,操作员们测试并记录的并非是天线的主瓣,而是旁瓣。再次进行方位角记录时,我请求将设备置于各瓣的零度位置,这就引起了轩然大波,因为所有人接受的培训都是根据研发人员(莫斯科无线电技术研究所)编写的说明书进行操作,操作中也都是严格取最大值,而非零度值。

在我的要求下,操作员将系统调整至零度方位角状态。随后我下达了按仰角转动旋转装置的命令,当设备转了将近 14° 时,自动记录仪的记录指针准确指向了 34dB 的设计最大值。当时的欣喜无以言表,人们迅速将带有记录结果的自动记录仪记录带剪下一块。整个团队瞬间四散而去,人们纷纷飞奔向这位高级军代表,把剪下来的那块带有测试结果的记录带交给他,好让他立刻在薪资报表上签字。我孤身一人留在了现场,就仿佛那压根没我这个人。于是我就开始仔细研究这部巨大的记录仪,认真观察天线桅杆的一体化支架。

仪器车辆必须停放于距 30m 高的天线支架底座约 10m 处,还只能一侧朝向天线架,这明显违反了技术安全规定。桅杆万一倾倒(事实上也不止一次发生),造成仪器车辆损伤和车内人员的伤亡,就将在所难免。1962 年"紫罗兰"无线电中继站在乌拉尔斯克市附近的靶场开展国家测试期间,也曾发生过此类事故,所幸并未造成伤亡。

一套带潜望式天线、硬质波导系统的无线电中继站的平地展开时间就需耗时近 14 个小时,要完成设备停固、联接、波导系统的校直,并将仪器车辆牢牢固定于天线架附近。上述展开时间为"紫罗兰"无线电中继站在莫斯科近郊开展部队测试时测量得出。过长的展开时间,原则上对于最高统帅部—总参谋部—方面军—军指挥链路的通信组织而言,完全无法接受。

一个天线支架上无法安装两部以上顶部反射镜,然而通信和数据传输系统的建设却又极其依赖此类设备。例如,主指挥-运算中心的通信和数据传输系统就需要 3 台天线馈线器,这种情况下潜望式天线馈线器原则上完全不适用。

A-35 系统"阿尔丹"发射单元建设进度与"A"系统的建设如出一辙。已有数个设施就绪,来自第 30 实验设计局设计人员、生产厂家和安装团队的相关力量已开始设备调试,部队官兵也参加了上述工作(1965 年)。"摆线"无线电中继站完成了设计、生产,并运抵了靶场。包括主指挥-运算中心在内的各场地间也已经建立了无线电通信网络。此时，（按计划）应当进行"多瑙河"-3U 远程预警雷达的试开机。然而就在雷达首次开机时，无线电中继线路第 1 中继站的输入线路突然失火，造成第 2 段（至 40km 处）、第 3 段（至 80km 处）中继线路无法工作。当时的形势十分危急：整个 A-35 系统靶场的通信尽失，数据传输也自动中断。

全套"阿尔丹"系统分为好几组设施群，分散部署在广阔的空间内。发生上述事故时，我正在科技委会见苏联武装力量通信兵主任，并和他探讨机动式无线电节点天线系统的有关问题。阿·伊·佐托夫突然跑过来找我，他慌乱不已、面白如纸，见到我的第一句话就是："该怎么办？怎么办？"我让他平静下来，随后说，应该按照我在研究所"结论"中的描述进行操作，具体就是："摆线"无线电中继系统应配备由通信部国家研究所为"课程-6"无线电中继系统（研发人为格·扎·艾森贝格和瓦·德·库兹涅佐夫）所设计的 RPA-2P-2 型喇叭抛物天线以及菱形波状波导管。关于他问到的现在要怎么做，我回答说，目前 A-35 系统尚在初步建设阶段，（解决问题）必须要用到 R-404 或 R-404 无线中继系统，而且最好是 R-404 系统。这两种设备都能从附近下设无线电中继营的通信部队借到。虽然系统带宽较小，但仍可满足靶场内各处设施的初期调试之需，设备天线的防护能力是莫斯科无线电技术研究所在"摆线"无线电中继系统中使用的潜望式天线的 1000 倍有余（"摆线"系统也正是因为这一缺陷，最后既未入役，也未列装，甚至也没有数字代号，而仅以"摆线"之名被封存于历史记忆中）。

"摆线"无线电中继系统的原型，R-406 无线电中继系统潜望式天线。下图所绘为六向通信与数据传输天线馈线器，该设备的天线为 RPA-2P-2 喇叭-抛物天线，设备放置于桁架结构之上，配属于主指挥-运算中心。从天线馈线器展开结构总图中可见，在规定的条件下（仅有一根支架）安放多部潜望式天线原则上毫无可能。带喇叭-抛物天线（RPA-2P-2）的"阿尔丹"发射单元无线电中继系统的馈线系统，与用于主指挥-运算中心，以及"多瑙河"-3M 远程预警雷达（弗·潘·索苏利尼科夫）、"多瑙河"-3UP 雷达（安·尼·穆萨托夫）、A-350 反导火力毁伤系统（彼·德·格鲁申）、通信与数据传输系统无线电中继站等的馈线系统一样，均由米·伊·波利先科以国产型 ЭВГ-4 椭圆波纹状波导管为基础设计。ЭВГ-4 椭圆波纹状波导管的研发单位为国防部第 16 中央实验研究所天线馈线器实验室和电机工业部线缆工业研究所，量产工作由"波多尔斯克电缆厂"完成。

第四章 莫斯科"A-35（A-35M）"导弹防御系统

米·伊·波利先科被任命为莫斯科无线电技术研究所主任兼总工程师。波利先科曾参加过伟大的卫国战争，荣获"社会主义劳动英雄"荣誉称号，是列宁奖金和国家奖金获得者，工学博士、教授。应当对阿·伊·佐托夫和米·伊·波利先科二人所共同完成的事业给予恰如其分的评价，因为阿·伊·佐托夫争取到了新订单，而米·伊·波利先科带领莫斯科无线电技术研究所的团队，成功完成了无线电中继站的设计、样品生产、全面测试等工作，并将设备运抵靶场。无线电中继站采用了 RPA-2P-2 型喇叭-抛物天线，天线表面覆盖有基于国产 ЭВГ-4 椭圆波纹状波导管研制的波导系统。所有工作都严格按照进度推进，目的就是不给 A-35 系统"阿尔丹"发射单元的交付造成哪怕一天

的延误。最终他们也如期成功完成了各项工作，尽管中间还发生了"攻城杵"这次"冒险之举"。

总的来说，米·伊·波利先科在莫斯科无线电技术研究所的历史中发挥着重要作用，对该所技术基础的奠定以及研发产品的扩大量产也是居功至伟。彼时，莫斯科无线电技术研究所正值鼎盛，还荣获了红旗劳动勋章。

此类波导系统得以运用的基础，就是我们国防部第16中央实验研究所实验室在封闭式波导系统领域的一些研究成果。我所与电机工业部电缆工业研究所自20世纪60年代初期就开始了相关研究。波导系统的成功运用，还带动了正弦波椭圆波纹状波导管的发明。这一发明与长方形波导管具有同等波束衰减长度，从而使得利用波导管制作运输期间可卷在线轴上、野战条件下又可快速展开的馈线成为可能。具备这些条件，最终才能修建可快速移动的无线电中继站，同时有效提高系统的抗干扰能力，大大缩短展开时间。

A-35、A-35M及其他导弹防御系统的后续研发中，都使用高频线缆取代了无线电中继线路（基于量产型MSKP-60线缆的"线缆"系统，以及随后的5Ts53系统；系统总设计师为阿·阿·科恰良茨，电机工业部电缆工业研究所的研发主管为维·费·苏奇科夫）。

A-35系统交付期限的数度拖延

米·阿·佩尔沃夫

研发"攻城杵"项目而耽误的时间，人们决定必须要补回来。根据军事工业委员会的决议，组建了专门负责A-35系统各设施协调工作的中央跨部门指挥组。该指挥组是A-35系统正式列装前各项工作的最高指挥机构，组员均为各部委、部门的领导，军事工业委员会还专门颁发一份决议来批准指挥组的组成人员。中间环节的指挥机构为网络式规划管理中心委员会，其成员由参与设施建设相关各企业、机构的领导组成。每个具体的设施，由规划管理中心委员会派出的项目指挥小组负责指挥，其成员由参与该设施建设工作的各企业、机构的指定代表组成。

莫斯科导弹防御系统的首项设施，被确定为带有"叶尼塞"发射单元的克林5811设施。该设施及其他设施于1965年完成施工建设后，随即转入设备装配及对接，并于1966年5月完成了安装调试工作。由于A-35系统的工作量不断增加，1966年7月组建了"地平线"试验设计局，并由该局牵头负责发射阵地和技术阵地的相关工作。

"地平线"团队1957年就已诞生，当时国立航空工业设计工厂研究院（国立航空工业设计研究所）曾成立了一个小组，专门负责未来导弹防御作战系统发射阵地和技术阵地项目筹备工作，组长由尼·伊·帕霍莫夫担任。该小组最初被赋予的任务是跟踪巴尔哈什靶场实验型"A"系统的建设进展。

人们随后很快发现，这个小组根本无法承担如此繁多的工作，因此国立航空工业设计研究所于1958年组建了地面设备实验设计局。从该局团队中抽调出一队人马，成立了国立航空工业实验设计局。设计局成员由具备航空工业设计工作经验的工程师和大专院校毕业的青年专家组成。国立航空工业实验设计局由国立航空工业设计研究所主任米哈伊尔·马特韦耶维奇·季莫辛领导，设计局主任为伊利亚·加福利洛维奇·费季切夫，副主任为叶甫根尼·维克多洛维奇·鲁利科维奇。

国立航空工业实验设计局在成立伊始，就完成了对巴尔哈什靶场数处设施的设计改进，使其具备开展导弹防御系统测试的能力。此外，该局还完成了谢·阿·拉沃奇金"远方"系统地面设备的项目设计工作。尼·阿·沙皮罗接替伊·加·费季切夫担任设计局主任后，该局的任务量迅速增加。

1966年7月30日，根据航空工业部命令，以原国立航空工业试验设计局为基础组建了国立航空工业部联盟设计局。除该局原有的工程师、设计人员外，还补充了来自"多面手""捷尔任涅茨"等工厂，以及"火炬"机械制造设计局、航空工业研究所的工程师、设计人员及测试人员。这一天也被认为是该设计局的组建纪念日，随后该局更名为"地平线"设计局。

瓦列里·瓦西里耶维奇·伊利乔夫被任命为国立联盟设计局主任，该局下设两个混合专家编组的设计局，第1设计局负责发射场设计，主任为米哈伊尔·瓦西里耶维奇·茹科夫，第2设计局负责技术阵地的研发，主任为弗拉基米尔·尼古拉耶维奇·别利亚耶夫。国立联盟设计局成立以来，编制结构几经调整。

1968年5月，苏共中央委员会、苏联部长会议联合发布指令，责成由国立联盟设计局担任A-35系统地面设备发射阵地及技术阵地的牵头设计部门。如果自身不具备生产经验，那么这项新的任务根本无法完成，于是在1969年5月15日，国立联盟设计局更名为国立"地平线"联盟工厂。

瓦·瓦·伊利乔夫负责A-35系统无比复杂的靶场及环莫斯科各项设施的建设工作。发射阵地的技术负责人为副总设计师维·维·曼采维奇，1981年由阿·阿·穆德连奥夫于接任。技术阵地及地面维护设备研发工作，先后由伊·安·季亚琴科和弗·尼·别利亚耶夫两位副总设计师负责。该厂与中央气动研究所合作，使用小比例发射阵地及发射装置进行了反导拦截导弹发射的气动研究，还与航空科学研究所联合完成了大比例反导拦截导弹发射模型的相关基础研究。

巴尔哈什靶场始终在开展（系统的）结构改进和新的建设工作。与反导拦截导弹试射同步开展的，还有按照不同计划开展的"阿尔丹""亚速""额尔古纳"等系统的发射及技术阵地建设工作。最终，上述阵地的设计建设都为"阿穆尔"系统试验型样品建设提供了很好经验。

设施的安装、调试工作由"花岗石"生产-科技企业完成。

导弹防御系统建设期间生产进程的组织、筹备及监管

集体创作
"金刚石-安泰""花岗岩"空天防御康采恩的总服务维护和维修中心

为完成S-25防空系统收尾阶段的工作，第304工厂（304建筑安装局）在1952年2月组建了一个特种装配局。特种装配局成立后，其团队先后在卡普斯京亚尔、克维尔基诺、恩巴等靶场参加了"远方"、S-75、S-200、"圆圈"等防空导弹以及S-300P系统对接基地和设备场地的建设工作。团队还在勘察加及巴尔哈什靶场、列宁格勒S-100防空系统及莫斯科S-50防空系统等设施场地的测量点开展相关工作，完成了"弯刀""回转炮塔"防空系统和海军"多项式"舰艇声呐等的调试及交付工作，此外还参与了"暴风雪"轨道飞船（航天飞机）自动降落系统的研制。

1966年3月，工厂成立了专门的莫斯科导弹防御系统"叶尼塞""托博尔"项目安装、调试、测试及交付监督小组。1967年6月，安·加米涅夫任该小组组长。同年，叶卡捷琳堡科研生产企业为上述产品项目组建了网络式规划管理中心，中心委员会主任一职由工厂总工程师伊·尼·亚雷金担任。

在二局专家的协作下，（网络式规划管理中心）仅用时5-6个月就完成了工程进度网状图，拟制并批准了《规划管理中心运行章程》，组建了驻项目规划管理组并配齐了相关人员设备，完成了"乌拉尔-11"电子计算机的调试工作，请领了组织技术设备并完成设备装配，编写并印刷了数本命令清晰的必备工作手册。马赫罗夫领导的数学保障小组，为电子计算机编写了一套网状图计算程序。

1968年1月，A-35系统项目规划管理中心正式开始运行。中心委员会每月召开两次会议。最初会议开得很难：项目有关情况周三或周四才会报到中心，但会议周五就要举行，也就是说，一到两天内，每个项目都会上报40~50

个亟需解决的问题，且其中很多都与技术设备改进相关。"叶尼塞""托博尔"两处设施就有超过 40 台/套设备需要进行改进。项目施工人员开玩笑说，就是要按照总设计师的清单，把骆驼变成马。

有时，规划管理中心委员会还会就同一问题对不同执行部门下达 6 套不同任务方案。例如，委托执行部门甲负责设备改进，执行部门乙负责编写设计文件，执行部门丙负责配套设备交付，执行部门丁负责施工……会议纪要文件的制作和分发往往耗时 5、6 天。随着筹备组织会议经验的不断积累，规划管理中心委员会同时也逐渐完善了同外部机构和各企业工厂的沟通机制。越来越多的问题得以按照工作程序解决。问题提交各小组后就会转交项目监理人员负责，这种模式下，会后一天内就能完成相关纪要文件的印制。

会议纪要及要报由两辆配备押运人员的专用急件邮车运送至各主要部门，部分信息也会以电话或电报的形式通报给相关执行人员。考虑到工程参与部门众多，会议纪要、要报和电报要送往 25～40 个不同地址。最初，米·普罗特尼科夫、维·谢格鲁诺夫、维·潘捷列耶娃和拉·潘科娃以极大的热情完成了此项工作，巴·波夫什科在后续的工作中出力颇多。

1968 年 1 月至 1970 年 5 月，A-35 系统规划管理中心委员会共召开了 56 次会议，讨论了约 1500 个项目施工进度问题，通过了 2500 多条工程建议。1970 年 5 月至 1971 年 8 月，"叶尼塞"工程项目施工因迟迟未能就首个 5811 设施形成决议而被迫中止。在此期间，龙头技术生产企业被"信号旗"中央科研生产联合企业合并，该企业也就顺理成章地肩负起解决 A-35 系统大多数问题的相关职能，这使得规划管理中心委员会会议更加难以举行。

有些问题若无法在规划管理中心委员会层级得以解决，就会上报至由无线电工业部副部长弗·伊·马尔科夫所领导的中央跨部门指挥组。通常，每隔 1～2 个月就会在设施现地召开一次跨部门指挥组会议，与会人员包括苏共中央委员会、军事工业委员会的代表，以及各部委、机构领导和企业负责人。龙头技术生产企业的信息协调处负责拟制中央跨部门指挥组决议，并将其复印分发至各执行单位。

1971 年下半年，A-35 系统的各处设施开始组织工厂测试。苏共中央委员会、军事工业委员会联合下达了一道指令，为各设施指派了委员会主任及大型企业厂长级别的全权代表。

龙头技术生产企业的指挥小组由瓦·尼·卡先采夫厂长任组长，每天在其办公室召开指挥组例会。例会解决的问题包括如何就部队对项目的批评进行整改、开设并启用维修检查车间和修理厂等。指挥组与各处设施开设了

24小时直通电话，并有专人昼夜值守。值班人员负责立刻解决项目上出现的一切问题。

在筹备组织规划管理中心委员会会议、中央跨部门指挥组会议的同时，信息协调处的专家定期向企业领导通报设施的工程进度情况，并负责拟制各种厂长命令、总工程师指示、规划管理中心委员会会议和中央跨部门指挥组会议的决议等文件，同时还负责回复苏共中央委员会、军事工业委员会和各部委的问询信息。

鉴于规划管理中心在"叶尼塞""托博尔"两个项目建设中积累了有益经验，中央跨部门指挥组决定组建"额尔古纳"工程项目规划管理中心。该中心隶属于龙头技术生产企业，于1969年年初开始运行。随后，还组建了5N15M、"突出部""多瑙河"等项目的规划管理中心。

"花岗岩"龙头技术生产企业前员工尤·阿·米罗诺夫回忆节选：

1964年，首批龙头技术生产企业员工抵达克林工程项目现地，以开展建设施工监理、接收设备安装场地等工作。没到过大型工程现地的人，完全无法想象那里的"一片狼藉"。数家单位在一个18m×60m的大厅内同时施工，地板切割、焊接、金属结构调试、300～500kg重的设备柜的安放及装配等作业纷繁杂乱。置身项目的人，既要注意防止损害设备，又要提防不被焊接火星烫伤，还要小心躲开组装钉枪的枪口，最终的目的，就是不要发生事故。

尽管困难重重，但工程最终仍得以完工，因为人们高度重视这项工作，认为它非常紧迫。工程建设完工后，设备的组装逐步推进，到1965年年底，所有必需设备都已进场并安放到位。数千根电缆接通后，就开始了最"有趣"的一幕：设备的调试、对接、检测，并将其调入工作状态。

也许，今天可以将我们那个年代的工作劲头儿称为一种"狂热"。但当时也的确如此。人们挤在只有一个房间的标准"赫鲁晓夫住宅"里，直到再也塞不下一张床铺为止。谢天谢地，当时放的不是上下铺。午餐时间，食堂也要紧赶慢赶才能"抢"上些食物。待在街上才能感到舒服。工程的第一阶段，根本没有一个人谈论生活条件，人们所谈的只有工作、计划、工作、计划……

有项工作是检查双轴天线传动装置运行的角误差，以度和分为计量单位。检查时，需要长时间工作，经常持续到深夜，令人疲惫不堪。一天早上，妻子叫醒自己的丈夫：

——瓦夏，赶紧起床，该去上班了！已经15分了！

丈夫一边从床上蹦起来，一边大喊：

——沿哪个轴？

最终，所有的线缆都检查完毕，设备柜都摆放到位，柜内也都留好了设备隔断，安装好了各种器件。随后，系统负责人员开始进行设备首次启动测试，一切正常……一时间，所有能离开岗位的人都从大厅的各个角落汇聚到了一起，（长期以来）人们彼此肝胆相照，互帮互助，彼此信任……

直到傍晚，到处还都是一片人声鼎沸、热闹喧嚣。当天还安排了一场庆功宴。由于部队营区内实行禁酒令，人们就从隔壁的几个村子买来了酒，喝的时候还特地去掉了商标。调整、维修、调试等工作所需的"燃滑油料"，也都如法炮制。

完成系统的首次启动测试后，又是枯燥无奇的一个个工作日，每天都在不停地和各种"废旧钢材"打交道，每天都在设计人员的图纸中摸索头绪，每天都在尝试改进设计图的性能状态。这样的日子持续了数年。

当时还出现了这么个笑话：一名美国间谍费尽心思获取了苏联导弹的秘密图纸，美国人根据图纸很快就造出了成品，但却发现是个火车头。美国人只好再去询问那个间谍，间谍不假思索地回答说，苏联人已经搞出了车厢的改进说明，把它偷回来，就能造出来导弹啦！

巨大的目标信道雷达大楼内，重达20t的天线转向装置机械构件问题层出不穷，也开展了各式各样的测试，其中一项必经测试就是将天线全速抛向支架。首次测试前，所有人员都撤离了该栋建筑。撞击力是如此之大，以至于脚下的大地都在震动。

一次，我们用这部"魔术师"般的设备接待了来自高尔基市的专家团队。一位专家带着几位弟子一同前来检查这部18m直径、精准度可达1/10mm的主天线透镜。专家在触摸镜面时发现镜面不平，随后使用橡胶小锤轻轻敲击了数下。后来，他的弟子们与技检处的质检员共同搬出了模尺，最终确认不存在漏光现象。

调试期间，人们发现天线主转向轴上有几条细小裂缝。修补这些裂缝，需要把天线的转向装置和已安装的罩体完全拆解，随后再把天线运回生产厂家。最终，重赏之下，数位厂家的能工巧匠在不拆解设备的前提下一层层修补了约150mm深的裂缝，同时还没有破坏设备的稳定性。

各栋大楼顶部的天线保护罩（半球形罩）十分独特。"球形罩"的直径约40m，由许多蜂窝结构的部件逐层组装而成，粘合剂为浸环氧树脂玻璃纤维。这个庞大的罩体组装完成后，研究人员发现了一处显著的缺陷：液态水能够经过微小的裂缝渗入蜂窝结构内部，并对天线朝向性图造成影响。为解决这一问题，特地还从波多利斯科请来了几位能工巧匠。师傅们吊在悬挂于吊索的吊篮内,沿着球形罩的表面滑行,在罩体表面钻开数个小孔,放光内部积攒的水,最后再将表面粘合。所有这些工作,都是在50多米的高空完成的!

每个初次来到军营内部署的设施现地的人,总要花时间适应部队规定和日常制度的众多特殊之处。进出生活区的制度规定非常严格,但是栅栏上有好几个洞,以至于后来除了出入口,到处都可以自由进出。由于周边的数个村子合用一所学校,因此孩子们也都能随意走进营区,顺带着,孩子们的家长也能自由进出军人服务社,军民亲如一家,关系密切。

设施现地内最奇怪的,就是为战士们开办的学习课堂。课堂的墙上挂着闪烁着各色彩灯的试验台,能够清晰展现设备维护的操作流程。试验台成了必向前来检查人员展示的项目,并总能让他们兴奋异常。然而最可笑的是,这些试验台从来没有用于战士们的培训中……

阿·菲·波兹杰耶夫将军回忆节选:

最让我们这些军官们崩溃的是各处设施的工程量之大,以及如期完工的要求之严。苏共中央委员会书记德·费·乌斯季诺夫数度召集各部部长、军队单位领导、各大防务企业负责人以及学者、设计人员等举行专题会议。会上,我不止一次清晰感到,苏共中央委员会和苏联政府竟然如此关注防天反导系统的建设问题。

装备,只有在军人能够将其有效掌握时,才能成为武器,这一真理人尽皆知。防天反导部队装备了一批基于最先进技术研发的复杂武器系统。军队政治部门、党务部门、共青团组织,以及分队政治指导员们的当务之急,就是组织官兵自愿开展新装备的学习研究。我们与各级指挥员、参谋人员、工程技术人员合力解决了这一难题。训练部队能够独立操作使用已列装备,就成了最紧要的问题。

独立反导中心指挥员伊·奥廖尔,参谋长格·沙杜罗,中心分管装备的副主任尼·费多坚科夫少校等人结合开展计划内军事训练,组织青年专家开展"装备小组"活动,从而使各部战斗编组人员在最短时间内掌握了必要知识,完成了专业训练。

许多军官,尤其是青年专家们在初次接触高自动化水平的指挥和作战运用程序时,并不总是能够正确理解自己在系统中的作用和定位。有些人还会犯"唯系统论"的错误,把自动化系统的作用予以绝对化。我们需要组织一系列的军事实践和科技会议,以使参加会议人员明白,人发明电子计算机的目的,就是为了控制计算机(而不是全部都交给计算机完成)。

莫斯科"先锋"机械制造厂 A-350 反导拦截导弹的生产

集体创作

1966 年，莫斯科"先锋"机械制造厂开始着手 A-350Zh 反导拦截导弹的生产准备及量产调试。厂里的员工给这款新导弹取了个小名——"安努什卡"。在此之前，该厂已经掌握了近 10 款各型防空导弹的生产工艺，但为了开展反导拦截导弹生产，工厂需要重新换装大尺寸车床、装配架等设备及其他工艺装备。

1967 年 1 月 4 日，以"先锋"厂总设计师处和"火炬"机械设计局专家为班底，组建了莫斯科"先锋"机械制造生产联合企业实验设计局。试验设计局的任务就是同"火炬"机械设计局一道，研究制定将反导拦截导弹提交国家联合实验委员会所需的技术操作规范。弗拉基米尔·谢尔盖耶维奇·科托夫被任命为实验设计局的总设计师。

这项新的任务复杂异常。对弹体结构的调试发现，后续生产的各枚反导拦截导弹都需要进行大量改进。同时，这也为新工艺装备的生产和改进提出了要求。出于开展设计测试和国家测试的需要，工厂组装了数枚地面测试及靶场测试所需的反导拦截导弹遥测样品。在此项工作中做出重大贡献的有：主设计师阿纳托利·阿列克谢耶维奇·科舍廖夫、副处长叶甫根尼·雅克夫列维奇·阿阿龙诺夫、组装车间副主任列夫·帕夫洛维奇·阿福宁三人。

反导拦截导弹测试工作的开展也是困难重重。弹载控制设备组件由多家工厂生产。单个组件都符合技术要求，也能够达到设计参数，但却无法将各个组件整合运用于反导拦截导弹中。需要逐个调校每个组件，以使其能够协同工作，同时对全系统参数进行整体协调。弹载设备的测试分析工作由检测试验站主任米哈伊尔·米哈伊洛维奇·雅科夫列夫组织开展。

导弹逐枚单独生产同样十分复杂。单独生产的各枚导弹都与前一枚导弹有所不同，这就使得程序更为繁琐。亚历山大·瓦西里耶维奇·马柳京总工成功解决了这一问题。马柳京总工是一位顶级的专家、天才的组织者、杰出的管理者，工厂的所有员工都对他的话耳熟能详。

设计测试和国家测试阶段，反导拦截导弹的总装在巴尔哈什靶场内完成。"先锋"工厂生产的 A-350Zh 反导拦截导弹，喀山"联盟"工厂和彼尔姆"机械制造厂"生产的 5S47 型固体燃料加速器，列宁格勒"布尔什维克"工厂生产的 5P81 型运输-发射一体化装置，都先后运送至巴尔哈什靶场。随后在靶场内进行反导拦截导弹的终极总装，联接加速器，将导弹装入运输-发射一体装置，检查测试弹载设备，并完成了燃料加注。

量产反导拦截导弹的总装，由"先锋"工厂在国防部位于巴拉巴诺沃的组装-对接基地内完成。基地的装配工段由维克托·瓦西里耶维奇·伊戈纳托夫领导。厂内职工高质量完成了各项工作，反导拦截导弹的总装及发射准备没有发生任何故障，测试工程师伊万·米哈伊洛维奇·科斯特列夫为此也做出了重大贡献。

1973年，"先锋"厂开始向莫斯科周边的各处导弹防御作战系统设施交付反导拦截导弹。反导拦截导弹在达到存放和使用期限后就会退役，随后加装遥感设备，并被运送至靶场完成发射。工厂于1983年完成了反导拦截导弹的交付任务，导弹一直服役至1991年。

"信号旗"中央生产科研联合企业总经理兼负责人（1970—1981年）弗·伊·马尔科夫中将回忆节选：

1967年年初，德·费·乌斯季诺夫参观了A-35系统的数个设施。当时正在进行建设和技术设备装配施工的"多瑙河"-3雷达令其印象深刻，而尚在雏形中的发射阵地，则令乌斯季诺夫十分不快。德米特里·费多洛维奇在最后进行总结时找到了航空工业部部长彼·瓦·杰缅季耶夫（并对他说）：

——听着，我在你的发射阵地上只看到了几个积满水的大坑，还有坑里叫成一片的青蛙。

尽管杰缅季耶夫返回部里时天色已经很晚，但他仍召集了所有参与发射阵地建设的厂长和设计人员，给他们一通严厉训斥。最终，延误的工程进度都被追了回来。

1967年6月，当人们意识到A-35系统再次存在无法如期交付的风险后，军事工业委员会在克里姆林宫内召开了一次扩大会议。会议由军事工业委员会主席列·瓦·斯米尔诺夫主持，与会人员包括军事工业委员会副主席列·伊·戈尔什科夫，无线电工业部副部长瓦·安·沙尔沙温，导弹防御系统总设计师格·瓦·基苏尼科等。会议材料报送至德·费·乌斯季诺夫处。斯米尔诺夫同与会人员打完招呼后，点到了格·瓦·基苏尼科，并无比愤怒地冲他咆哮：

——你没把这个系统搞砸！可你没有尽到十月革命五十周年时承诺的社会主义责任！你知不知道自己都干了些什么？

苏共中央委员会和苏联部长会议的指令，尤其是防天反导领域的指令，无法如期完成的为数众多。然而有一天乌斯季诺夫亲口对基苏尼科说：

——我们不再给你们设置时限，这样也许并不一定有用。因为就算规定了明确的时限，你们也还是会延期。因此，你们就参照指示执行吧。如果的确无法如期完成，到时我们再考虑你们接下来怎么办的事。

指令虽说只是指令，但对苏共中央委员会书记而言，在十月革命五十周年纪念的伟大节点前完成社会主义义务，则事关忠诚。同时代的人佐证，正是从那时起，乌斯季诺夫对基苏尼科毫无保留的信任就逐渐有所动摇了。

4.14 防天反导部队的组建

尤·弗·沃京采夫

无比复杂的反导和反卫星系统、天基和地面多层次弹道导弹发射早期预警系统、人造地球卫星探测系统、超视距无线电通信节点、太空空间目标监视中心等工程的建设规模极其庞大，但各项工作都在全力推进。上述各类系统计划都将列装苏联军队，于是新建了数支部队。组建新的兵种这一问题，也就随之提上了日程。

1967年年初，就开始多次探讨如何组建相关部队这一问题。最终决定，将相关部队和在此基础组建的兵团，都纳入新的兵种，并根据所使用的各种主要武器系统，将该兵种命名为防天反导部队（《中国人民解放军军语》中，ПСО这个缩略语即可解释为反航空飞行器防御，也可解释为反卫星防御，因此并未采用这一术语）。与防空导弹部队、无线电部队和歼击航空兵一样，防天反导部队也应隶属于防空兵。这一决定并未引发异议。

人们主要的关注都集中于早期预警系统归属这一问题。战略导弹部队总司令尼·伊·克雷洛夫元帅坚持认为，兵团担负来袭导弹预警任务，因此应将其编入战略导弹部队而非防空部队。他认为，潜在敌国发动导弹袭击的预警信号如果经过导弹武器系统指挥所、总参谋指挥所的层层传递，所剩时间将极为有限，甚至不足以完成战略导弹反击的准备及实施。克雷洛夫还指出，依照战略导弹部队当前的战备水平，只有在导弹来袭预警直接通报至兵种指挥部的情况下才能确保完成反击任务。

防空部队总司令帕·费·巴季茨基元帅强烈反对克雷洛夫的主张。巴季茨基预见到潜在敌国的空中及太空打击武器将迅速发展，他认为，防空部队和防天反导部队，乃至其预警手段都必须要置于统一指挥之下，将其分散配置则实属犯罪行为。随着科学技术的发展，反应时间有限以及数据的高速传输等问题都会得到解决。苏共中央委员会经过讨论,最终通过了完全正确的决议——将防天反导部队整体编入防空部队序列。1967年3月30日,苏联武装力量总参谋部发布指令,正式组建防天反导部队。

1967年4月底,时任防空部队总司令帕维尔·费多洛维奇·巴季茨基大将向我透露,可能会给我任命新的职务,但并未明说具体是何职务。由于当时我的职务为独立第12防空兵团军长,因此,帕·费·巴季茨基向哈萨克斯坦共产党中央委员会第一书记丁·阿·库纳耶夫和乌兹别克斯坦共产党中央委员会第一书记谢·拉·拉希多夫二人通报了我的新任命。我准备了离任相关事宜,随后很快被召回到莫斯科。

苏共中央委员会办公厅主任尼古拉·伊万诺维奇·萨温金于4月28日同我见了面,第二天,苏共中央委员会书记德米特里·费多洛维奇·乌斯季诺夫也召见了我。会面期间,乌斯季诺夫告知,我已被任命为正在组建的防天反导部队司令,他还请我谈谈对于"部队防空装备实际运用效果"这一问题的看法。我在向他报告时指出,个人认为,降低S-75防空系统最低毁伤高度的相关工作必须要加快推进,因为伊朗的F-4战斗机成功测试了低空、超低空飞行战法。随后我还汇报了苏-9战斗机和RS-2US导弹的可靠性较低,以及雷达部队的雷达抗干扰能力存在不足等情况。

德米特里·费多洛维奇对我的报告很满意,随后就结束了同我的会面。萨温金在我之后离开苏共中央委员会书记的办公室,他微笑着对我说:

——您表现得太棒了!五一节和胜利日节后上班时,总书记同志还将召见您。

1967年5月12日,勃列日涅夫在他位于老广场的办公室内接见了我,当时萨温金把我带到了总书记面前。列昂尼德·伊里奇同我简短交谈了几句,表达了苏共中央委员会对我履新的美好祝福,并表示,他计划很快就将参观在建的设施,届时会与我继续就新兵种存在的问题及兵种未来前景等进行交流。随后我就离开了他的办公室。后来,又是各种忙碌前行,但总书记同志并未履行到我们部队参观的承诺。

通常,一些重要、关键岗位的军事主官都出自莫斯科防空军区,因为该军区聚集了一批最优秀的干部。但这次选择棒指向了我,却实属出乎意料,但就这么做出了任命。我回到家后,5月21日收到一份加密文件,命令我在三天内将军队交给我的副手帕维尔·费多洛维奇·舍维廖夫空军中将,并如期向防空军区总司令报道。

帕维尔·费多洛维奇·巴季茨基任莫斯科防空军区司令达11年之久。我曾不止一次同他会面，但印象最深刻的还是其中的两次会面以及一通电话。

早在 1956 年，我在第一特种军转隶军区时就曾见过他，当时我们在尼古拉·费多洛维奇·切尔卡申任团长的一团里碰了面。新研发的系统通信节点也正是在该团进行的测试，随后才装备到其余各团。当时由我陪同突然到访的军区司令，并且团长还不在位。巴季茨基查看了 B-200 雷达站和发射阵地，听取了战斗编组报告。他并未提出任何严肃的批评，报告也进行得很流畅。只是在前往住宿区的路上，他突然在一棵被折断的树苗边停了下来，虽然一言未发，但意味深长地看了我一眼。

1957 年 11 月 7 日，导弹运输方队携 62 枚实弹第一次参加红场阅兵。我当时担任方队指挥员，阅兵结束后也是首次受邀与爱人共同出席克里姆林宫的招待会。在出席人员主要是军人和各国武官的多棱宫厅内，我和爱人同帕·费·巴季茨基和康·彼·卡扎托夫及其夫人同处一席。招待会开始约 1 小时后，尼·谢·赫鲁晓夫、尼·亚·布尔加宁及其他政府高官步入了大厅。他们都喝了不少酒，但每个人仍拿了一杯白兰地。赫鲁晓夫把杯中酒一饮而尽，随后一把脱下灰色夹克，只穿着腰部用细绳缠着的偏领衬衫，拉住旁边站着的一位丰满女士就跳起了舞，之后还跳了一会蹲踢舞。巴季茨基拉起妻子奥莉加·安德烈耶夫纳的手，用他低沉的声音大声说：

——孩子他妈，我们走，这儿没我们的事儿了！

夫妻二人当时就起身离去了。

1964 年，时任莫斯科防空军区司令的巴季茨基给远在塔什干部队的我打电话，说他计划任命第一特种军军长瓦西里·瓦西里耶维奇·奥库涅夫为军区第一副司令，任命我为该军军长。听完之后，我对他的信任表示了感谢，但仍回绝了提议，并说明了理由：第 12 军的组建和接装工作正在进行中，未来还有大量的工作，军里官兵都很信任我，这个困难重重的时期，我不能"当逃兵"。巴季茨基很不满意，他表示我让自己背负得太多，而且每个人都能找到合适的替代人选。现在，我将再次和他见面。

我于 5 月 25 日向帕维尔·费多洛维奇报了到，当时他办公室里还有军事委员会委员伊万·费多洛维奇·哈利波夫上将。我在第 1 军时曾与后者共事并由此相知甚深，他也曾数次到第 12 军找我。几句欢迎的寒暄之后，我们迅速进入了正题。

巴季茨基给了我 15 天时间来了解国防部研究所、工业部门研究所和设计局，以及在建的首批设施等的相关情况，并研究拟制部队指挥编成建议。他说，相关命令已经报送给了防空兵干部局局长。随后，我们的会见就此结束。

同一天，防空兵火箭炮兵部队总工程师阿列克谢·米哈伊洛维奇·米哈伊洛夫少将（他已经兼管防天反导装备工作一年有余）、国防部第四总局某局长米哈伊尔·伊万诺维奇·涅纳舍夫少将两人来到了我临时分配的办公室。我们彼此相熟，因此一拍即合。他们已经为我制定了一份工作计划表，并正在着手与研究院和工业部门企业协调计划。

第二天我就开始执行这一计划，动身前往加里宁（特维尔）的龙头研究所——第 2 研究所。该所主任鲍里斯·亚历山大洛维奇·科罗廖夫中将在 1959 年前一直担任卡普斯京亚尔靶场 10 号场地主任。我曾经将第一特种军各团开展教学-作战发射的任务交给他，也正是他接替我出任副军长一职。

鲍里斯·亚历山大洛维奇向我介绍了任务技术方案设计、来袭导弹预警系统作战算法，以及该所组建以帕维尔·弗拉基米罗维奇·波罗日尼亚科夫为主任的反导防御局和尤里·伊万诺维奇·柳比莫夫任主任的反太空防御局的相关经过。导弹防御局刚刚成立不久，主任为叶甫根尼·谢尔盖耶维奇·西罗季宁。

根据安排，我计划在该所停留 3 天，每天的工作时间为 9:00 至 23:00。他们给我分配了一间办公室，同时给了我一本带有"绝密"印章的工作笔记本，随后我就开始学习（相关内容）。为我授课的除了各局主任外，还有弗拉基米尔·费多洛维奇·伊万诺夫、奥列格·彼得洛维奇·西多罗夫、谢尔盖·伊万诺维奇·古辛、瓦季姆·尼古拉耶维奇·茹拉夫廖夫几位专家学者。

最近数年，该所的团队完成了大量 A-35 导弹防御系统相关工作。导弹防御系统的一大难题，就是极光会对摩尔曼斯克通信枢纽造成剧烈干扰。早在 1962—1963 年间，地球物理研究所就在洛沃泽罗村建立了一座专门实验室用于研究极光干扰特性。根据防空兵总司令的命令，位于科拉半岛至楚科奇一线部署的雷达部队雷达全部开机，并得到了大量统计数据，但却依旧无法完全杜绝摩尔曼斯克通信枢纽发出虚警的可能。对宇宙空间监视局而言，该局需要加快首批宇宙空间监测中心的建设运行。

5 月 30 日，我来到无线电研究所，拜访了亚历山大·利沃维奇·明茨院士。我早在第 1 防空兵军工作时就对这位大名鼎鼎的学者多有所闻，因此对这次会面既期待又紧张。我在一间朴素的办公室内见到了这位知识渊博的专家。谈话期间，他一次也没有提到自己就是我们所探讨的那个领域问题的权威。亚历山大·利沃维奇端着一杯咖啡，一边为我描述早期预警系统对于我国在弹道导弹领域领先美国的重大意义。尤里·弗拉基米罗维奇·波利亚克总设计师结合图片和表格为我讲述了系统的建设原理，同时介绍了"德涅斯特"雷达站的技战术参数,以及将该雷达调试至"第聂伯"雷达水平所开展的相关工作。

我就摩尔曼斯克通信枢纽抗极光(北极光)干扰等级这个问题进行了提问。亚历山大·利沃维奇回答道:

——尤里·弗谢沃洛多维奇,我们正在开展相关工作。最重要的,就是我们所永远与你们并肩战斗,我们永远不会留下你们单独应对复杂难题。

实际上,后续的一切也正如明茨院士所言。

我同格里高利·瓦西里耶维奇·基苏尼科约定了5月31日会面。格里高利·瓦西里耶维奇提议,我们直接前往克林附近的首个设施现场。我在独立反导中心还见到了导弹防御系统引进局(译注:主要负责系统需求提报、参数设定、设计建设监督以及接装等工作,而非进口设备)局长伊万·叶菲莫维奇·巴雷什波列茨将军、总工程师瓦西里·亚历山大洛维奇·叶杰姆斯基上校、独立反导中心主任亚历山大·格里高利耶维奇·雷加林、发射单元指挥员弗拉基米尔·季奥米多维奇·斯克伦尼克中校,以及该部队政治工作副职领导阿列克谢·罗曼诺维奇·切索夫斯科伊中校。现场还聚集了很多建设人员和施工人员。伊万·叶菲莫维奇冷嘲热讽地说:

——每个来访的领导都只有三五名助理陪同,而这次却聚起来一大堆人(一片糟乱)。

格里高利·瓦西里耶维奇·基苏尼科与几名主管设计师一同赶到,他建议我与设计师们同行:

——这样能使您更快了解情况。

我们走遍了各个技术场所和发射阵地后,格里高利·瓦西里耶维奇向建设人员说道:

——工期落后了5~6个月,但已经向德米特里·费多洛维奇·乌斯季诺夫立下了军令状,首套系统一定要在11月7日之前转入测试。

他看我警觉起来,接着又补充说:

——我们一定能够使各项工作得以正常推进的。

就在离开前,格里高利·瓦西里耶维奇叫住了我,他说:

——这是我们第一次见面,我们的谈话也是中规中矩。

我回答他说:

——我需要更深入了解问题的本质。对我而言,这项工作就相当于一所学校,然而我才刚刚进入到一年级。

基苏尼科接着补充说:

——我们近期一定要在设计局再见上一面,随后就约在靶场相见。

6月1日，我到访了第45特种研究所。时任所长为声名昭著的学者兼优秀的组织者伊万·马卡洛维奇·片丘科夫少将。他自豪地为我介绍了研究所，并谈到，该所掌握的以数学建模法为基础开展科学研究和武器装备系统使用经验分析这一方法，属国内首创。我还了解了空间监视站的指挥运行，该站站长为亚历山大·德米特里耶维奇·库尔兰诺夫。

六月初的那几天，我和阿列克谢·米哈伊洛维奇·米哈伊洛夫、米哈伊尔·伊万诺维奇·涅纳舍夫及其军官，是在国防部第四总局防天反导局一起度过的。看完大量材料后，令我倍感震惊的，就是导弹防御系统、反导装备以及空间目标监视站等的相关决议都由最顶层直接拟定，体现为党和政府的指令、军事工业委员会的命令。米·伊·涅纳舍夫向我介绍了截至1967年6月的工程进展。一段时间以来，我不得不听取从设计人员到建设者的各级人员所做的一个又一个不尽客观且十分仓促的报告，然而与之不同的是，米·伊·涅纳舍夫的预测非常客观。工程的进度落后于规定期限2~4年之多。

我们还协调了下列问题：向国防部分管部队建设和营房分配工作的副部长亚历山大·尼古拉耶维奇·卡马洛夫斯基上将提出申请，请其指派一名副手专门负责防天反导设施建设；向无线电工业部部长瓦列里·德米特里耶维奇·卡尔梅科夫提出申请，恳请他与其他各部委共同努力以解决相关协调问题。

我们决定，必须与导弹防御系统引进局局长伊万·叶菲莫维奇·巴雷什波列茨、来袭导弹预警及太空防御系统引进局局长米哈伊尔·马尔科维奇·科洛米耶茨共同拟定一部章程，明确划定防天反导部队司令机关相关人员的权利和职责。拟定完章程后，还应上报国防部第四总局局长格·菲·拜杜科夫审批。我们还商定，国防部第四总局将于各在建系统完成飞行-设计测试准备后，将其移交防天反导部队。

稍后，我还同防空兵司令部作战局局长格里高利·彼得洛维奇·斯科里科夫空军少将就下列问题进行了沟通协调：防天反导部队在苏联防空兵战略战役行动中的作战运用概念，应当由防天反导部队机关与防空兵军司令部、相关科研院所及军事院校共同拟定。所拟定的概念，也应基于由苏联防空兵中央指挥部集中指挥、系统运用各类武器系统这一原则。上述概念应当由部队司令批准，并报总参谋部备案。相关协作单位还应着眼防天反导部队未来发展，为其拟定部队编制体制结构。

组织动员局局长弗拉基米尔·季奥米多维奇·戈顿将军向我介绍了拟制的防天反导部队机关编制，具体为104名现役、20名文职人员。编制表也已报总参谋部协商，但考虑到组建工作刚刚展开，因此决定预留45名现役、9名文职人员的编制以待后续补充。

总参谋部批复的防天反导部队员额为50000人。规定防天反导部队所属各部队都将为旅级编制，隶属总参谋部组织动员总局。同时还明确，防天反导部队各分队都称为"处"，尽管这一称谓更具民事而非军事色彩。各处的员额为40~60名军官，处长除全权负责保证配属该处的技术设备时刻处于战备状态外，还应组织四个班次的作战执勤编组、一个例行工作编组。各处设中心、站点和小组。各保障分队辖数支连队。这一编制结构的总体导向，就是建立一支以军官和文职超期服役人员为基础的专业化部队。

对于组建来袭导弹预警师及师指挥所（驻索尔涅奇诺戈尔斯克）、宇宙空间侦察师和师指挥所（驻巴尔哈什），并以此将首批导弹防御武器与各个宇宙空间监视站通信节点的指挥连为一体的建议，弗拉基米尔·季奥米多维奇表示完全支持。经过讨论，我们还认为有必要以导弹防御系统引进局为基础组建下设指挥部的导弹防御军（驻库宾卡）。上述两个师、一个军应彼此独立，并由防天反导部队司令直接指挥。

我还在防空兵干部局逗留了数日。干部局副局长尼古拉·谢苗诺维奇·米罗诺夫上校（我在第1军工作时，他曾任我的副手）向我介绍了近百名部队机关及师长职务候选干部的个人情况。我详细了解了相关情况，很多人曾因一起共事而结识。我还邀谈了其中数人。

我决定任命列宁奖获得者阿列克谢·米哈伊洛维奇·米哈伊洛夫将军为第一副司令，瓦西里·亚历山大洛维奇·叶杰姆斯基上校为总工，尼古拉·费多洛维奇·切尔卡申将军为参谋长，叶甫根尼·康斯坦丁诺维奇·布拉金上校为作战处处长，尼古拉·亚历山大洛维奇·马丁诺夫上校为战斗训练处处长。我还从第一特种军装备部门挑选了20名工程技术军官。另有20个职务暂时空缺，留待根据各部队军官掌握装备的情况对其进行安置。我提议，由根纳季·亚历山大洛维奇·维列格扎宁上校出任宇宙空间侦察师师长一职。

6月10日，我在防空兵副总司令阿丹西·费多洛维奇·谢格洛夫和军事委员会委员伊万·费多洛维奇·哈利波夫等人的见证下，向防空兵军总司令帕维尔·费多洛维奇·巴季茨基报告了近期所开展的工作情况。随后，他签署命令，批准了部队机关干部的任命，并将各师师长名单呈报国防部长审批。帕维尔·费多洛维奇对我的工作表示满意，建议我今后要继续努力就各项问题达成协商一致的解决方案，不要牺牲防空兵和防天反导部队的利益。就这样，我度过了履新之后的最初时日。

1970年5月，美国完成了可搭载多枚分导式战斗部的"民兵-3"洲际弹道导弹的测试工作，并开始着手将该型导弹投入战斗值班。首批"民兵-3"导弹装备了被动式诱饵弹头，还采用了战斗部整流罩自毁技术。整流罩在与弹头分离后可自行分解为数十块碎片，从而增加对反导雷达构成的干扰。导弹的制导及飞行控制系统不受 X 射线、伽马射线干扰，且可抵御电磁脉冲。美国人还研发了能够干扰反导雷达的重型主动干扰装置，但为了提高核弹药当量，导弹并未搭载相关设备。苏联专家清楚美国人成功开展主动干扰设备实验的情况，但一时间却无法确定"民兵"导弹是否搭载了此类设备。因此，就要着眼最坏的可能开展准备。

在仔细分析了美国新型导弹的性能之后，我国专家得出结论认为，"叶尼塞"系统并不足以应对采用抗导弹防御系统设备的多弹头洲际弹道导弹打击，且总体而言，在建的 A-35 系统也无法保护莫斯科免受哪怕一枚"民兵-3"洲际弹道导弹的打击。国家领导层、国防部以及系统研发人员同时都面临这个无比困难的问题：接下来要怎么办？这是苏联导弹防御系统发展史上最为困难、最惨淡的一段时期。1970 年 5 月，"叶尼塞"系统的全部工作，乃至整个 A-35 系统都被叫停。

格·瓦·基苏尼科仍然实现了发射单元的升级改造，新的系统被命名为"坦博尔"。最后决定，将需要不断改进升级、令人十分头疼的"叶尼塞"系统的数量限定三套，并增加首批"坦博尔"系统的资金投入，在扎戈尔斯克、克林、纳罗福明斯克各部署一套该型系统，工程进度稍慢的努多利设施则部署两套。1970 年前，全部五套"坦博尔"发射单元的组装调试工作都已完成，随后宣告停工。

1970 年 8 月 18 日，跨部门指挥组在克林的首个 5811 设施现地召开会议，决定要针对所提出的批评意见进行改进，组织系统实验战斗值班，并结束工厂测试。10 月，首套系统完成了工厂测试，随后于 12 月 8 日开始国家测试。首套简配版系统的新交付日期（已经有人记不清，这到底是第几个交付日期了）被确定为 1971 年 5 月，即苏共 24 大召开前夕。简配版系统仅包括三套"叶尼塞"发射单元，但所有人都明白，事实上若要完成订购方所提出全部建议的改进，可能只有位于克林的一套"叶尼塞"系统能够交付。甚至这套系统也存在无法如期交付的风险，因为需要整改的问题清单是如此之长。

1970 年 12 月，利用米·格·梅姆林主持研发的一款专用软件对经过重新设计的 A-350Zh 反导拦截导弹特种战斗部组织了国家测试。1971 年年初，首批简配版 A-35 系统在克林部署的首套火力单元交付国家测试。测试工作由苏联英雄阿达西·费多洛维奇·谢格洛夫上将组织，其副手为无线电工业部副部

第四章 莫斯科"A-35（A-35M）"导弹防御系统

长弗·伊·马尔科夫和国防部第四总局五局局长米·伊·涅纳舍夫中将。

1971年3月，阿·费·谢格洛夫上将组织开展的A-35系统首个设施测试工作已接近完成，当时我还在巴尔哈什靶场。一天，部队机关总工瓦西里·亚历山大洛维奇·叶杰姆斯基上校突然打来电话，向我报告说已经确定召开有关（导弹防御系统）首套系统正式列装问题的终审会。接完他的电话，我立刻搭乘飞机离开了靶场。

米·格·梅姆林、弗·伊·马尔科夫、格·瓦·基苏尼科、彼·德·格鲁申、米·伊·涅纳舍夫等人都齐聚在国防部第四总局。委员会主任米哈伊尔·格里高利耶维奇·梅姆林宣布，委员会工作已经完成，下设各分委会也已完成各类证明文件的拟制。会上还建议，A-35系统的首批设施正式入列，并继续该系统的建造工作。

我十分震惊。作为军人，我们坚决反对尚在测试阶段就通过这一决定，要求将系统返还工业部门进行改进升级。然而委员会成员坚持认为首个设施的测试可被视为完成，必须将该设施交付部队列装。应当继续设施建设，并于完工后组织A-35系统的全系统测试。

我对此表示强烈反对，并因此与弗·伊·马尔科夫进行了激烈的争吵。米·伊·涅纳舍夫沉默不语。最后，梅姆林说：

——我们所有人都将在证明上签字。至于您，尤里·弗谢沃洛多维奇，如果您方便的话，就请写下您的不同意见。

在此之前一直未发一言的彼得·德米特里耶维奇·格鲁申突然从座位上站了起来，他说：

——作为苏联共产党中央委员会委员，我不允许有欺骗人民、欺骗党、欺骗国家的情况发生。不久的将来，（这个导弹防御）系统就将无力应对美国的洲际弹道导弹和海基导弹。必须将系统交付防天反导部队使用，而我们研发人员则有义务解决系统的现代化改造问题，从而防止投入的资金被浪费。

中央委员彼·德·格鲁申的发言一锤定音，委员会采纳了他的建议。然而基苏尼科、马尔科夫及其他一些人商定，将决议表述为"系统投入使用"，而非"正式列装"，他们坚持要求根据方案规划继续如数建造所有设施。

第二天，我把会上的所有情况都向帕·费·巴季茨基作了汇报。他气愤异常：

——怎么能这样让我作难？他们把所有东西都抓在自己手里牢牢把着，我要向乌斯季诺夫报告，我有不同意见！

很快，德米特里·费多洛维奇组织召开了一次会议。阿·费·谢格洛夫作了报告，表示系统的首批项目不能列装，并且应当终止第二批次项目的建设。

德米特里·费多洛维奇在稍加思索后，不满地表示：

——我不明白军方为何要表示反对。我们建造的是世界上第一套导弹防御系统，它还有巨大的改进空间。终止建设既不合理也不可能，因为相关工作已经列入了国家预算，并被纳入国家整体计划！

办公室里鸦雀无声。突然，拜杜科夫打破了沉寂，他对乌斯季诺夫说：

——季玛，如果今天你不同意军方的意见，那么明天我就派几辆推土机去推平所有在建的设施！

我们都惊呆了。也只有拜杜科夫才会这样同乌斯季诺夫说话。不出所料，德米特里·费多洛维奇的态度软和了下来，改变了观点，他说：

——好吧，我们同意军方的意见，但仅限于简配版的系统。

我们最终取得了胜利。军事工业委员会下发了一份决议，宣布两个远程预警节点、四个独立反导中心完成建设施工，仅此而已。时至今日，我依旧认为我们做得对。

1971年6月10日，苏共中央委员会、苏联部长会议再次下发指示，宣布完成度很高的各项工程设施建设已告结束，将停止其余设施的建设，还将对简配版A-35系统的首批建设工程开展国家测试，以便投入试运行。格·瓦·基苏尼科的项目惨遭砍削：最初规划的16套发射单元被压缩为8套，4处发射阵地各布设2套；规划的4个远程预警节点被缩减为2个。索尔涅奇诺戈尔斯克和库宾卡两地的一主一备两个指挥所均为在建状态，"叶尼塞"发射单元已完成问题整改（部署于克林的设施已完成建设，但被订购方提出的众多条件所限制），"托博尔"发射单元则正在推进设备改进，库宾卡的2部"多瑙河"-3雷达远程预警节点正在开展自动测试。关于系统的二期改进，指令却只字未提。

1971年8月，首套"托博尔"发射单元开始自动测试，测试委员会主任为伊·德·奥梅利琴科。10月8日，该系统首次发现并成功跟踪到一颗人造地球卫星。自动测试于12月31日完成，随后首套设施转入国家测试准备，其余各套"坦博尔"系统则开始准备自动测试。1972年1月10日，首套"坦博尔"系统完成国家测试。

1972年4月3日，扎戈尔斯克、克林、纳罗福明斯克和努多利四地的各套"叶尼塞""坦博尔"发射单元开始进行国家测试。测试工作于当年6月结束。针对"叶尼塞"系统的意见相较之前有所减少，但却对"坦博尔"系统列出了长长的改进清单。1973年5月，部署于库宾卡通信节点的首部"多瑙河"-3雷达接入指挥所,至此,简配版A-35系统的首期建设项目正式投入试运行。由莫斯科"先锋"机械制造厂生产的首批数枚A-350Zh反导拦截导弹也运抵了巴拉巴诺沃的装备基地,并在发射阵地布置了4枚由茹良斯基机械厂生产的电重力测定模拟反导拦截导弹。

1974年12月,库宾卡的2部"多瑙河"-3雷达枢纽完成了工厂测试,随后简配版A-35系统二期建设项目也投入试运行。系统主要包括库宾卡第2主指挥-运算中心(不包括索尔涅奇诺戈尔斯克第1主指挥-运算中心),库宾卡2部"多瑙河"-3远程预警雷达无线电节点,扎戈尔斯克("叶尼塞""坦博尔"系统各一套)、克林("叶尼塞""坦博尔"系统各一套)、纳罗福明斯克("叶尼塞""坦博尔"系统各一套)、努多利(两套"坦博尔"系统)的4处发射阵地及相应发射单元,巴拉巴诺沃装备基地,以及一套有线数据传输系统。发射阵地在移交部队后,改称独立反导中心。

各独立反导中心编2套发射单元,各套发射单元又包括1部RKTs-35目标信道雷达、2部RKI-35导弹信道雷达,以及8套A-350Zh反导拦截导弹地面发射装置。最终版方案中,整套系统共包括64枚反导拦截导弹及其发射装置。双通道目标信道雷达具备分辨导弹战斗部及其末级弹体2个弹道目标精确坐标的能力。每部导弹信道雷达能够引导1枚反导拦截导弹拦截1个目标。每套发射单元有2枚反导拦截导弹处于"热待机"状态,以备主拦截弹发生故障时实施发射。一个弹药基数设定为完成连续开展一主一备两轮齐射所需的导弹数量。这样,一套含8枚导弹及发射装置的发射单元实施2轮连续齐射,能够确保毁伤1~2枚多弹头弹道导弹。一个独立反导中心,能够确保毁伤2~4个弹道目标。

实际示意图看起来可能要复杂得多。系统转为单点引导测距致使引导精度降低,为补偿精度不足,格·瓦·基苏尼科加大了反导拦截导弹的弹药当量。数枚反导拦截导弹的大当量特种弹头在高空发生爆炸,可能会短时"致盲"己方雷达,使其无法进行拦截弹引导,以及对敌方来袭导弹组织第二波齐射拦截。基于上述情况,只有在来袭的数枚多弹头弹道导弹同时进入拦截区间时,导弹防御系统方可对其进行有效毁伤,而这一情景实际上根本不会出现,敌方绝对倾向于采取效率最高的战术,分两个波次发射装备接续瞄准点火分导式战斗部的多弹头导弹。

1974年12月31日,苏联无线电工业部部长彼·斯·普列沙科夫向防空兵军总司令帕·费·巴季茨基去信,建议停止A-35系统的改进工作,因为该系统毫无前景可言。

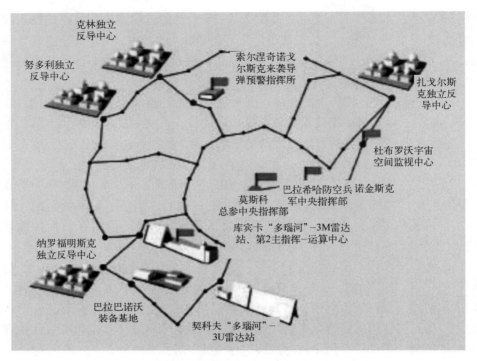

A-35系统在莫斯科周边地区部署的示意图

4.15　A-35M系统的改进升级以及伊·德·奥梅利琴科的贡献

尼·米·列杜诺娃

对系统进行升级改造的决议最终得以执行。1974年起，伊·德·奥梅利琴科开始主持全盘工作。1950年12月，当时的工程兵大尉伊万·德米特里耶维奇·奥梅利琴科调整了工作岗位，调任第1设计局第31/1实验室工程师。1个月后，实验室主任维·耶·切尔诺莫尔季克任命这位年轻人担任S-25系统的高级工程师。检测委员会主席格·瓦·基苏尼科和第31处处长亚·安·拉斯普列京都对此表示支持。那些年，众多根据政府命令调往第1设计局的工程军官，往往都迅速走上了领导岗位。但奥梅利琴科有着众多独特之处，他同时具备专业经验与人格优点。当时与他一起工作的人都对此记忆深刻。

实验室规模很大，有近 50 名工作人员，且基本上都是年轻人。与第 1 设计局的其他单位一样，该实验室同样位于一处大厅内，所有下属都置身于实验室主任的视线之中，实验室主任同时也能被大家清楚看到。奥梅利琴科要求很高，但却从不训斥他人，哪怕是下属工作失误，他也能够保持平静。最紧张、最愤怒的情况下，他也能与任务执行者一起寻找解决方法。人们都真心实意地尊敬他。

1966 年，伊万·德米特里耶维奇作为实验型"A"系统的一名主要参与者，荣获了列宁奖。当时他已经担任 A-35 系统及"阿芙乐尔"项目的副总设计师。但是，他的组织才能在解决 A-35M 系统建设的众多难题时才得以充分地展现。

A-35M 系统除采用新的程序和算法外，还计划配备"多瑙河"-3M"多瑙河"-3U 雷达，以及 A-350R 反导拦截导弹。

作 者 简 介

米哈伊尔·安德列耶维奇·佩尔沃夫，"百科全书出版社"有限公司总经理，俄罗斯联邦政府奖获得者，俄罗斯宇航科学院院士，莫斯科和俄罗斯记者联盟成员，著有 13 本关于俄罗斯武器和军事装备历史的书籍。